世纪英才 www.ycbook.com.cn 高等职业教育课改系列规划教材 （通信专业）Communications Professional

综合布线实训教程

（第2版）

方水平 王怀群 ◎ 主编

刘业辉 王公儒 ◎ 副主编

U0341896

Integrated Wiring
Training Tutorial

人民邮电出版社

北京

图书在版编目（CIP）数据

综合布线实训教程 / 方水平，王怀群主编. -- 2版
. -- 北京：人民邮电出版社，2012.9
世纪英才高等职业教育课改系列规划教材. 通信专业
ISBN 978-7-115-28670-3

Ⅰ. ①综… Ⅱ. ①方… ②王… Ⅲ. ①计算机网络－
布线－技术－高等职业教育－教材 Ⅳ. ①TP393.03

中国版本图书馆CIP数据核字(2012)第143689号

内 容 提 要

本书以综合布线工程设计、施工和管理人员的工作任务为主线，结合《综合布线系统工程设计规范》和《综合布线系统工程验收规范》编写而成。

书中根据综合布线系统工程设计、施工和验收等岗位技能要求，将教学内容分为 4 个学习情境，设置 15 个工作任务。主要内容包括：情境 1 主要介绍综合布线系统的组成、布线材料和布线工具等；情境 2 主要介绍综合布线系统设计方法；情境 3 介绍综合布线系统施工的主要技术；情境 4 主要阐述综合布线系统测试与验收。学生通过 15 个任务的学习，可掌握必要的知识和技能，为今后从事综合布线系统的设计、施工、测试与验收等方面的工作打下良好的基础。学生学完本书内容后可报考线务员、智能楼宇管理师、智能建筑设施安装师等资格考试。

本书可作为高职高专院校计算机网络专业、通信工程专业的网络综合布线教材，也可作为相关专业师生和网络系统集成技术人员的参考用书。

世纪英才高等职业教育课改系列规划教材（通信专业）

综合布线实训教程（第 2 版）

◆ 主　　编　方水平　王怀群
副 主 编　刘业辉　王公儒
责任编辑　韩旭光

◆ 人民邮电出版社出版发行　　北京市崇文区夕照寺街 14 号
邮编　100061　电子邮件　315@ptpress.com.cn
网址　http://www.ptpress.com.cn
北京艺辉印刷有限公司印刷

◆ 开本：787×1092　1/16
印张：17.25　　　　　　　2012 年 9 月第 2 版
字数：399 千字　　　　　　2012 年 9 月北京第 1 次印刷

ISBN 978-7-115-28670-3

定价：36.00 元

读者服务热线：(010)67132746　印装质量热线：(010)67129223
反盗版热线：(010)67171154

第 2 版前言

Foreword

　　本教材自第 1 版出版发行以来,以先进的教材编写理念,新颖的内容编排结构,并结合了综合布线工程设计与施工的实际,实践性、实用性强,已在浙江、四川、江苏、福建、广东、上海、北京、河北等省市的高职院校使用,教材使用效果反响良好。基于上述原因,编者结合综合布线技术的发展,将本教材进行了修订,进一步创新教学方法,强化职业能力的训练,实现理论、实践一体化。

　　本教材将学生学习引导、工作页、练习页、任务评价融合在一起。在实际教学中,教师可以按照"资讯准备→计划决策→实施检查→展示与评价"的过程来组织教学。更多引导学生自主学习,启发学生理论联系实际,提出问题、解决问题。

　　在第 1 版的基础上,第 2 版的学习情境 1 由西安开元电子实业有限公司王公儒修订编写,学习情境 2 由北京工业职业技术学院方水平修订编写,学习情境 3 由北京工业职业技术学院刘业辉修订编写,学习情境 4 由北京职业工业学院王怀群修订编写。全书由方水平统稿。本书在编写过程中得到了北京工业职业技术学院领导的大力支持,也得到了学院通信教研室同事的帮助,在此表示由衷的感谢。

　　限于编者水平,书中难免有疏漏之处,敬请广大读者批评指正,以使本教材更趋完美,也更加符合职业技术教育的需要。

编　者

2012 年 5 月

Contents 目　录

学习情境1 认识综合布线系统

任务一 认识综合布线系统及子系统

学生通过此任务的学习并参观实际的综合布线系统，可以熟悉综合布线系统的组成、综合布线的标准、综合布线系统中所用到的传输介质、传输介质的特性和使用场合，还可以了解综合布线系统中使用的器材，并能根据实际情况选择器材，为后续工作做好准备，打下基础。

问题引导

（1）什么是综合布线？综合布线系统有哪些类型？

（2）综合布线系统由哪几个部分组成？

（3）目前综合布线的国内、国际标准有哪些？

（4）综合布线系统常用到哪些传输介质？每种传输介质有何特性？如何选择这些传输介质？

（5）综合布线系统用到哪些工程器材？如何根据实际情况选择这些工程器材？

提示：学生可以通过到图书馆查阅相关图书、上网搜索相关资料或询问相关在职人员等方式解答以上引导性问题，并做好记录。

任务描述

本任务要求学生在学习、收集相关资料的基础上了解综合布线系统的应用，了解综合布线系统的基本组成、系统组成材料，认识并能选择综合布线线缆、管材等布线材料。任务描述如下表所示。

学习目标	（1）了解综合布线的概念、综合布线系统的组成； （2）了解综合布线的国内、国际标准； （3）掌握综合布线系统中常用材料的特性、每种材料的应用场合，并能根据实际情况选择这些材料； （4）基本能认识综合布线系统的结构，能说出各综合布线各子系统之间的关系
任务要求	（1）参观访问一个采用综合布线系统构建的校园网。 ① 了解该校园网络的基本情况，包括建筑物的面积、层数、功能用途、建筑物的结构、信息点的布置、数量等。 ② 参观建筑物的设备间，了解并记录设备间所用的设备名称和规格，注意各设备之间的连接情况；了解设备间的环境状况。 ③ 参观管理间，了解管理间的环境、面积和设备配置。

续表

任务要求	④ 观察综合干线子系统是采用何种方式进行敷设的。了解线缆的类型、规格和数量。 ⑤ 观察水平子系统的走线路由。了解水平子系统所选用的传输介质类型、规格和数量，并观察其布线方式。 ⑥ 观察工作区的面积、信息插座的配置数量、类型、安装高度和线缆的布线方式。 (2) 画出该网络的系统布线示意图。 ① 在参观、做记录的基础上，画出该网络的布线结构示意草图。 ② 在图中标明所用设备的型号、名称、数量，以及各综合布线子系统所选用传输介质的类型和数量。 ③ 画出该系统与公用网络的连接情况草图
注意事项	(1) 工具、仪器设备按规定摆放； (2) 参观综合布线系统时注意安全； (3) 注意实训室的卫生
建议学时	6 学时

第一部分　任务学习引导

1.1　综合布线的基本概念

随着计算机技术、宽带技术以及网络技术的飞速发展，人们对信息的需求是越来越大。信息化的浪潮正在席卷全球的每一个角落。人们的生活发生了翻天覆地的变化。而且这种趋势不仅仅体现在技术的更新上，更重要的是在人们的思维习惯上，信息化正逐渐成为人们最基本的需求而体现在生活的各个层面上。

过去，在设计大楼内部的语音及数据系统时，会使用各种不同的传输线缆、信息插座以及插头。例如，用户电话交换机通常使用双绞线，局域网（LAN）则可能使用双绞线或同轴电缆，这些不同的系统使用不同的线缆来构成各自的传输网络。而这些不同网络的插座、插头及配线架之间无法互相兼容，相互之间达不到共用的目的。

现代建筑物中，常常需要将计算机技术、通信技术、信息技术和办公环境整合在一起，实现信息和资源共享，提供快捷的通信和完善的安全保障，这就是智能大厦，而实现这一切的基础就是综合布线。将所有的语音、数据、电视（会议电视、监控电视）设备的布线组合在一套标准的布线系统上，并且将各种设备终端的插头插入标准的信息插座，这就是结构化综合布线系统。

综合布线是一门新发展起来工程技术，涉及许多理论和技术问题，是一个多学科交叉的新领域，也是计算机技术、通信技术、控制技术与建筑技术紧密结合的产物。综合布线是集成网络系统的基础，能够支持数据、语音及其图像等的传输要求，是计算机网络和通信系统的支撑环境。同时，作为开放系统，综合布线也为其他系统的接入提供了有力的保障。一套先进的综合布线系统，不仅能支持一般的语音、数据传输，还应能支持多种网络协议，和不同生产厂商的设备互连，可适应各种灵活的、容错的组网方案。

综合布线系统与智能大厦的发展紧密相关，是智能大厦的实现基础。智能大厦具有舒适性、安全性、方便性、经济性和先进性等特点。智能大厦一般包括中央计算机控制系统、楼宇控制系统、办公自动化系统、通信自动化系统、消防自动化系统以及安保自动化系统等。

综合布线系统也是生活小区智能化的基础。信息化社会唤起了人们对住宅智能化的要求，业主们开始考虑在舒适的家中了解各种信息，并且非常关注在家办公、在家炒股、互动电视以及住宅自控等新生事物。

1.2　综合布线系统类型

根据综合布线系统工程的实际需要，综合布线系统可以分为基本型综合布线系统、增强型综合布线系统以及综合型综合布线系统 3 种。

基本型综合布线系统大多数能支持语音、数据，其特点是一种富有价格竞争力的综合布线方案，能支持所有语音和数据的应用，应用于语音、语音/数据或高速数据传输，便于技术人员管理，能支持多种计算机系统的数据传输。其基本配置为：每个工作区为 8～10m²；每个工作区有两个信息插座（语音、数据）；每个工作区有一条水平 4 对双绞线系统；完全采用 110A 交叉连接硬件；每个工作区的干线电缆至少有 4 对双绞线，分别用于数据或语音的传输。

增强型综合布线系统不仅具有增强功能，而且还可提供发展余地。增强型综合布线系统可按需要利用端子板进行管理，每个工作区有两个信息插座，不仅机动灵活，而且功能齐全，任何一个信息插座都可提供语音和高速数据应用，可统一色标，按需要可利用端子板进行管理，每个工作区的电缆至少有 8 对双绞线。增强型综合布线系统是一个能为多个数据应用部门提供服务的经济有效的综合布线方案。

综合型综合布线系统的主要特点是引入光缆，可适用于规模较大的智能大厦，适用于综合布线系统中配置标准较高的场所，它的其余特点与基本型或增强型综合布线系统相同。

1.3　综合布线系统的组成

GB50311—2007《综合布线系统工程设计规范》国家标准规定，在综合布线系统工程设计中，宜按照下列 7 个部分进行：工作区、配线子系统、干线子系统、建筑群子系统、设备间、进线间以及管理间子系统（见图 1-1）。根据近年来中国综合布线工程的应用实际，

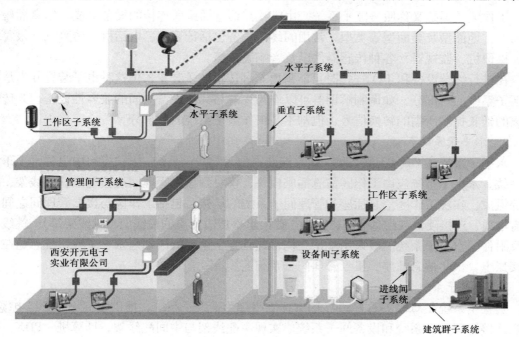

图 1-1　综合布线系统工程各个子系统示意图

在该标准中新增加了进线间的规定，能够满足不同运营商接入的需要，同时针对日常应用和管理需要，特别提出了综合布线系统工程管理问题。

1. 工作区子系统

工作区子系统是指从信息插座延伸到终端设备的整个区域，即将一个独立的需要设置终端设备的区域划分为一个工作区。

工作区可支持电话机、数据终端、计算机、电视机、监视器以及传感器等终端设备，包括信息插座、信息模块、网卡和连接所需的跳线，并在终端设备和输入/输出（I/O）之间搭接，相当于电话配线系统中连接话机的用户线及话机终端部分。典型的工作区子系统如图 1-2 所示。

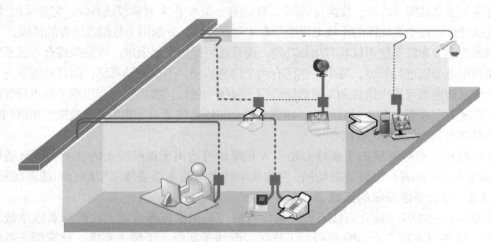

图 1-2　工作区子系统

工作区子系统又称服务区子系统，由跳线与信息插座所连接的设备组成。信息插座有墙面型、地面型及桌面型等类型，常用的终端设备包括计算机、电话机、传真机、报警探头、摄像机、监视器、各种传感器件以及音响设备等。

在进行终端设备和 I/O 连接时可能需要某种传输电子装置，但这种电子装置并不是工作区子系统的一部分，如调制解调器可以作为终端与其他设备之间的兼容性设备，为传输距离的延长提供所需的转换信号，但却不是工作区子系统的一部分。

2. 水平子系统

水平子系统在 GB50311—2007 国家标准中称为配线子系统，以往资料中也称水平干线子系统。水平子系统应由工作区信息插座模块、模块到楼层管理间连接缆线、配线架、跳线等组成。实现工作区信息插座和管理间子系统的连接，包括工作区与楼层管理间之间的所有电缆、连接硬件（信息插座、插头、端接水平传输介质的配线架、跳线架等）、跳线线缆及附件。水平子系统一般采用星型结构，与垂直子系统的区别是水平干线系统总是在一个楼层上，仅与信息插座、楼层管理间子系统连接。

3. 垂直子系统

垂直子系统在 GB50311—2007 国家标准中称为干线子系统，提供建筑物的干线电缆，负责连接管理间子系统和设备间子系统，实现主配线架与中间配线架，计算机、PBX、控制中心与各管理子系统间的连接。该子系统由所有的布线电缆组成，或由导线和光缆以及将此光缆连接到其他地方的相关支撑硬件组成。干线传输电缆的设计必须既满足当前的需要，又应适合今后的发展，具有高性能和高可靠性，能支持高速数据传输。

在确定垂直子系统所需要的电缆总对数之前，必须确定电缆中语音和数据信号的共享原则。对于基本型综合布线系统，每个工作区可选定两根双绞线；对于增强型综合布线系统，每个工作区可选定 3 根双绞线；对于综合型综合布线系统，每个工作区可在基本型或增强型的基础上增设光缆系统。

传输介质包括一幢多层建筑物的楼层之间垂直布线的内部电缆，或主要单元（如计算机房或设备间）和其他干线接线间的电缆。

为了与建筑群的其他建筑物进行通信，干线子系统将中继线交叉连接点和网络接口连接起来。网络接口通常放在设备相邻的房间。

4．管理间子系统

管理间子系统也称电信间或配线间，一般设置在每个楼层的中间位置。对于综合布线系统而言，管理间主要用来安装建筑物的配线设备，是专门安装楼层机柜、配线架、交换机的楼层管理间。管理间子系统也是连接垂直子系统和水平干线子系统的设备。当楼层信息点很多时，可以设置多个管理间。

管理间子系统应采用定点管理，场所的结构取决于工作区、综合布线系统的规模和所选用的硬件。在交接区应有良好的标记系统，如建筑物名称、建筑物楼层位置、区号、起始点和功能等标志。管理间的配线设备应采用色标区别各类用途的配线区。

5．设备间子系统

设备间在实际应用中一般称为网络中心或机房，是在每栋建筑物适当地点进行网络管理和信息交换的场地。其位置和大小应该根据综合布线系统的分布、规模以及设备的数量来具体确定，通常由电缆、连接器和相关支撑硬件组成，通过缆线把各种公用系统设备互连起来。主要设备包括计算机网络设备、服务器、防火墙、路由器、程控交换机以及楼宇自控设备主机等，主要设备可以放在一起，也可分别放置。

在较大型的综合布线系统中，也可以把与综合布线系统密切相关的硬件设备集中放在设备间，其他计算机设备、数字程控交换机、楼宇自控设备等可以分别设置单独的机房，这些单独的机房应该紧靠综合布线系统的设备间。

6．进线间子系统

进线间是建筑物外部通信和信息管线的入口部位，并可作为入口设施和建筑群配线设备的安装场地。进线间是 GB50311—2007 国家标准在系统设计内容中专门增加的，要求在建筑物前期系统设计中要有进线间，满足多家运营商业务需要，避免一家运营商自建进线间后独占该建筑物的宽带接入业务。进线间一般通过地埋管线进入建筑物内部，宜在土建阶段实施。

建筑群主干电缆和光缆、公用网和专用网电缆、光缆及天线馈线等室外缆线进入建筑物时，应在进线间转换成室内电缆、光缆，并在缆线的终端处可由多家电信业务经营者设置入口设施，入口设施中的配线设备应按引入的电缆、光缆容量配置。

电信业务经营者在进线间设置安装的入口配线设备应与 BD（建筑物配线设备）或 CD（建筑群配线设备）之间敷设相应的连接电缆、光缆，实现路由互通。缆线类型与容量应与配线设备相一致。

在进线间缆线入口处的管孔数量应满足建筑物之间、外部接入业务及多家电信业务经营者缆线接入的需求，并应留有 2~4 孔的余量。

7. 建筑群子系统

建筑群子系统也称为楼宇子系统，主要实现楼与楼之间的通信连接，一般采用光缆并配置相应的设备，支持楼宇之间通信所需的硬件，包括缆线、端接设备和电气保护装置。

在建筑群子系统中室外缆线敷设方式一般有架空、直埋、地下管道 3 种情况。具体情况应根据现场的环境来决定。

1.4 综合布线系统传输介质及其选用

综合布线传输介质是连接网络设备的中间介质，在综合布线系统工程施工中都会用到不同的传输介质、布线配件和布线工具等。目前，在综合布线系统中使用的传输介质包括双绞线、大对数线、光缆。下面分别介绍这几种传输介质。

1. 双绞线线缆

双绞线（Twisted Pair，TP）是由两根具有绝缘保护层的铜导线组成的，它是一种综合布线工程中最常用的传输介质。把两根具有绝缘保护层的铜导线按一定节距互相绞在一起，可降低信号的干扰，每一根导线在传输中辐射出来的电波会被另一根线上发出的电波抵消。

目前，双绞线可分为非屏蔽双绞线（UTP）和屏蔽双绞线（STP）。屏蔽双绞线电缆的外层由铝箔包裹着，价格相对要高一些。

综合布线系统使用的双绞线的种类如图 1-3 所示。

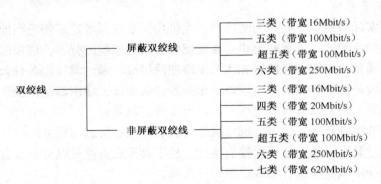

图 1-3 综合布线系统使用的双绞线种类

综合布线系统中使用 4 对非屏蔽双绞线导线，其物理结构如图 1-4 所示。

（1）非屏蔽双绞线电缆的优点。

① 无屏蔽外套，直径小，节省所占用的空间；

② 质量小、易弯曲、易安装；

③ 将串扰减至最小或加以消除；

④ 具有阻燃性；

⑤ 具有独立性和灵活性，适用于结构化综合布线。

（2）双绞线的参数。

图 1-4 双绞线物理结构

对于双绞线，用户所关心的双绞线的性能参数是衰减、近端串扰、特性阻抗、分布电容、直流电阻等。为了便于理解，首先解释这几个名词。

① 衰减。衰减（Attenuation）是沿链路的信号损失度量。衰减随频率而变化，所以应测量在应用范围内的全部频率上的衰减。

② 近端串扰。近端串扰（Near-End Cross Talk Loss）损耗是测量一条 UTP 链路中从一对线到另一对线的信号耦合。对于 UTP 链路来说这是一个关键的性能指标，也是最难精确测量的一个指标，尤其是随着信号频率的增加其测量难度就更大。

串扰分近端串扰和远端串扰（FEXT），测试仪主要是测量近端串扰。由于线路损耗，因此远端串扰的量值影响较小，在三类、五类系统中忽略不计。近端串扰并不表示在近端点所产生的串扰值，它只表示在近端点所测量到的串扰值。这个量值会随电缆的长度不同而变化，电缆越长而变得越小。

发送端的信号也会衰减，对其他线对的串扰也相对变小。实验证明，只有在 40m 内测量得到的近端串扰值较真实，如果另一端是远于 40m 的信息插座，会产生一定程度的串扰，但测试仪可能无法测量到这个串扰值。基于这个原因，对近端串扰最好在两个端点都要进行测量。现在的测试仪都配有相应设备，使得在链路一端就能测量出两端的近端串扰值。

③ 直流电阻。直流环路电阻会消耗一部分信号并转变成热量，是指一对导线电阻和，ISO/IEC11801 标准的规格不得大于 19.2Ω，每对间的差异不能太大（小于 0.1Ω），否则表示接触不良，必须检查连接点。

④ 特性阻抗。与环路直接电阻不同，特性阻抗包括电阻及频率自 1～100MHz 的感抗及容抗，与一对电线之间的距离及绝缘的电气性能有关。各种电缆有不同的特性阻抗，对双绞线电缆而言，则有 100Ω、120Ω 及 150Ω 几种。

⑤ 衰减串扰比（ACR）。在某些频率范围，串扰量与衰减量的比例关系是反映电缆性能的另一个重要参数。衰减串扰比有时也以信噪比（SNR）表示，它由最差的衰减量与近端串扰量的差值计算。较大的衰减串扰比值表示对抗干扰的能力更强，系统要求至少大于 10dB。

⑥ 电缆特性。通信信道的品质是由其电缆特性——信噪比来描述的。信噪比是在考虑到干扰信号的情况下，对数据信号强度的一个度量。如果信噪比过低，将导致数据信号在被接收时，接收器不能分辨数据信号和噪声信号，最终引起数据错误。因此，为了使数据错误限制在一定范围内，必须定义一个最小的可接收的信噪比。

（3）双绞线的绞距。

在双绞线电缆内，不同线对具有不同的绞距长度。一般地说，4 对双绞线绞距周期在 38.1mm 内，按逆时针方向扭绞，一对线对的扭绞长度在 12.7mm 以内。

（4）大对数双绞线。

综合布线系统在垂直干线子系统中会用到 25 对、50 对甚至 100 对的大对数电缆。大对数电缆也称大对数干线电缆。下面介绍大对数双绞线的基本情况。

① 大对数双绞线的组成。大对数双绞线是由 25 对具有绝缘保护层的铜导线组成的，主要有三类 25 对大对数双绞线，五类 25 对大对数双绞线，可为用户提供更多的可用线对，在扩展的传输距离上实现高速数据通信，传输速率为 100Mbit/s。导线色彩由蓝、橙、绿、棕、灰，白、红、黑、黄、紫编码组成。

② 大对数线品种。大对数线品种分为屏蔽大对数线和非屏蔽大对数线，如图 1-5 所示。

（a）屏蔽大对数线　　　　　　　　（b）非屏蔽大对数线

图1-5　大对数双绞线

2. 同轴电缆

同轴电缆是由一根空心的外圆柱导体及其所包围的单根内导线所组成的，如图1-6所示。柱体同导线用绝缘材料隔开，其频率特性比双绞线好，能进行较高速率的传输。由于其屏蔽性能好，抗干扰能力强，因此通常多用于基带传输。

图1-6　同轴电缆

同轴电缆也是局域网中最常见的传输介质之一，用来传递信息的一对导体是按照一层圆筒式的外导体套在内导体（一根细芯）外面，两个导体间用绝缘材料互相隔离的结构制成的，外层导体和中心轴芯线的圆心在同一个轴心上，所以称为同轴电缆，同轴电缆之所以设计成这样，也是为了防止外部电磁波干扰正常信号的传递。

同轴电缆有两种基本类型，分别为基带同轴电缆和宽带同轴电缆。目前基带传输常用的电缆的屏蔽线是用铜做成网状的，特性阻抗为50Ω，如RG-8、RG-58等；宽带常用的电缆，其屏蔽层通常是用铝冲压成的，特性阻抗为75Ω，如RG-59等。

同轴电缆根据其直径大小可以分为粗同轴电缆与细同轴电缆。

细缆的直径为0.26cm，最大传输距离185m，使用时与50Ω终端电阻、T型连接器、BNC接头与网卡相连，十分适合架设终端设备较为集中的小型以太网络。缆线总长不要超过185m，否则信号将严重衰减。细缆的阻抗是50Ω。

粗缆（RG-11）的直径为1.27cm，最大传输距离达到500m。由于粗缆的强度较强，最大传输距离也比细缆长，因此粗缆的主要用途是扮演网络主干的角色，用来连接数个由细缆所结成的网络。粗缆的阻抗是75Ω。

为了保持同轴电缆的正确电气特性，电缆屏蔽层必须接地。同时电缆两头要有终端来削弱信号反射作用。

无论是粗缆还是细缆均为总线拓扑结构，即一根缆上接多部机器，这种拓扑结构适用于机器密集的环境。但是当一点发生故障时，故障会影响整根缆上的所有机器，故障的诊断和修复都很麻烦。所以，同轴电缆逐步被非屏蔽双绞线或光缆取代。

3. 光缆

（1）光纤。

光导纤维（光纤）是一种传输光束的细而柔韧的媒质。光导纤维电缆由一捆纤维组成，简称为光缆，如图 1-7 所示。

光纤通常由石英玻璃制成，其横截面积很小的双层同心圆柱体，也称为纤芯，质地脆，易断裂，由于这一缺点，因此需要外加一保护层，其结构如图 1-8 所示。

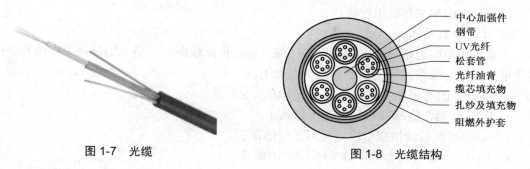

图 1-7　光缆　　　　　　　　　　图 1-8　光缆结构

光缆是数据传输中最有效的一种传输介质，具有以下几个优点。

① 较宽的频带宽度。

② 电磁绝缘性能好。光缆中传输的是光束，而光束是不受外界电磁干扰影响的，本身也不向外辐射信号，适用于长距离的信息传输以及要求高度安全的场合。

③ 衰减较小。

④ 中继器的间隔距离较大，因此整个通道中继器的数目可以减少，这样可降低成本。而同轴电缆和双绞线在长距离使用中就需要多接中继器。

（2）光纤的种类。

光纤主要有两大类，即单模光纤和多模光纤。

① 单模光纤。

单模光纤的纤芯直径很小，在给定的工作波长上只能以单一模式传输，传输频带宽，传输容量大。光信号可以沿着光纤的轴向传播，因此光信号的损耗很小，离散也很小，传播的距离较远。单模光纤 PMD 规范中建议的芯径为 8～10μm，包括包层直径为 125μm。

② 多模光纤。

多模光纤是在给定的工作波长上，能以多个模式同时传输的光纤。多模光纤的纤芯直径一般为 50～200μm，而包层直径的变化范围为 125～230μm，计算机网络用纤芯直径为 62.5μm，包层为 125μm，也就是通常所说的 62.5μm。与单模光纤相比，多模光纤的传输性能要差。在导入波长上分单模 1 310nm、1 550nm；多模 850nm、1 300nm。

③ 纤芯分类。

按照纤芯直径可划分为以下几种。

· 50/125（μm）缓变型多模光纤。

· 62.5/125（μm）缓变增强型多模光纤。

· 10/125（μm）缓变型单模光纤。

按照光纤芯的折射率分布可分为以下几种。

· 阶跃型光纤（Step Index Fiber，SIF）。

9

- 梯度型光纤（Griended Index Fiber，GIF）。
- 环形光纤（Ring Fiber）。
- W 形光纤。

（3）光缆的种类和机械性能。

① 单芯互联光缆。

主要应用范围包括跳线、内部设备连接、通信柜配线面板、墙上出口到工作站的连接和水平拉线直接端接。其主要性能及优点如下。

- 高性能的单模和多模光纤符合所有的工业标准。
- 900μm 紧密缓冲外衣易于连接与剥除。
- Aramid 抗拉线增强组织提高对光纤的保护。
- UL/CAS 验证符合 OFNR 和 OFNP 的要求。

② 双芯互联光缆。

主要应用范围包括交连跳线、水平走线，直接端接、光纤到桌、通信柜配线面板和墙上出口到工作站的连接。

双芯互联光缆除具备单芯互联光缆所有的主要性能优点之外，还具有光纤之间易于区分的优点。

③ 室外光缆 4～12 芯铠装型与全绝缘型。

主要应用范围包括园区中楼宇之间的连接、长距离网络、主干线系统、本地环路、支路网络、严重潮湿、温度变化大的环境、架空连接（和悬缆线一起使用）、地下管道或直埋。

主要性能优点包括以下几点。

- 高性能的单模和多模光纤符合所有的工业标准。
- 900μm 紧密缓冲外衣易于连接与剥除。
- 套管内具有独立彩色编码的光纤。
- 轻质的单通道结构节省了管内空间，管内灌注防水凝胶，以防止水渗入。
- 设计和测试均根据 BellcoreGR-20-CORE 标准。
- 扩展级别 62.5/125 符合 ISO/IEC11801 标准。
- 抗拉线增强组织提高对光纤的保护。
- 聚乙烯外衣在紫外线或恶劣的室外环境有保护作用。
- 低摩擦的外皮使之可轻松穿过管道，完全绝缘或铠装结构，撕剥线使剥离外表更方便。

室外光缆有 4 芯、6 芯、8 芯、12 芯，又分铠装型和全绝缘型两种。

④ 室内/室外光缆（单管全绝缘型）。

主要应用范围包括不需任何互联情况下，由户外延伸入户内（线缆具有阻烯特性）；园区中楼宇之间的连接；本地线路和支路网络；严重潮湿、温度变化大的环境；架空连接时；地下管道或直埋；悬吊缆/服务缆。

主要性能优点包括以下几点。

- 高性能的单模和多模光纤符合所有的工业标准。

- 设计符合低毒、无烟的要求。
- 套管内具有独立 TLA 彩色编码的光纤。
- 轻质的单通道结构节省了管内空间，管内灌注防水凝胶，以防止水渗入，注胶芯完全由聚酯带包裹。
- 符合 ISO/IEC11801 标准。
- Aramid 抗拉线增强组织提高对光纤的保护。
- 聚乙烯外衣在紫外线或恶劣的室外环境有保护作用。
- 低摩擦的外皮使之可轻松穿过管道，完全绝缘或铠装结构，撕剥线使剥离外表更方便。

室内/室外光缆有 4 芯、6 芯、8 芯、12 芯、24 芯、32 芯。

4. 综合布线传输介质的选择

在综合布线系统中，除了铜缆布线系统外，还包括光缆布线系统和无线网络系统。综合布线系统是长时间使用的系统，传输介质直接影响到工程质量的好坏与否。传输介质的选型应根据系统的技术性能、投资概算、产品的工程业绩以及售后服务质量等进行综合考虑。

（1）综合布线系统中被认可的传输介质。

综合布线系统的国际规范认可的介质有以下几种类型，这些传输介质可以单独使用也可以混合使用。

① 100Ω 非屏蔽双绞线缆；

② 50/125μm 光缆、62.5/125μm 光缆。

（2）传输介质的选择。

综合布线系统的线缆选择应综合考虑各种因素，在综合布线系统中应首先确定使用线缆的类别和布线的结构（屏蔽线缆、非屏线电缆、光缆，还是将它们结合在一起使用）。

大对数线缆通常用于主干布线系统，特别适合在语音和低速率数据应用中使用。这些线缆在干线和水平（集线器到桌面）布线系统应用中的最大长度在国际标准 ISO/IEC IS11801 中有详细的说明。需要注意的是这些最大限制长度。这些最大限制长度并没有考虑由于网络使用的线缆类型和协议类型的不同而造成性能方面的差异的影响。实际上，最大线缆长度将取决于系统的应用、网络类型和电缆的质量等方面的因素。

在确定线缆类型前，对线缆走线的可用空间进行检查也是非常重要的一点。尺寸、重量和屏蔽灵活性等因素主要取决于线缆是否采用金属箔或编制护层、电缆中使用了多少导线。这些因素与线缆的屏蔽层、反射材料一起将决定线缆对抗电磁干扰(EMI)能力。在选择线缆之前，考虑线缆使用的屏蔽层、反射材料也是至关重要的。

① UTP 和 FTP 缆线的选择。

选择 UTP 缆线还是选择 FTP 缆线，取决于外部 EMC 的干扰的影响，干扰场强低于 3V/m 时，一般不考虑防护措施，根据对缆线性能测试表明：在 30MHz 频段内，UTP 与 FTP 的传输效果和抗 EMC 能力相近。超过时，则 FTP 较之 UTP 的隔离度明显要高出 20～30dB，根据干扰信号超过标准的量级大小可以分别选择 FTP、SFTP 或 STP 等不同的屏蔽缆线和屏蔽配线设备。此外，注意 FTP 的屏蔽结构改变了整条电缆的电容耦合，衰减也会较之同级的 UTP 稍有增加。FTP 的综合造价约为：FTP=1.2～1.6UTP。因此，FTP 适用于 EMC

严重区域和保密性强的场所，如党政专网、机场、军事部门和工业企业。

② 光缆的选择。

光缆是利用光纤通过光波传输信号的，它不受任何形式的电磁屏蔽影响，同时光缆具有体积小、耐用等优点。因而在传输速率要求超过 155Mbit/s 或需要更长传输距离的应用场合中，光缆是最佳选择，但它的成本要比其他类型的线缆高。

大多数在局域网中使用的光缆是多模光纤。多模光纤比高性能的单模光纤更容易安装。在大多数网络中，一般都采用光缆作为干线，而使用 UTP 线缆来进行水平布线。

随着通信速率的提高和设备价格的下降，使用光纤直接到桌面的网络数量也在不断增多。

③ 其他因素的考虑。

在选择电缆时还应考虑以下因素：

- 网络集线器和节点（信息口）之间的最大距离；
- 在管道和地板、天花板中的布线是否有足够的空间；
- 电磁干扰（EMI）的程度；
- 为系统服务的设备的可能的变化情况和它们的使用方式；
- 系统复原能力和网络扩展性；
- 网络要求的生命周期；
- 电缆走线的限制和线缆弯曲半径的限制等。

④ 规范规定。

在《建筑与建筑群综合布线系统设计规范（修订本）》中，有详细的规定，具体可以参照该设计规范进行选择。

1.5 综合布线系统工程材料及选用

综合布线系统中除了线缆外，槽管是一个重要的组成部分，金属槽、PVC 槽、金属管、PVC 管是综合布线系统的基础性材料。在这里分别介绍这几种布线材料。

1. 线槽

（1）金属槽。

金属槽由槽底和槽盖组成，每根槽一般长度为 2m，槽与槽连接时使用相应尺寸的铁板和螺钉固定。槽的外形如图 1-9 所示。

综合布线系统中一般使用的金属槽的规格有 50mm×100mm、100mm×100mm、100mm×200mm、100mm×300mm、200mm×400mm 等。

（2）塑料槽。

塑料槽的外状与图 1-9 类似，但其品种规格更多，型号有 PVC-20 系列、PVC-25 系列、PVC-25F 系列、PVC-30 系列、PVC-40 系列、PVC-40Q 系列等，规格有 20mm×12mm、25mm×12.5mm、25mm×25mm、30mm×15mm、40mm×20mm 等。

与 PVC 槽配套的附件有阳角、阴角、直转角、平三通、左三通、右三通、连接头、终

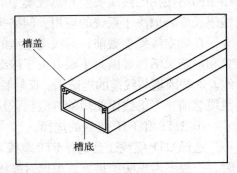

图 1-9　线槽的外形

端头以及接线盒（暗盒、明盒）等，如图 1-10 所示。

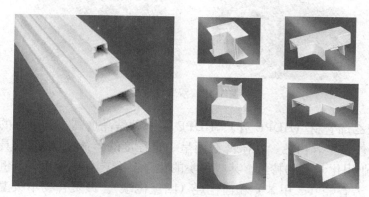

图 1-10 PVC 槽配套的附件

2. 管材

（1）金属管。

金属管是用于分支结构或暗埋的线路，其规格也有
多种，外径以 mm 为单位。金属管的外形如图 1-11 所示。

工程施工中常用的金属管有 D16、D20、D25、D32、
D40、D50、D63、D25、D110 等规格。

在金属管内穿线比线槽布线难度更大一些，在选择
金属管时要注意管径选择得大一点，一般管内填充物占
30%左右，以便于穿线。金属管还有一种是软管（俗称蛇皮管），供弯曲的地方使用。

图 1-11 金属管的外形

（2）塑料管。

塑料管主要有聚氯乙烯管材（PVC-U 管），高密聚乙烯管材（HDPE 管），双壁波纹管，
子管，铝塑复合管，硅芯管等。

① PE 阻燃导管是一种塑制半硬导管，按外径有 D16、D20、D25、D32 等 4 种规格。
外观为白色，具有强度高、耐腐蚀、挠性好、内壁光滑等优点，明、暗装穿线兼用，它还
以盘为单位，每盘质量为 25kg。

② PVC 阻燃导管是以聚氯乙烯树脂为主要原料，加入适量的助剂，经加工设备挤压
成型的刚性导管，小管径 PVC 阻燃导管可在常温下进行弯曲。便于用户使用，按外径有
D16、D20、D25、D32、D40、D45、D63、D25、D110 等规格。

与 PVC 管安装配套的附件有接头、螺圈、弯头、弯管弹簧；一通接线盒、二通接线盒、
三通接线盒、四通接线盒、开口管卡、专用截管器以及 PVC 粗合剂等。

③ 双壁波纹管。塑料双壁波纹管除具有普通塑料管的耐腐性、绝缘性好、内壁光滑、
使用寿命长等优点外，还具有以下独特的技术性能：刚性大，耐压强度高于同等规格之普
通光身塑料管；质量是同规格普通塑料管的一半，从而方便施工，减轻劳动强度；密封好，
在地下水位高的地方使用更能显示其优越性；波纹结构能加强管道对土壤负荷抵抗力，便
于连续敷设在凹凸不平的地面上；使用双壁波纹管的工程造价比使用普通塑料管降低 1/3。
双壁波纹管如图 1-12 所示。

图 1-12 双壁波纹管

④ 高密聚乙烯管材（HDPE 管）。HDPE 是一种结晶度高、非极性的热塑性树脂。原态 HDPE 的外表呈乳白色，在微薄截面呈一定程度的半透明状。PE 具有优良的耐大多数生活和工业用化学品的特性。某些种类的化学品会产生化学腐蚀，例如腐蚀性氧化剂（浓硝酸），芳香烃（二甲苯）和卤化烃（四氯化碳）。该聚合物不吸湿并具有好的防水蒸气性，可用于包装用途。HDPE 具有很好的电性能，特别是绝缘介电强度高，使其很适用于电线电缆。中到高分子量等级具有极好的抗冲击性，在常温甚至-40℃低温下均如此。

PE 可用很多不同的加工法制造。包括诸如片材挤塑、薄膜挤出、管材或型材挤塑，吹塑、注塑和滚塑。

PE 有许多挤塑用途，如制作电线、电缆、软管、管材和型材。管材的应用范围从用于天然气小截面黄管到 122cm 直径用于工业和城市管道的厚壁黑管。大直径中空壁管用作混凝土制成的雨水排水管和其他下水道管线的替代物增长迅速，如图 1-13 所示。

图 1-13 高密聚乙烯管材

⑤ 子管。

小口径，管材质软，适用于光缆的保护，如图 1-14 所示。

⑥ 硅芯管。

用于吹光纤管道，敷管快速。硅芯管是一种内壁带有硅胶质固体润滑剂的新型复合管道，密封性能好，耐化学腐蚀，工程造价低，广泛运用于高速公路、铁路等的光电缆通信网络系统。

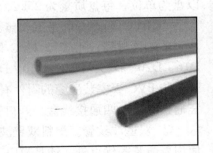

图 1-14 子管

HDPE 硅芯管是一种内壁带有硅胶质固体润滑剂的新型复合管道，简称硅管。由 3 台塑料挤出机同步挤压复合，主要原材料为高密度聚乙烯，芯层为摩擦系数最低的固体润滑剂硅胶质。广泛应用于光电缆通信网络系统。硅芯管如图 1-15 所示。

图 1-15 硅芯管

3. 桥架

桥架分为普通型桥架、重型桥架、槽式桥架。在普通桥架中还可分为普通型桥架和直边普通型桥架。桥架的外形如图 1-16 所示。

普通桥架的主要配件包括梯架、弯通、三通、四通、多节二通、凸弯通、凹弯通、调高板、端向联结板、调宽板、垂直转角连接件、联结板、小平转角联结板以及隔离板等。普通桥架及其主要配件供组合如图 1-17 所示。

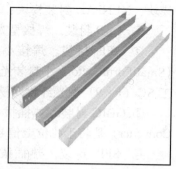

直通普通型桥架的主要配件包括梯架、弯通、三通、四通、多节二通、凸弯通、凹弯通、盖板、弯通盖板、三通盖板、四通盖板、凸弯通盖板、凹弯通盖板、花孔托盘、花孔弯通、花孔四通托盘、联结板垂直转角连接板、小平转角连接板、端向连接板护扳、隔离板、调宽板以及端头挡板等。

图 1-16 桥架的外形

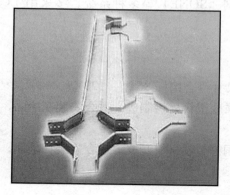

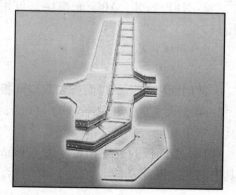

图 1-17 普通桥架及其主要配件组合

4. 信息模块

信息模块是网络工程中经常使用的一种器材，分为六类、超五类、三类，且有屏蔽和非屏蔽之分。信息模块如图 1-18 所示。

信息模块满足 T-568A 超五类传输标准，符合 T-568A 和 T-568B 线序，适用于设备间与工作区的通信插座连接。免工具型设计，便于准确快速地完成端接，扣锁式端接帽确保导线全部端接并防止滑动。芯针触点材料 50μm 的镀金层，耐

图 1-18 信息模块

用性为 1500 次插拔。

打线柱外壳材料为聚碳酸酯，IDC 打线柱夹子为磷青铜。适用于 22AWG、24AWG 及 26AWG（0.64mm，0.5mm 及 0.4mm）线缆，耐用性为 350 次插拔。

在 100MHz 下测试传输性能：近端串扰 44.5dB、衰减 0.17dB、回波损耗 30.0dB、平均 46.3dB。

5. 光纤模块

光纤模块按照速率分有：以太网应用的 100Base（百兆）模块、1 000Base（千兆）模块、10GE 模块；SDH 应用的 155M 模块、622M 模块、2.5G 模块、10G 模块等。

光纤模块按照封装分有：1×9 封装模块、SFF 封装模块、SFP 封装模块、GBIC 封装模块、XENPAK 封装模块、XFP 封装模块等。

① 1×9 封装。焊接型光模块，一般速度不高于千兆，多采用 SC 接口。

② SFF 封装。焊接小封装光模块，一般速度不高于千兆，多采用 LC 接口。SF（SmallFormFactor）小封装光模块采用了先进的精密光学及电路集成工艺，尺寸只有普通双工 SC（1×9）型光纤收发模块的一半，在同样空间可以增加一倍的光端口数。

③ GBIC 封装。热插拔千兆接口光模块，采用 SC 接口。GBIC（GigaBitrateInterface Converter）是将千兆位电信号转换为光信号的接口器件。

④ SFP 封装。热插拔小封装模块，目前最高速率可达 4G，多采用 LC 接口。SFPSMALLFORMPLUGGABLE 的缩写，可以简单的理解为 GBIC 的升级版本。

⑤ XENPAK 封装。应用在万兆以太网，采用 SC 接口。

⑥ XFP 封装。10G 光模块，可用在万兆以太网、SONET 等多种系统，多采用 LC 接口。

6. 面板、底盒

（1）面板。

常用面板分为单口面板和双口面板，面板外形尺寸符合国标 86 型、120 型。

86 型面板的宽度和长度为 86mm，通常采用高强度塑料材料制成，适合安装在墙面，具有防尘功能，如图 1-19 所示。

120 型面板的宽度和长度为 120mm，通常采用铜等金属材料制成，适合安装在地面，具有防尘、防水功能，如图 1-20 所示。

图 1-19　86 型网络面板

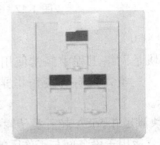

图 1-20　120 型网络面板

面板应用于工作区的布线子系统，其表面带嵌入式图表及标签位置，便于识别数据和语音端口；配有防尘滑门用以保护模块、遮蔽灰尘和污物进入。

（2）底盒。

常用底盒分为明装底盒和暗装底盒，如图 1-21 和图 1-22 所示。明装底盒通常采用高强度塑料材料制成，而暗装底盒有用塑料材料制成的也有用金属材料制成的。

（a）明装底盒　　　　　（b）暗装底盒

图 1-21　120 地插型底盒　　　　　　　　　　图 1-22　底盒

7．配线架

配线架是管理间子系统中最重要的组件，是实现垂直干线和水平布线两个子系统交叉连接的枢纽，一般放置在管理区和设备间的机柜中。配线架通常安装在机柜内。通过安装附件，配线架可以全线满足 UTP、STP、同轴电缆、光缆、音视频的需要。

在网络工程中常用的配线架有双绞线配线架和光缆配线架。

双绞线配线架的作用是在管理间子系统中将双绞线进行交叉连接，用在主配线间和各分配线间。双绞线配线架的型号很多，每个厂商都有自己的产品系列，并且对应三类、五类、超五类、六类和七类线缆分别有不同的规格和型号，在具体项目中，应参阅产品手册，根据实际情况进行配置。双绞线配线架如图 1-23 所示。

用于端接传输数据线缆的配线架采用 19 英寸 RJ-45 口 110 配线架，此种配线架背面进线采用 110 端接方式，正面全部为 RJ-45 口用于跳线配线，主要分为 24 口、48 口等，全部为 19 寸机架/机柜式安装。

超五类 35 口配线架　　　　　　超五类 59 口配线架　　　　　　超五类 221 型跳线架

图 1-23　双绞线配线架

光纤配线架的作用是在管理间子系统中将光纤进行连接，通常在主配线间和各分配线间进行。

8．机柜

机柜是存放设备和线缆交接的地方。机柜以 U 为单元区分（1U=44.45mm）。

标准的机柜为：宽度 48.3cm（19 英寸），宽度为 600mm，一般情况下，服务器机柜的深≥800 mm，而网络机柜的深度≤800mm。具体规格见表 1-1。

表1-1   网络机柜规格表

产品名称	用户单元	规格型号 （宽×深×高）mm³	产品名称	用户单元	规格型号 （宽×深×高）mm³
普通墙柜系列	6U	530×400×300	普通网络机柜系列	18U	600×600×1000
	8U	530×400×400		22U	600×600×1200
	9U	530×400×450		27U	600×600×1400
	12U	530×400×600		31U	600×600×1600
普通服务器机柜系列（加深）	31U	600×800×1600		36U	600×600×1800
	36U	600×800×1800		40U	600×600×2000
	40U	600×800×2000		45U	600×600×2200

网络机柜可分为以下两种。

（1）常用服务器机柜。

① 安装立柱尺寸为 480mm（19 英寸）。内部安装设备的空间高度一般为 1850mm（42U），如图 1-24 所示。

② 采用优质冷轧钢板，独特表面静电喷塑工艺，耐酸碱，耐腐蚀，保证可靠接地、防雷击。

③ 走线简洁，前后及左右面板均可快速拆卸，方便各种设备的走线。

④ 上部安装有两个散热风扇，下部安装有 4 个转动辘辘和 4 个固定地脚螺栓。

⑤ 适用于 IBM、HP、DELL 等各种品牌导轨式上安装的机架式服务器。也可以安装普通服务器和交换机等标准单元设备。一般安装在网络机房或者楼层设备间。

（2）壁挂式网络机柜。

主要用于摆放轻巧的网络设备，外观轻巧美观，机柜采用全焊接式设计。牢固可靠。机柜背面有四个挂墙的安装孔，可将机柜挂在墙上节省空间，如图 1-25 所示。

图 1-24　服务器机柜

图 1-25　壁挂式网络机柜

小型壁挂式机柜有体积小、纤巧、节省机房空间等特点。广泛用于计算机数据网络、布线、音响系统、银行、金融、证券、地铁、机场工程以及工程系统等。

9. 管理子系统连接器件

根据综合布线所用介质类型管理子系统的管理器件分为两大类，即铜缆管理器件和光缆管理器件。这些管理器件用于配线间和设备间的缆线端接，构成一个完整的综合布线系统。

（1）铜缆管理器件。

铜缆管理器件主要有配线架、机柜及线缆相关管理附件。配线架主要有 110 系列配线架和 RJ-45 模块化配线架两类。110 系列配线架可用于电话语音系统和网络综合布线系统，RJ-45 模块化配线架主要用于网络综合布线系统。

① 系列配线架。

各个厂商生产的 110 系列配线架产品基本相似，有些厂商根据 110 系列配线架应用特点的不同细分出不同的类型。例如，AVAYA 公司的 SYSTIMAX 综合布线产品将 110 系列配线架分为两大类，即 110A 和 110P。110A 配线架采用夹跳接线连接方式，可以垂直叠放便于扩展，比较适合于线路调整较少、线路管理规模较大的综合布线场合，如图 1-26 所示。110P 配线架采用接插软线连接方式，管理比较简单但不能垂直叠放，较适合于线路管理规模较小的场合，如图 1-27 所示。

图 1-26　AVAYA 110A 配线架

图 1-27　AVAYA 110P 配线架

110A 配线架有 100 对和 300 对两种规格，可以根据系统安装要求使用这两种规格的配线架进行现场组合。110A 配线架由以下配件组成。

- 100 对或 300 对线的接线块。
- 3 对、4 对或 5 对线的 110C 连接块（如图 1-28 所示）。
- 底板。
- 理线环。
- 跳插软线。
- 标签条。

110P 配线架有 300 对和 900 对两种规格。110P 配线架由以下配件组成。

图 1-28　110C 3 对、4 对、5 对连接块

- 安装于面板上的 100 对线的 110D 型接线块。
- 3 对，4 对或 5 对线的连接块。
- 188C2 和 188D2 垂直底板。

- 188E2 水平跨接线过线槽。
- 管道组件。
- 接插软线。
- 标签条。

110P 配线架的结构如图 1-29 所示。

② RJ-45 模块化配线架。

RJ-45 模块化配线架主要用于网络综合布线系统，根据传输性能的要求分为五类、超五类、六类模块化配线架。配线架前端面板为 RJ-45 接口，可通过 RJ-45—RJ-45 软跳线连接到计算机或交换机等网络设备。配线架后端为 BIX 或 110 连接器，可以端接水平子系统线缆或干线线缆。配线架一般宽度为 19 英寸，高度为 1U～4U，主要安装于 19 英寸机柜。模块化配

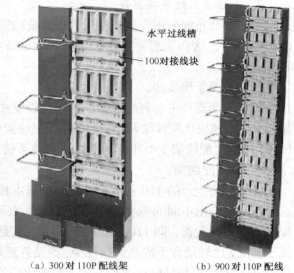

水平过线槽
100对接线块

（a）300 对 110P 配线架   （b）900 对 110P 配线

图 1-29　AVAYA 110P 配线架构成

线架的规格一般由配线架根据传输性能、前端面板接口数量以及配线架高度决定。图 1-30 所示为 1U24 口 RJ-45 模块化网络配线架。

（a）24 口模块化配线架的前端图示

（b）24 口模块化配线架的后端图示

图 1-30　24 口模块化配线架

配线架前端面板可以安装相应标签以区分各个端口的用途，方便以后的线路管理，配线架后端的 BIX 或 110 连接器都有清晰的色标，方便线对按色标顺序端接。

③ BIX 交叉连接系统。

BIX 交叉连接系统是 IBDN 智能化大厦解决方案中常用的管理器件，可以用于计算机网络、电话语音、安保等弱电布线系统。BIX 交叉连接系统主要由以下配件组成。

- 50 对、250 对、300 对的 BIX 安装架，如图 1-31 所示。
- 25 对 BIX 连接器，如图 1-32 所示。
- 布线管理环，如图 1-33 所示。
- 标签条。
- 电缆绑扎带。
- BIX 跳插线，如图 1-34 所示。

（a）300 对 BIX 安装架　　（b）250 对 BIX 安装架　　（c）50 对 BIX 安装架

图 1-31　50 对、250 对、300 对 BIX 安装架

图 1-32　25 对 BIX 连接器

图 1-33　布线管理环

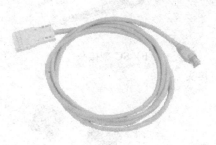

（a）BIX 跳插线 BIX—BIX 端口　　　　　　（b）BIX 跳插线 BIX—RJ-45 端口

图 1-34　BIX 跳插线

（2）光纤管理器件。

根据光纤布线场合要求光纤管理器件分为两类，即光纤配线架和光纤接线箱。光纤配

线架适用于规模较小的光纤互连场合，如图 1-35 所示，而光纤接线箱适用于光纤互连较密集的场合，如图 1-36 所示。

图 1-35　机架式光纤配线架

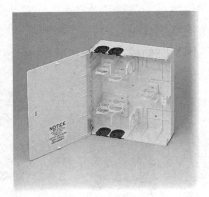

图 1-36　光纤接线箱

　　光纤配线架又分为机架式光纤配线架和墙装式光纤配线架两种。机架式光纤配线架宽度为19 英寸，可直接安装于标准的机柜内，墙装式光纤配线架体积较小，适合于安装在楼道内。

　　如图 1-35 所示，打开光纤配线架可以看到一排插孔，用于安装光纤耦合器。光纤配线架的主要参数是可安装光纤耦合器的数量以及高度，例如，IBDN 的 12 口/1U 机架式光纤配线架可以安装 12 个光纤耦合器。

　　光纤耦合器的作用是将两个光纤接头对准并固定，以实现两个光纤接头端面的连接。光纤耦合器的规格与所连接的光纤接头有关。常见的光纤接头有 ST 型和 SC 型两类，如图 1-37 所示。光纤耦合器也分为 ST 型和 SC 型，如图 1-38 所示。

(a) ST 型接头

(b) SC 型接头

图 1-37　光纤接头

（a）ST 型耦合器

（b）SC 型耦合器

（c）FC 型耦合器

图 1-38　光纤耦合器

　　光纤耦合器两端可以连接光纤接头，两个光纤接头可以在光纤耦合器内准确地端接起来，从而实现两个光纤系统的连接。一般多芯光纤剥除后固定在光纤配线架内，通过熔接或磨接技术使各缆芯连接于多个光纤接头，这些光纤接头端接于耦合器一端（内侧），使用光纤跳线端接于耦合器另一端（外侧），然后光纤跳线可以连接光纤设备或另一个光纤配线架。

　　① FC 型光纤连接器。

　　FC 是 Ferrule Connector 的缩写，表明其外部加强方式是采用金属套，紧固方式为螺丝扣。最早，FC 型连接器采用的陶瓷插针的对接端面是平面接触方式（FC）。此类连接器结构简单，操作方便，制作容易，但光纤端面对微尘较为敏感，且容易产生菲涅尔反射，提高回波损耗性能较为困难。后来，对该类型连接器做了改进，采用对接端面呈球面的插针（PC），而外部结构没有改变，使得插入损耗和回波损耗性能有了较大幅度的提高。

　　② SC 型光纤连接器。

　　SC 型光纤连接器就是连接 GBIC 光模块的连接器，它的外壳呈矩形，所采用的插针与耦合套筒的结构尺寸与 FC 型完全相同，其中插针的端面多采用 PC 型或 APC 型研磨方式；紧固方式是采用插拔销闩式，无需旋转。此类连接器价格低廉，插拔操作方便，介入损耗波动小，抗压强度较高，安装密度高。

　　③ ST 型光纤连接器。

　　ST 型光纤连接器常用于光纤配线架，外壳呈圆形，所采用的插针与耦合套筒的结构尺寸与 FC 型完全相同，其中插针的端面多采用 PC 型或 APC 型研磨方式；紧固方式为螺丝扣。

　　④ LC 型光纤连接器。

　　LC 型光纤连接器就是连接 SFP 模块的连接器，它采用操作方便的模块化插孔（RJ）闩锁机理制成。该连接器所采用的插针和套筒的尺寸是普通 SC、FC 等所用尺寸的一半，提高了光纤配线架中光纤连接器的密度。

第二部分　学习过程记录

　　将学生分组，小组成员根据认识综合布线系统的学习目标，认真学习相关知识，并将学习过程的内容（要点）进行记录，同时也将学习中存在的问题和意见进行记录，填写下面的表单。

学习情境	认识综合布线系统		任务	认识综合布线子系统		
班级		组名		组员		
开始时间		计划完成时间		实际完成时间		
综合布线的基本概念						

续表

综合布线系统的类型	
综合布线系统组成	
综合布线系统的传输介质及选型	
综合布线系统工程中的常用器材及选型	
存在的问题及意见反馈	

第三部分 工 作 页

1. 参观访问一个采用综合布线系统构建的校园网。

（1）了解该网络的基本情况，其中包括建筑物的面积、层数、功能用途、建筑物的结构，并填写下表。

建筑物名称	面　积	层　数	功能用途	结　　构

（2）了解信息点的布置、数量等，并填写下表。

序　号	建筑物名称	面　积	层　数	功能用途	结　　构
1					
2					
3					
4					
5					
6					
7					

（3）参观建筑物的设备间，了解并记录设备间所用设备的名称和规格，注意各设备之间的连接情况，填写下表。

序　号	设 备 名 称	规　格	备　注
1			
2			
3			
4			
5			
6			
7			

（4）参观管理间，了解管理间的环境、面积和设备配置，填写下表。

序　号	环 境 要 求	面　积	设 备 配 置	备　注
1				
2				
3				
4				

续表

序　号	环 境 要 求	面　积	设 备 配 置	备　注
5				
6				
7				

（5）观察干线子系统是采用何种方式进行敷设的。了解线缆的类型、规格和数量，填写下表。

序　号	敷 设 方 式	类　型	规　格	数　量	备　注
1					
2					
3					
4					
5					
6					
7					

（6）观察水平子系统的走线路由。了解水平子系统所选用的介质类型、规格和数量，并观察其布线方式，填写下表。

序　号	敷 设 方 式	类　型	规　格	数　量	备　注
1					
2					

续表

序　号	敷设方式	类　型	规　格	数　量	备　注
3					
4					
5					
6					
7					

（7）观察工作区的面积、信息插座的配置数量、类型、高度和线缆的布线方式，填写下表。

序　号	面　积	插座数量	类　型	高　度	走线方式	备　注
1						
2						
3						
4						
5						
6						
7						

2. 画出该网络的系统布线示意图草图。

（1）在参观、做记录的基础上，画出该网络的布线结构草图。在图中标明所用设备的型号、名称、数量，各布线子系统选用介质的类型及数量。

（2）画出该系统与公用网络的连接情况草图。

第四部分　练　习　页

（1）什么是综合布线？综合布线有哪些特点？

（2）综合布线系统主要由哪几部分组成？每一部分主要对应局域网的哪一部分？

（3）综合布线系统的工业标准有哪些？

（4）双绞线电缆的每一条线都有色标，以易于区分和连接。一条 4 对电缆有 4 种本色：_____、_____、_____和_____。

（5）按照绝缘层外部是否有金属屏蔽层，双绞线可以分为_____和_____两大类。目前在综合布线系统中，除了某些特殊的场合通常采用_____。

（6）五类 UTP 电缆用来支持带宽要求达到_____的应用，超五类线的传输速率为_____，而六类线支持的带宽为_____，七类线支持的带宽可以高达_____。

（7）同轴电缆分成 4 层，分别由_____、_____、_____和_____组成。

（8）对于 50Ω的基带同轴电缆有_____和_____两种类型，_____直径为 5mm，而_____直径为 10mm。

（9）按传输点模数，光缆可以分为_____和_____。

（10）对于多模光纤，根据其折射率的变化可以分为_____光纤和_____光纤。

（11）常见的网络传输介质有哪些？

（12）到市场上调查目前常用的某品牌的 4 对超五类和六类非屏蔽双绞线，观察双绞线的结构和标识，对比两种双绞线的价格以及性能指标。

（13）访问 2～3 个采用综合布线系统的校园网或者企业网，了解该网络中各个子系统所采用的传输介质，结合各种不同传输介质的特点，掌握各种传输介质在综合布线系统中的应用。

第五部分　任务评价

评价项目	项目评价内容	分值	自我评价	小组评价	教师评价	得分
理论知识	① 综合布线的基本概念、系统类型	5				
	② 综合布线系统的组成	5				
	③ 综合布线系统中的传输介质	5				
	④ 综合布线系统中的管材	5				
	⑤ 综合布线系统配线设备	5				
实操技能	① 综合布线系统的组成，各子系统之间的关系	8				
	② 信息点的布置；工作区的面积、信息插座的配置数量、类型、高度和线缆的布线方式	8				
	③ 干线子系统是采用何种方式进行敷设的线缆的类型、规格	8				
	④ 水平子系统的走线路由；水平子系统所选用的介质类型、规格和数量；布线方式	8				
	⑤ 管理间的环境、面积和设备配置	8				
	⑥ 建筑物的设备间所用设备的名称、规格，各设备之间的连接	5				
安全文明生产	① 安全、文明操作	5				
	② 有无违纪与违规现象	5				
	③ 良好的职业操守	5				
学习态度	① 不迟到、不缺课、不早退	5				
	② 学习认真，责任心强	5				
	③ 积极参与完成项目的各个步骤	5				
总　计　得　分						

任务二　认识综合布线工具

　　在综合布线系统中，进行缆线端接、管线安装等都要利用综合布线工具来实现，在综合布线系统施工之前，认识综合布线工具并且会使用这些工具是必要的。通过此任务学习和综合布线工程的实际施工，认识各种常见的综合布线工具，掌握各种综合布线工具的使用方法和使用注意事项。

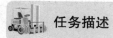

问题引导

(1) 打线工具有哪些？如何使用打线工具？使用打线工具的注意事项有哪些？

(2) 压接工具有哪些？如何使用压接工具？使用压接工具的注意事项有哪些？

(3) 在综合布线系统的施工过程中有哪些类型的电钻？不同电钻在使用中有哪些区别？

(4) 光纤端接需要哪些工具？如何使用？

(5) 线缆敷设需要哪些工具？如何使用？

提示：学生可以通过到图书馆查阅相关图书，上网搜索相关资料或询问相关在职人员。

任务描述

本任务要求学生在学习、收集相关资料基础上认识各种常见的布线工具，掌握各种布线工具的使用方法和使用注意事项。任务描述如下表所示。

学习目标	(1) 了解综合布线系统施工中常用的工具。 (2) 了解综合布线工具的特性。 (3) 掌握同类型综合布线工具的区别，会使用这些综合布线工具
任务要求	(1) 卡接一个信息模块。 ① 了解信息插座的结构； ② 掌握剥线器的使用方法； ③ 掌握单对打线枪的使用方法； ④ 掌握万用表的测试方法。 (2) 卡接一个 110 配线架。 ① 掌握扎带电缆的方法； ② 掌握环切电缆外护套层的方法； ③ 掌握 5 对线冲压工具的使用方法。 (3) 接一个光缆接头。 ① 掌握开剥光缆，并将光缆固定到接续盒内的方法； ② 能分纤； ③ 能利用光缆熔接机进行光缆熔接； ④ 能进行盘纤固定、密封等。 (4) 敷设一段线缆管道。 ① 掌握型材切割机的使用方法； ② 掌握弯管器使用方法； ③ 掌握充电旋具的使用方法； ④ 掌握角磨机的使用方法
注意事项	(1) 工具仪器按规定摆放。 (2) 作业时注意人身安全。 (3) 注意实训室的卫生。 (4) 注意用电安全
建议学时	4 学时

第一部分　任务学习引导

2.1　缆线端接工具及其使用

在综合布线系统中，进行缆线端接要借助于施工工具——综合布线工具。

1. 5 对 110 型打线工具

该工具是一种简便快捷的 110 型连接端子打线工具，是 110 配线（跳线）架卡接连接块的最佳手段。一次最多可以接 5 对的连接块，操作简单，省时省力。适用于线缆、跳接块及跳线架的连接作业，如图 2-1 所示。

2. 单对 110 型打线工具

该工具适用于线缆、110 型模块及配线架的连接作业。使用时只需要简单地在手柄上推一下，就能将导线卡接在模块中，完成端接过程，如图 2-2 所示。

图 2-1　5 对 110 打线钳

图 2-2　单对 110 打线钳

使用打线工具时，必须注意以下事项。

用手在压线口按照线序把线芯整理好，然后开始压接，压接时必须保证打线钳的方向正确，有刀口的一边必须在线端方向，正确压接后，刀口会将多余线芯剪断。否则，会将要用的网线铜芯剪断或者损伤。

打线钳必须保证垂直，然后用力向下压，听到"咔嚓"声，配线架中的刀片会划破线芯的外包绝缘外套，与铜线芯接触。

如果打接时不突然用力，而是均匀用力，则不容易一次将线压接好，可能出现线芯处于半接触状态。

如果打线钳不垂直，容易损坏压线口的塑料芽，而且不容易将线压接好。

3. RJ-45+RJ11 双用压接工具

适用于 RJ-45、RJ11 水晶头的压接。一把钳子包含了双绞线切割、剥离外护套、水晶头压接等多种功能，如图 2-3 所示。

4. RJ-45 单用压接工具

在双绞线的制作过程中，压线钳是最主要的制作工具，如图 2-4 所示。一把压线钳包含了双绞线切割、剥离外护套、水晶头压接等多种功能。

图 2-3　双用压线钳

因压线钳针对不同的线材会有不同的规格，所以在购买时一定要注意选对类型。

5. 剥线器

剥线器不仅外形小巧且简单易用，如图 2-5 所示。利用剥线器只需要一个简单的步骤就可除去缆线的外护套，即把缆线放在相应尺寸的孔内并旋转 3~5 圈即可。

图 2-4　RJ-45 压线钳　　　　　　　　　　图 2-5　剥线器

6. 手掌保护器

因为把双绞线的 4 对芯线卡入到信息模块的过程比较麻烦，并且由于信息模块容易划伤手，于是就有公司专门开发了一种打线保护装置——信息模块嵌套保护装置，这样更加方便把线卡入到信息模块中，另一方面也可以起到隔离手掌、保护手的作用。手掌保护器如图 2-6 所示。

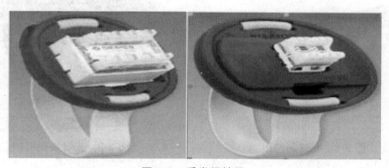

图 2-6　手掌保护器

2.2　光缆端接工具及使用

1. 开缆工具

开缆工具主要包括横向开缆刀，纵向开缆刀，横、纵向综合开缆刀，钢丝钳等，如图 2-7所示。

2. 光纤剥离钳

该工具用于玻璃光纤涂敷层和外护层，光纤剥离钳的种类很多。爽口光纤剥离钳具有双开口、多功能的特点。钳刃上的 V 形口用于精确剥离 250μm、500μm 的涂敷层和 900μm 的缓冲层。第 2 开孔用于剥离 3mmT1 的尾纤外护层。所有的切端面都有精密的机械公差以保证干净平滑地操作。不适用时可使刀口锁在关闭状态。光缆剥离钳如图 2-8 所示。

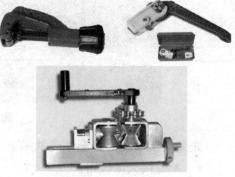

图 2-7　开缆工具

3. 光纤切割工具

光纤切割刀用于切割像头发一样细的光纤，切出来的光纤即使用几百倍的放大镜也可以看出来是平的，切后且平的两根光纤才可以放电对接。

目前使用光纤的材料为石英，所以光纤切割刀对所切的材质是有要求的。

① 适应光纤：单芯或多芯石英裸光纤。

② 适应光纤包层直径为 100～150μm。

4. 光纤熔接机

光纤熔接机主要用于光通信中光纤的施工和维护。主要是靠电弧将两头光纤熔化，同时运用准直原理平缓推进，以实现光纤模场的耦合。光纤熔接机主要运用于各大电信运营商、工程公司以及企事业单位专网等，也用于生产光纤无源/有源器件和模块等的光纤熔接。

为了施工的方便，现在又开发出了手持式光纤熔接机，还有专门用来熔接带状光纤的带状光纤熔接机。光纤熔接机如图 2-9 所示。

图 2-8　光纤剥离钳　　　　　　　图 2-9　光纤熔接机

5. 光纤工具箱

光纤工具箱主要是用于通信光纤线路的施工、维护、巡检及抢修等，提供从通信光纤的截断、开剥、清洁以及光纤端面的切割等工具。光纤工具箱如图 2-10 所示。

图 2-10　光纤工具箱

光缆接头安装工具套件清单如下：

- 光缆接头压接钳；
- 凯弗拉光缆剪刀；
- 手工研磨盘；
- 200 倍光缆放大镜；

- 点胶针筒 A；
- 点胶针筒 B；
- 红宝石光缆切割刀；
- 双口米勒钳 CFS-2；
- 松套管剥离钳；
- 美工刀；

- 橡胶研磨垫；
- 酒精泵瓶；
- 光缆专用镊子；
- 无尘净化棉签；
- 酒精擦拭布；
- 拉链工具包。

2.3　管槽和设备安装工具及使用

1. 电工工具箱

电工工具箱是布线施工中必备的工具，一般包括钢丝钳、尖嘴钳、斜口钳、剥线钳、一字螺钉旋具、十字螺钉旋具、测电笔、电工刀、电工胶带、活扳手、呆扳手、卷尺、铁锤、凿子、斜口凿、钢锉、钢锯、电工皮带和工作手套等。常用的电工工具箱如图 2-11 所示。

工具箱中包含的工具规格如下。

- 115mm 剪钳；
- 115mm 尖嘴钳；
- 150mm 平嘴钳；
- 1416 IC 起拔器；
- 2428 IC 起拔器；
- 3640 IC 起拔器；
- 6 支仪表螺钉旋具；

⊙3.8mm × 150mm 3.0mm × 100mm 2.4mm × 75mm

⊕3.8mm × 150mm 3.0mm × 100mm 2.4mm × 75mm

- 3 支助焊工具；
- 两支无感批；
- 卡环钳及 3 个头；
- 160mm 固定镊子；
- 110mm 固定镊子；
- 125mm 圆头镊子；
- 125mm 弯头镊子；
- 不锈钢 IC 起拔器；
- 压线钳；
- 万用表；
- 150mm 活动扳手；
- 吸锡器；
- 电缆剥线钳；
- 气体烙铁；
- 毛刷；

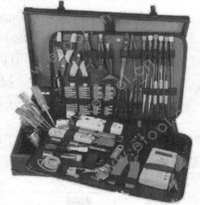

图 2-11　常用电工工具箱

- 0.8mm 锡丝筒；

- 烙铁架；

- 防静电手腕带；

- 6 支螺丝批：

3mm×75mm　　5mm×75mm　　6mm×100mm

3mm×75mm　　5mm×75mm　　6mm×100mm

- 多用套批；

7 支套筒公制：5～11mm

- 多用批嘴

T 形：T8mm×30mm、T10mm×30mm、T15mm×30mm、T20mm×30mm、T25mm×30mm

内六角英制：1/16 英寸×30mm、5/64 英寸×30mm、7/64 英寸×30mm、5/32 英寸×30mm、

7/32 英寸×30mm、1/4 英寸×30mm

一字形：PH0×30mm、PH1×30mm、PH2×30、PH3×30mm

十字形：4.0mm×30mm、5.0mm×30mm、6.0mm×30mm

米字形：PZ1×30mm、PZ2×30mm、PZ3×30mm

2. 电源线盘

在施工现场特别是室外施工现场，由于施工范围广，不可能随地都能取到电源，因此要用长距离的电源线盘接电，线盘长度有 20m、30m、50m 等几种。线盘如图 2-12 所示。

图 2-12　线盘

3. 充电旋具

充电旋具可单手操作，配合各式通用的六角工具头可以拆卸及锁入螺钉、钻洞等。

4. 手电钻

手电钻由电动机、电源开关、电缆和钻孔头等组成。用钻头钥匙开启钻头锁，使钻夹头扩开或拧紧，使钻头松出或固牢。常见的手电钻如图 2-13 所示。

图 2-13　常见手电钻

5. 冲击电钻

冲击电钻由电动机、减速箱、冲击头、辅助手柄、开关、电源线、插头和钻头夹等组成。适用于在混凝土、预制板、瓷面砖、砖墙等建筑材料上进行钻孔或打洞。

6. 电锤

电锤是以单相串激电动机为动力，适用于混凝土、岩石、砖石砌体等脆性材料上钻孔、开槽、凿毛等作业。常见的电锤如图 2-14 所示。

图 2-14　常见电锤

7. 电镐

电镐采用精确的重型电锤机械结构。电镐具有极强的混凝土铲凿功能，比电锤的功率大，更具冲击力和震动力，减震控制使操作更加安全，并具有生产效能可调控的冲击能量，适合多种材料条件下的施工。常见的电镐如图 2-15 所示。

图 2-15　常见电镐

8. 线槽剪

线槽剪是 PVC 线槽或平面塑胶条切断专用剪，剪出的端口整齐美观。宽度在 65mm 以下线槽都可以使用线槽剪。线槽剪如图 2-16 所示。

9. 简易弯管器

弯管器简单易操作，常见于一些建筑工地中，自制自用，十分灵巧，一般用于 25mm 以下的管子弯管，如图 2-17 所示。

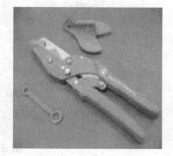

图 2-16　线槽剪

10. 扳曲器

直径稍大的（大于 25mm）电线管或小于 25mm 的厚壁钢管，可采用如图 2-18 所示的扳曲器来弯管。

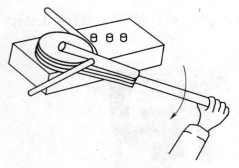

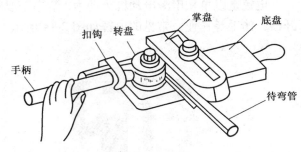

图 2-17　简易弯管器　　　　　　图 2-18　扳曲器

11. 角磨机

桥架和金属槽进行切割后会留下锯齿形的毛边，会刺穿线缆的外套，用角磨机可将这些毛边磨平，从而起到保护线缆的作用。角磨机如图 2-19 所示。

图 2-19　角磨机

12. 型材切割机

在桥架、线槽施工过程中经常需要进行切割操作，这时需要采用切割机完成对桥架、线槽的切割。型材切割机如图 2-20 所示。

图 2-20　型材切割机

2.4　线缆敷设工具

1.　线轴支架

线轴支架用于线路施工中支撑线盘进行放线，如图 2-21 所示。

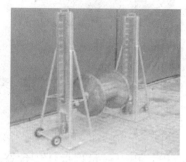

图 2-21　线轴支架

2.　牵引机

线缆牵引是用一条拉线将线缆牵引穿入墙壁管道、吊顶和地板管道。在施工中，应使拉线和线缆的连接点尽量平滑，因此要用电工胶带在连接点外面紧紧缠绕，以保证连接点的平滑和牢靠。

在工程中进行放线操作时，为了提高放线的速度，会使用到牵引机，牵引机如图 2-22 所示。牵引机分为电动牵引和手摇式牵引两种。

3.　牵引线圈

施工人员遇到线缆需穿管布放时，多采用铁丝进行牵拉。由于普通铁丝的韧性和强度不够，因此操作极为不便，施工效率低，还可能影响施工质量。国外在综合布线工程中已广泛使用"牵引线"，作为数据线缆或动力线缆的布放工具。

图 2-22　牵引机

专用牵引线的材料具有优异的柔韧性与高强度，表面为低摩擦系数涂层，便于在 PVC 管或钢管中穿行，可使线缆布放作业效率与质量大为提高。牵引线圈如图 2-23 所示。

图 2-23　牵引线圈

4.　放线滑车

放线滑车适用于各种条件的电缆辅设，车轮可以选用铝轮或尼龙轮，如图 2-24 所示。

图 2-24　放线滑车

第二部分　学习过程记录

　　将学生分组，小组成员根据认识综合布线工具的学习目标，认真学习相关知识，并将学习过程的内容（要点）进行记录，同时也将学习中存在的问题和意见进行记录，填写下面的表单。

学习情境	认识综合布线系统		任务		认识综合布线工具	
班级		组名			组员	
开始时间		计划完成时间			实际完成时间	
综合布线工具						
光纤端接工具						
管槽和设备安装工具						
线缆敷设工具						

续表

存在的问题 及意见反馈	

第三部分 工 作 页

1. 卡接信息模块和 110 配线架成端。

（1）信息插座的卡接。

第一步，将信息插座面板上的固定螺钉拧开，把 86mm×86mm 的底盒固定在工作台上，然后将 UTP 电缆从底盒的入线口拉出 20～30cm。

第二步，用剥线器，剥去电缆的外护套 10cm。

第三步，将电缆蓝色线对选出置于 RJ-11 信息模块的卡线槽的中间两针槽内，其余线对留做备用。

第四步，使用单对打线枪对准线槽进行卡接，将多余的线头切断，严禁用手或其他工具将多余线头扭断（或用力将模块的盖板压入，使芯线卡接，注：不同种类模块各异）。

第五步，用万用表测试，一支表笔接触模块内已打线的一根芯线，另一根接触电缆另一端的相应芯线，测试其导通性。

（2）卡接 110 配线架。

第一步，将 110 配线架用木螺钉固定于工作台上。

第二步，将 25 对 UTP 电缆引入到 110 配线架内，测好卡接和预留的电缆长度，用扎带将电缆固定于配线架上，做好切割电缆外护套标记。

第三步，在标记处环切电缆外护套层，并将其退出。

第四步，松开电缆中的芯线；但保持每对线原扭绞状态不变，按顺序分色。

第五步，先将第一个 5 对线（基本色为白色的 5 对）卡入配线架的一边端头线槽中，每一对线在配线架卡接位反绕半圈卡入槽内即可，注意色线在后，卡好 5 对线为止。

第六步，将连接模块放到已卡好 5 对线的相应位置，稍压下固定。

第七步，用 5 对线冲压工具垂直地对准卡线槽口用力压下，听到"啪"地一声即可，特别注意冲压工具有切刀的一边必须在芯线末端这边，将不需要的部分切掉，拔出冲压工具，一次接续操作完毕。

第八步，重复第五至第七步，将第二个 5 对线紧挨着前面的线对卡接好，再次重复，直至 5 个 5 对线全部卡接完。

第九步，用万用表测试电缆卡接质量。按线序将万用表的一极卡接至连接块上，另一极接到芯线的末端，检查其导通性。

2. 光纤接续。

（1）开剥光纤，并将光纤固定到接续盒内。

在开剥光纤之前应去除施工时受损变形的部分，使用专用的开剥工具，将光纤外护套剥开 1m 左右，如遇铠装光纤时，用老虎钳将铠装光纤护套里的护缆钢丝夹住，利用钢丝线缆把外护套剥开，并将光纤固定到接续盒内，用卫生纸将油膏擦拭干净后，穿入接续盒。固定钢丝时一定要压紧，不能有松动。否则，有可能造成光纤打滚折断纤芯。另外，剥光纤时不要伤到束管。

注意事项：在剥除光纤的套管时要使套管长度足够伸进容纤盘内，并有一定的滑动余地，在翻动纤盘时不致于套管口上的光纤受到损伤。

（2）分纤。将光纤分别穿过热缩管。将不同束管，不同颜色的光纤分开，穿过热缩管。剥去涂覆层的光纤很脆弱，使用热缩管可以保护光纤的熔接头。

（3）准备熔接机。打开熔接机电源，采用预置的程式进行熔接，并在使用中和使用后及时去除熔接机中的灰尘，特别是夹具、各镜面和 V 形槽内的粉尘和光纤碎末。熔接前要根据系统使用的光纤和工作波长来选择合适的熔接程序。如没有特殊情况，一般都选用自动熔接程序。

（4）制作对接光纤端面。光纤端面制作的好坏将直接影响光纤对接后的传输质量，所以在熔接前一定要做好被熔接光纤的端面。首先用光纤熔接机配置的光纤专用剥线钳剥去光纤缆芯上的涂敷层，再用蘸酒精的清洁棉在裸纤上擦拭几次，用力要适度，然后用精密光纤切割刀切割光纤，切割长度一般为 10～15mm。

（5）放置光纤。将光纤放在熔接机的 V 形槽中，压上光纤压板和光纤夹具，要根据光纤切割长度来设置光纤在压板中的位置。一般将对接的光纤的切割面靠近电极尖端的位置。关上防风罩，按 Set 键即可自动完成熔接。熔接需要的时间一般根据使用的熔接机而不同，一般需要 8～10s。

（6）移出光纤用加热炉加热热缩管。打开防风罩，把光纤从熔接机上取出，再将热缩管放在光纤中间，再放到加热炉中加热。加热器可使用 20mm 微型热缩套管、40mm 及 60mm 的一般热缩套管，20mm 热缩管需 40s，60mm 热缩管为 85s。

（7）盘纤固定。将接续好的光纤盘到光纤收容盘内，在盘纤时，盘圈的半径越大，弧度越大，整个线路的损耗则越小。所以一定要保持一定的半径，使激光在光纤传输时，避免一些不必要的损耗。

（8）密封和挂起。如果野外熔接时，接续盒一定要密封好，防止进水。熔接盒进水后，由于光纤及光纤熔接点长期浸泡在水中，可能会使部分光纤衰减增加。最好将接续盒做好防水措施，并用挂钩并挂在吊线上。至此，光纤熔接完成。

在工程施工过程中，光纤接续是一项细致的工作，此项工作做得好与坏，直接影响到整套系统运行情况。光纤接续是整套系统的基础，这就要求在现场操作时应仔细观察、规范操作，这样才能提高实践操作技能，全面提高光纤熔接的质量。

3. 线缆管道敷设。

第一步，使用 PVC 线管设计一种从信息点到楼层机柜的水平子系统，并且绘制施工图。

3～4 人成立一个项目组，选举项目负责人，每人设计一种水平子系统布线图，并且绘制施工图。项目负责人指定一种设计方案进行实训。

第二步，按照设计图的要求，核算实训材料规格和数量，掌握工程材料核算方法，列出材料清单。

第三步，按照设计图的要求，列出实训工具清单，领取实训材料和工具。

第四步，首先在需要的位置安装管卡。然后安装PVC管，两根PVC管的连接处使用管接头，拐弯处必须使用弯管器制作大拐弯的弯头连接。

第五步，明装布线实训时，边布管边穿线；暗装布线时，先把全部管和接头安装到位，并且固定好，然后从一端向另外一端穿线。

第六步，布管和穿线后，必须做好线标。

第四部分　练　习　页

（1）练习使用各种综合布线工具。

（2）练习金属管的加工、连接和敷设（包括明敷和暗敷）技术。在敷设的过程中要注意各种附件的使用，并且符合相关的工业标准。敷设好金属管后，利用拉线敷设双绞线线缆。

（3）观摩综合布线工程的实际施工，认识各种常见的综合布线材料和综合布线工具，掌握各种综合布线材料的作用和各种综合布线工具的使用方法。

第五部分　任　务　评　价

评价项目	项目评价内容	分值	自我评价	小组评价	教师评价	得分
理论知识	① 常用的综合布线工具的使用方法及注意事项	5				
	② 常用的光纤端接工具的使用方法及注意事项	5				
	③ 常用的管槽和设备安装工具的使用方法及注意事项	5				
	④ 常用的线缆敷设工具的使用方法及注意事项	5				
	⑤ 其他工具的使用方法及注意事项	5				
实操技能	① 会使用常用的布线工具	12				
	② 会使用常用的光纤端接工具	11				
	③ 会使用常用的管槽和设备安装工具	12				
	④ 会使用常用的线缆敷设工具	10				
安全文明生产	① 安全、文明操作	5				
	② 有无违纪与违规现象	5				
	③ 良好的职业操守	5				
学习态度	① 不迟到、不缺课、不早退	5				
	② 学习认真，责任心强	5				
	③ 积极参与完成项目的各个步骤	5				
总　计　得　分						

学习情境 2　综合布线系统设计

任务三　综合布线系统工程的需求分析

　　综合布线系统工程的需求分析是综合布线系统工程实施的第一个环节，关系到整体综合布线工程能否成功。如果综合布线系统工程的需求分析透彻，综合布线系统工程方案的设计就会赢得用户方的青睐。如果综合布线系统体系结构架构得好，工程实施及应用实施就相对容易得多。反之，如果工程设计方没有对用户方的需求进行充分调研，不能与用户方达成共识，则很多即时需求就会贯穿整个工程项目的始终，并破坏工程项目的计划和预算。通过此任务学习，可掌握综合布线系统工程需求分析的内容、方法和步骤等。

问题引导

（1）需求分析的内容有哪些？

（2）如何进行综合布线系统工程的需求分析？

（3）如何撰写综合布线系统工程的需求分析报告？

提示：学生可以通过到图书馆查阅相关图书，上网搜索相关资料或询问相关在职人员。

任务描述

　　本任务要求学生在学习、收集相关资料基础上，了解综合布线系统工程的需求分析的内容、方法和步骤。任务描述如下表所示。

学习目标	（1）掌握综合布线系统工程的需求分析的内容； （2）掌握进行综合布线系统工程的需求分析的方法； （3）能进行综合布线系统工程的需求分析
任务要求	结合校园网综合布线系统工程的建设，通过调查等方式完成需求分析，撰写一份需求分析说明书
注意事项	（1）工具仪器按规定摆放； （2）参观综合布线系统时注意安全； （3）注意实训室的卫生
建议学时	6 学时

第一部分　任务学习引导

3.1　需求分析的内容

为了使综合布线系统更好地满足用户方的要求，除了在系统设备和布线部件的技术性能及产品质量方面要有保证外，更主要的是要能适应用户信息在业务种类、具体数量以及位置等各方面的变化和增长的需要。为此，在综合布线系统工程的规划和设计之前，必须对用户信息需求进行调查和预测，这也是建设规划、工程设计和以后维护管理的重要依据之一。

通过对用户方实施综合布线系统的相关建筑物进行实地考察，由用户方提供建筑工程图，从而了解相关建筑的结构，分析施工难易程度，并估算大致费用。需了解的其他数据包括中心机房的位置、信息点数、信息点与中心机房的最远距离、电力系统状况以及建筑物的情况等。

一般来说，综合布线系统工程的需求分析的内容主要包括以下 3 个方面。

（1）根据造价、建筑物间的距离和带宽要求确定光缆的芯数和种类。

（2）根据用户方建筑楼群间的距离、马路隔离情况、电线杆、地沟和道路状况，将建筑楼群间光缆的敷设方式分为架空、直埋或是地下管道敷设等。

（3）对各建筑楼的信息点数进行统计，以确定室内布线方式和配线间的位置。建筑物楼层较低、规模较小、信息点数不多时，只要所有的信息点距设备间的距离均在 90m 以内，则信息点的布线可直通配线间；建筑物楼层较高、规模较大、点数较多时，即有些信息点距主配线间的距离超过 90m 时，可采用信息点到中间配线间、中间配线间到主配线间的分布式综合布线系统。

3.2　需求分析的要求

（1）通过对用户方的调查，确认建筑物中工作区的数量和用途。

在对用户进行需求分析时，其中一个重要的调查内容就是了解信息点的数量和相应的功能位置，这就需要了解建筑物中各工作区的数量和用途。如某一个工作区作为几种办公场所，则应在工作区中配置较多的信息点；而如果该工作区只是作为一个值班室使用时，则可配置较少的信息点。通过这样的调查和分析就能大体判断出整个工程所需要的信息点的数量和位置。

（2）实际需求应满足当前需要，但也应有一定发展空间。

在进行需求分析时，应以当前的用户方需求为主，必须满足当前的实际需求，但在设计的过程中，还应留有一定的发展空间，当智能建筑的某些空间需要进行扩建或相关功能发生变化时，需要设计的方案对此有一定的应变和冗余能力。

（3）需求分析时要求从总体规划，全面兼顾。

在进行综合布线系统设计时，应该能够从智能建筑的整体设计出发，充分发挥综合布线系统的兼容性特性，在设计时将语音、数据、监控、消防等设备集中在一起考虑。例如，在现在的综合布线系统工程中，数据和语音传输经常采用同样的双绞线进行敷设，以便日后进行互换操作。

（4）根据调查收集到的基础资料和了解的工程建设项目的情况，初步得到综合布线系统工程设计所需的用户信息，其数据可作为设计时的参考依据。

(5) 将初步得到的用户信息提供给建设单位或有关部门共同商讨，广泛听取意见。

(6) 参照以往其他类似工程设计中的有关数据和计算指标，结合现场的调查情况，分析测试结果与现场实际是否相符，特别要避免项目丢失或发生重大错误。

3.3 进行需求分析的方法

了解需求的方式一般有如下几种。

(1) 直接与用户交谈。直接与用户交谈是了解用户方需求信息的最简单、最直接的方式。

(2) 问卷调查。通过请用户填写问卷获取有关需求信息也不失为一种很好的选择，但最终还是要建立在与用户沟通和交流的基础上。

(3) 专家咨询。有些需求用户讲不清楚，分析人员又猜不透，这时需要请教相关专家。

(4) 吸取经验教训。有很多需求可能用户与分析人员都没想到，或者想得太幼稚。因此，要经常分析优秀的综合布线工程方案，看到优点就尽可能吸取，看到缺点就引以为戒。

3.4 需求分析说明书的编写

用户不同，对综合布线系统工程的需求也不同。需求分析的目的就是充分了解用户建设综合系统的情况，最终写出需求分析说明书。

需求分析说明书一般包括以下内容。

(1) 项目综述，简要介绍项目建设的情况。

(2) 需求数据总结。

(3) 申请确认和批准。

对上述的需求数据，需由用户方进行书面确认之后，才可以用于指导综合布线系统的设计。另外，由于综合布线系统需求是会变化的，因此在进行综合布线系统建设过程中，还要随时根据用户的反馈意见，修改需求分析说明书。

第二部分 学习过程记录

将学生分组，小组成员根据综合布线系统工程需求分析的学习目标，认真学习相关知识，并将学习过程的内容（要点）进行记录，同时也将学习中存在的问题和意见进行记录，填写下面的表单。

学习情境	综合布线系统设计		任务	综合布线系统工程的需求分析	
班级		组名		组员	
开始时间		计划完成时间		实际完成时间	
需求分析的内容					

续表

需求分析的要求	
需求分析的方法	
需求分析说明书的编写	
存在的问题及反馈意见	

第三部分 工 作 页

以校园网的综合布线系统工程为例进行需求分析如下。

（1）了解用户的基本情况。

主要了解学校建筑物的组成情况、现有校园网情况、校园网的使用情况等。记录如下：

（2）确定用户需求。从信息资源的使用、网络系统功能要求等方面，掌握用户总的需求情况，记录如下：

（3）对用户需求进行分析如下：

（4）撰写用户需求分析说明书。

第四部分　练　习　页

（1）如何进行需求分析？

（2）结合周围的综合布线系统工程，分小组进行调研和讨论，撰写用户需求分析阶段的需求分析文档。

（3）综合布线需求分析的内容有哪些？

第五部分　任　务　评　价

评价项目	项目评价的内容	分值	自我评价	小组评价	教师评价	得分
理论知识	① 需求分析的内容	5				
	② 需求分析的要求	5				
	③ 需求分析的方法	5				
	④ 需求分析说明书的编写	10				
实操技能	① 进行综合布线需求分析	22				
	② 完成需求分析说明书的编写	23				
安全文明生产	① 安全、文明操作	5				
	② 有无违纪与违规现象	5				
	③ 良好的职业操守	5				
学习态度	① 不迟到、不缺课，不早退	5				
	② 学习认真，责任心强	5				
	③ 积极参与完成项目的各个步骤	5				
总　计　得　分						

任务四　综合布线系统工作区子系统设计

　　综合布线系统工作区子系统设计是综合布线系统设计的一个组成部分。学生通过此任务的学习，可以了解工作区的概念和划分原则，掌握工作区适配器的选用原则，掌握信息插座与连接器的接法，熟悉综合布线系统设计的要求、设计方法和步骤，掌握综合布线系统工作区子系统设计的初步设计的内容和正式设计的内容。掌握了以上知识后即可进行综合布线系统工作区子系统的设计。

问题引导

　　（1）综合布线系统工作区子系统设计的要求有哪些？

　　（2）综合布线系统工作区子系统设计要点有哪些？

　　（3）如何进行综合布线工作区子系统的设计？初步设计的内容有哪些？

　　（4）综合布线工作区子系统正式设计的内容有哪些？

　　（5）如何进行综合布线系统工作区信息点数量的统计？

　　（6）如何利用利用 Microsoft Visio 2003 绘制综合布线系统工作区信息点的图纸？

　　提示：学生可以通过到图书馆查阅相关图书，上网搜索相关资料或询问相关在职人员。

任务描述

本任务要求学生在学习、收集相关资料基础上了解综合布线系统工作区子系统的设计内容、设计步骤、设计要求，掌握如何利用 Microsoft Visio 2003 绘制综合布线系统工作区信息点的图纸。任务描述如下表所示。

学习目标	(1) 了解综合布线系统工作区设计要求； (2) 掌握综合布线系统工作区设计要点； (3) 掌握综合布线系统工作区设计步骤； (4) 会利用 Microsoft Visio 2003 绘制综合布线系统工作区信息点的图纸； (5) 能编写综合布线系统工作区子系统设计的设计文件
任务要求	以校园综合布线系统的设计为例，完成工作区子系统设计 (1) 统计信息点数量； (2) 确定信息插座的类型； (3) 确定各信息点的安装位置并编号； (4) 利用 Microsoft Visio 2003 绘制综合布线系统工作区信息点的图； (5) 编写综合布线系统工作区子系统设计的设计文件
注意事项	(1) 工具仪器按规定摆放； (2) 注意实训室的卫生
建议学时	4 学时

第一部分　任务学习引导

4.1　综合布线系统设计的技术要求

综合布线系统的设计要充分满足网络高速、可靠的信息传输要求。同时应该满足如下要求。

（1）能在现在和将来适应技术的发展，所有插座端口都支持数据通信、语音和图像传递。

（2）能满足灵活的应用要求，即任一信息点能够方便地任意连接到计算机或电话。

（3）所有接插件都应是模块化的标准件，以方便将来有更大的发展时，很容易地将设备扩展进去。

（4）能够支持 100MHz 的数据传输，可支持以太网、高速以太网、令牌环网、ATM、FDDI、ISDN 等网络及应用。

综合布线系统设计与施工应遵循如下国家、行业及地方标准和规范。

（1）GB 50311—2007——《综合布线系统工程设计规范》。

（2）GB 50312—2007——《综合布线系统工程验收规范》。

（3）YD/T926 2001——《大楼通信综合布线系统行业标准》。

（4）JGJ/T16—1992——《民用建筑电气设计规范》。

（5）GBJ42—1981——《工业企业通信设计规范》。

（6）GBJ79—1985——《工业企业通讯接地设计规范》。

综合布线系统设计与施工应遵循以下国际技术标准、规范。

(1) ISO/IEC 11801：2002——《建筑物综合布线规范》。

(2) EIA/TIA—568B——《商务建筑物电信布线标准》。

(3) EIA/TIA—569——《商务建筑物电信布线路由标准》。

(4) EIA/TIA—606－B——《商务建筑物电信基础设施管理标准》。

4.2　综合布线系统工作区设计要求

(1) 综合布线系统工作区内线槽的敷设要合理、美观。

(2) 信息插座设计在距离地面 30cm 以上。

(3) 信息插座与计算机设备的距离保持在 5m 以内。

(4) 网卡接口类型要与线缆接口类型保持一致。

(5) 所有综合布线系统工作区所需的信息模块、信息插座、面板的数量要准确。

4.3　综合布线系统工作区子系统设计要点

综合布线系统工作区子系统的设计是根据用户需求来确定系统设计等级的，进而确定工作区的位置、数量和每个工作区信息点的数量以及信息出口方式等。设计时要把握以下要点。

1. 确定工作区信息点的数量

根据不同的应用场合和信息点的密度，完成信息点的设置，并进行信息点数量的统计，确定整个工程的信息点数量。

2. 信息插座的安装和类型

信息插座是连接终端设备的软线与水平子系统的电缆的接口，有一孔、双孔、4 孔之分，分别可容纳一个、两个和 4 个信息点。工作区子系统设计要求确定信息插座的类型。其中工作区信息插座的安装应符合下列规定。

① 安装在地面上的信息插座应采用防水和抗压的接线盒。

② 安装在墙柱子上的信息插座的底部离地面的高度为 30cm 以上。

③ 安装在墙柱子上的多用户信息插座模块、集合点配线模块，其底部离地面的高度为 30cm 以上。

④ 连接信息插座和计算机的网线最好不大于 5m。

信息插座的类型有嵌入式和表面安装式两种。一般情况下，新建的建筑物用嵌入式信息插座，显得美观大方。在现有的建筑物中增设信息点采用表面安装式信息插座。

每个信息插座的附近应安装电源插座，供计算机等有源的终端设备使用。工作区的电源插座应选用带保护接地的单相电源插座，保护接地与零线应严格分开。电源插座和信息插座的间隔宜为 20～30cm。

3. 信息模块和水晶头的选择

为了使布线系统能较好地适应未来的需求和升级，信息模块和 RJ-45 水晶头要考虑一定的冗余，信息插座和面板一般根据实际需要决定需求量。工作区的任何一个插座都应该支持电话、数据终端、计算机、电视机、传真机以及监视器等终端设备的设置和安装。

信息模块和 4 对双绞电缆的接线方式有两种标准，即 T-568A 接线方式和 T-568B 接线方式。在具体工程实践中更多采用 T-568B 接线方式。

4.4 综合布线系统工作区子系统设计步骤

综合布线系统工作区子系统设计的一般步骤：首先与用户进行充分的技术交流，了解建筑物用途，然后要认真阅读建筑物设计图，其次进行初步规划和设计，最后进行概算和预算。工作区子系统设计的一般工作流程如图 4-1 所示。

图 4-1　工作区子系统设计的一般工作流程

1. 需求分析

需求分析是综合布线系统设计的首项重要工作，对后续工作的顺利开展是非常重要的，也直接影响到最终工程造价。需求分析主要掌握用户的当前用途和未来扩展需要，目的是把设计对象进行归类，按照写字楼、宾馆、综合办公室、生产车间、会议室、商场等类别进行归类，为后续设计确定方向和重点。

需求分析首先从整栋建筑物的用途开始进行，然后按照楼层进行分析，最后再到楼层的各个工作区或者房间，逐步明确和确认每层和每个工作区的用途和功能，分析工作区的需求，规划工作区的信息点的数量和位置。

2. 技术交流

在进行需求分析后，要与用户进行技术交流，这是非常必要的。不仅要与用户方的技术负责人交流，也要与项目或者行政负责人进行交流，进一步充分和广泛的了解用户的需求，特别是未来的发展需求。在交流中重点了解每个房间或者工作区的用途、工作区域、工作台位置、工作台尺寸、设备安装位置等详细信息。在交流过程中必须进行详细的书面记录，每次交流结束后要及时整理书面记录，这些书面记录是初步设计的依据。

3. 阅读建筑物设计图和工作区编号

索取和认真阅读建筑物设计图是不能省略的程序，通过阅读建筑物设计图掌握建筑物的土建结构、强电路径、弱电路径，特别是主要电器设备和电源插座的安装位置，重点掌握在综合布线路径上的电器设备、电源插座、暗埋管线等。在阅读设计图时，进行记录或者标记，这有助于将网络和电话等插座设计在合适的位置，避免强电或者电器设备对网络综合布线系统的影响。

对工作区信息点命名和编号是非常重要的一项工作，命名首先必须准确表达信息点的位置或者用途，要与工作区的名称相对应，这个名称从项目设计开始到竣工验收，以及后续维护最好保持一致。如果出现项目投入使用后用户改变了工作区名称或者编号时，必须及时制作名称变更对应表，并作为竣工资料加以保存。

4. 初步设计

综合布线系统工作区设计时，具体操作可按以下 3 步进行。

第一步，根据楼层平面图计算每层楼布线面积。

第二步，估算信息引出插座数量，一般设计两种平面图供用户选择，为基本型设计出每 9m² 一个信息引出插座的平面图；为增强型或综合型设计出两个信息引出插座的平面图。

第三步，确定信息引出插座的类型。信息引出插座分为嵌入式和表面安装式两种，可根据实际情况，采用不同的安装式样来满足不同的需求。通常新建筑物采用嵌入式信息引出插座，而现有的建筑物采用表面安装式的信息引出插座。

（1）工作区面积的确定。

随着智能化建筑和数字化城市的普及和快速发展，建筑物的功能呈现出多样性和复杂性，智能化管理系统也逐渐普遍应用。建筑物的类型也越来越多，大体上可以分为商业、文化、媒体、体育、医院、学校、交通、住宅、通用工业等，因此，对工作区面积的划分应根据应用的场合做具体的分析后再确定。

工作区子系统包括办公室、写字间、作业间、技术室等需用电话、计算机终端、电视机等设施的区域和相应设备的统称。

一般建筑物设计时，网络综合布线系统工作区面积的需求参照表 4-1 所示内容。

表 4-1　　　　　　　　　工作区面积划分表（GB50311—2007）

建筑物类型及功能	工作区面积（m²）
网管中心、呼叫中心、信息中心等终端设备较为密集的场地	3～5
办公区	5～10
会议、会展	10～60
商场、生产机房、娱乐场所	20～60
体育场馆、候机室、公共设施区	20～100
工业生产区	60～200

（2）工作区信息点的配置。

一个独立的需要设置终端设备的区域宜划分为一个工作区，每个工作区需要设置一个计算机网络数据点或者语音电话点，或按用户需要设置。也有部分工作区需要支持数据终端、电视机及监视器等终端设备。

同一个房间或者同一区域面积按照不同的应用需求，其信息点种类和数量的差别有时非常大，从现有的工程实际应用情况分析，有时一个信息点，有时可能会有 10 个信息点。有的只需要铜缆信息模块，有时还需要预留光缆备份的信息插座模块。因为建筑物的用途不一样，其功能要求和实际需求也不同。信息点数量的配置，不能只按办公楼的模式确定，要考虑多功能和未来扩展的需要，尤其是对于内外两套网络系统同时存在和使用的情况，要应加强需求分析，做出合理的配置。

每个工作区信息点数量可按用户的性质、网络构成和需求来确定。

在网络综合布线系统工程实际应用和设计中，一般按照下述面积或者区域配置和确定信息点数量。表 4-2 所示是常见工作区信息点的配置原则，供设计者参考。

表 4-2   常见工作区信息点的配置原则

工作区类型及功能	安装位置	安装数量	
		数据	语音
网管中心、呼叫中心、信息中心等终端设备较为密集的场地	工作台处墙面或者地面	（1～2）个/工作台	2 个/工作台
集中办公区域的写字楼、开放式工作区等人员密集场所	工作台处墙面或者地面	（1～2）个/工作台	2 个/工作台
董事长、经理、主管等独立办公室	工作台处墙面或者地面	2 个/间	2 个/间
小型会议室/商务洽谈室	主席台处地面或者台面会议桌地面或者台面	（2～4）个/间	2 个/间
大型会议室，多功能厅	主席台处地面或者台面会议桌地面或者台面	5～10 个/间	2 个/间
>5 000m² 的大型超市或者卖场	收银区和管理区	1 个/100m²	1 个/100m²
2 000～3 000m² 的中小型卖场	收银区和管理区	1 个/（30～50）m²	1 个/（30～50）m²
餐厅、商场等服务业	收银区和管理区	1 个/50m²	1 个/50m²
宾馆标准间	床头或写字台或浴室	1 个/间，写字台	1～3 个/间
学生公寓（4 人间）	写字台处墙面	4 个/间	4 个/间
公寓管理室、门卫室	写字台处墙面	1 个/间	1 个/间
教学楼教室	讲台附近	（1～2）个/间	
住宅楼	书房	1 个/套	（2～3）个/套

（3）工作区信息点点数统计表。

工作区信息点点数统计表简称点数表，是设计和统计信息点数量的基本工具和手段。

初步设计的主要工作是完成点数表，初步设计的程序是在需求分析和技术交流的基础上，首先确定每个房间或者区域的信息点位置和数量，然后制作和填写点数统计表。点数表的做法是先按照楼层，然后按照房间或者区域逐层逐房间的规划和设计网络数据、语音信息点数，再把每个房间规划的信息点数量填写到点数表对应的位置。每层填写完毕，就能够统计出该层的信息点数，全部楼层填写完毕，就能统计出该建筑物的信息点数。

信息点数量统计表能够一次准确和清楚地表示和统计出建筑物的信息点数量，其格式如表 4-3 所示。

表 4-3   建筑物网络综合布线信息点数量统计表

建筑物网络和语音信息点数统计表												
房间或者区域编号												
楼层编号	01		03		05		07		09		数据点数合计	语音点数合计	信息点数合计
	数据	语音	数据	语音	数据	语音	数据	语音	数据	语音			
18 层	3		1		2		3		3		12		
		2		1		2		3		2		10	
17 层	2		2		3		2		3		12		
		2	3	2		2		2		2		13	

续表

建筑物网络和语音信息点数统计表												
房间或者区域编号										数据点数合计	语音点数合计	信息点数合计
楼层编号	01		03		05		07		09				
	数据	语音	数据	语音	数据	语音	数据	语音	数据	语音			
16层	5				5		5		6		24		
		4		3		4		5		4		23	
15层	2		2		3		2		3		12		
		2	3	2		2		2		2		13	
合计											60		
												49	109

点数表的制作可利用 Microsoft Excel 软件进行，一般常用的表格格式为房间按照行表示，楼层按照列表示。

第 1 行为设计项目或者对象的名称，第 2 行为房间或者区域名称，第 3 行为房间号，第 4 行为数据或者语音类别，其余行填写每个房间的数据或者语音点数量，为了清楚和方便统计，一般每个房间有两行，一行数据，一行语音。最后一行为合计数量。在填写点数表时，房间编号由大到小按照从左到右顺序填写。

第 1 列为楼层编号，填写对应的楼层编号，中间列为该楼层的房间号，为了清楚和方便统计，一般每个房间有两列，一列为数据，一列为语音。最后一列为合计数量。在填写点数表时，楼层编号由大到小按照从上往下顺序填写。

在填写点数统计表时，从楼层的第 1 个房间或者区域开始，逐间分析需求和划分工作区，确认信息点数量和大概位置。在每个工作区首先确定网络数据信息点的数量，然后考虑电话语音信息点的数量，同时还要考虑其他控制设备的需要，例如，在门厅和重要办公室入口位置考虑设置指纹考勤机、门警系统网络接口等。

5. 概算

在初步设计的最后要给出该项目的概算，这个概算是指整个综合布线系统工程的造价概算，当然也包括工作区子系统的造价。工程概算的计算方法公式如下：

工程造价概算=信息点数量×信息点的价格

例如，按照表 4-3 点数表统计的 15～18 层网络数据信息点数量为 60 个，每个信息点的造价按照 200 元计算时，该工程分项造价概算为 $60 \times 200 = 12\,000$ 元。

按照表 4-3 点数表统计的 15～18 层语音信息点数量为 49 个，每个信息点的造价按照 100 元计算时，该工程分项造价概算为 $49 \times 100 = 4\,900$ 元。

每个信息点的造价概算中应该包括材料费、工程费、运输费、管理费、税金等全部费用。材料中应该包括机柜、配线架、配线模块、跳线架、理线环、网线、模块、底盒、面板、桥架、线槽以及线管等全部材料及配件。

6. 初步设计方案确认

初步设计方案主要包括点数表和概算两个文件，因为工作区子系统信息点的数量直接决定综合布线系统工程的造价，信息点的数量越多，工程造价越大。工程概算的多少与选用产品的品牌和质量有直接关系，工程概算多时宜选用高质量的知名品牌，工程概算少时宜选用区域知名品牌。点数表和概算也是综合布线系统工程设计的依据和基本文件，因此必须经过用户确认。

用户确认的一般程序如图 4-2 所示。

图 4-2 用户确认的一般程序

用户签字确认的文件至少一式 4 份，双方各两份。设计单位存档一份，一份作为设计资料。

7. 正式设计

用户确认初步设计方案和概算后，就必须开始进行正式设计，正式设计的主要工作为准确设计每个信息点的位置，确认每个信息点的名称或编号，核对点数表最终确认信息点数量，为整个综合布线工程系统设计奠定基础。

（1）新建建筑物。

随着 GB50311—2007 国家标准的正式实施，2007 年 10 月 1 日起新建建筑物必须设计网络综合布线系统，因此建筑物的原始设计图中有完整的初步设计方案和网络系统图。必须认真研究和读懂设计图，特别是与弱电有关的网络系统图、通信系统图以及电气图等。

如果土建工程已经开始或者封顶时，必须到现场实际勘测，并且与设计图对比。

新建建筑物的信息点底盒必须暗埋在建筑物的墙面，一般使用金属底盒，很少使用塑料底盒。

（2）旧楼增加网络综合布线系统的设计。

当旧楼增加网络综合布线系统时，设计人员必须到现场勘察，根据现场的使用情况具体设计信息插座的位置、数量。旧楼增加信息插座一般多为明装 86 系列插座。

（3）信息点的安装位置。

信息点的安装位置宜以工作台为中心进行设计，如果工作台靠墙布置时，信息点插座一般设计在工作台侧面的墙面，通过网络跳线直接与工作台上的计算机连接。避免信息点插座远离工作台，这样网络跳线比较长，既不美观也可能影响网络的传输速度或者稳定性，也不宜设计在工作台的前后位置。

如果工作台布置在房间的中间位置或者没有靠墙时，信息点插座一般设计在工作台下的地面，通过网络跳线直接与工作台上的计算机连接。在设计时必须准确估计工作台的位置，避免信息点插座远离工作台。

如果是在集中或者开放办公区域，信息点的设计应该以每个工位的工作台和隔断为中心，将信息插座安装在地面或者隔断上。目前市场销售的办公区隔断上都预留有两个 86×86 系列信息点插座和电源插座安装孔。新建项目选择在地面安装插座时，有利于一次完成综合布线，适合在办公家具和设备到位前综合布线工程竣工，也适合工作台灵活布局和随时调整，但是地面安装插座施工难度比较大，地面插座的安装材料费和工程费成本是墙面插座成本的 10~20 倍。对于已经完成地面铺装的工作区不宜设计地面安装方式。对于办公家具已经到位的工作区宜在隔断安装信息点插座。

在大门入口或者重要办公室门口宜设计门警系统信息点插座。

在公司入口或者门厅宜设计指纹考勤机、电子屏幕使用的信息点插座。

在会议室主席台、发言席、投影机位置宜设计信息点插座。

在各种大卖场的收银区、管理区、出入口宜设计信息点插座。

（4）信息点面板。

每个信息点面板的设计非常重要，首先必须满足使用功能的需要，然后考虑美观，同时还要考虑成本等。

地弹插座面板一般为黄铜制造，只适合在地面安装，每只售价在 100～200 元，地弹插座面板一般都具有防水、防尘、抗压功能，使用时打开盖板，不使用时，盖好盖板后面板高度与地面高度相同。地弹插座有双口 RJ-45、双口 RJ-11、单口 RJ-45+单口 RJ-11 组合等规格，外形有圆形的也有方形的。地弹插座面板不能安装在墙面上。

墙面插座面板一般为塑料制造，只适合在墙面安装，每只售价在 5～20 元，具有防尘功能，使用时打开防尘盖，不使用时，防尘盖自动关闭。墙面插座面板有双口 RJ-45、双口 RJ-11、单口 RJ-45+单口 RJ-11 组合等规格。墙面插座面板不能安装在地面上，因为塑料结构容易损坏，而且不具备防水功能，灰尘和垃圾进入插口后无法清理。

桌面型插座面板一般为塑料制造，适合安装在桌面或者台面，在综合布线系统设计中很少应用。

信息点插座底盒常见的有两个规格，适合墙面或者地面安装。墙面安装底盒为长 86mm，宽 86mm 的正方形盒子，设置有两个 M4 螺孔，孔距为 60mm，又分为暗装和明装两种，暗装底盒的材料有塑料和金属材质两种，暗装底盒外观比较粗糙。明装底盒外观美观，一般由塑料注塑。

地面安装底盒比墙面安装底盒大，为长 100mm、宽 100mm 的正方形盒子，深度为 55mm（或 65mm），设置有两个 M4 螺孔，孔距为 84mm，一般只有暗装底盒，由金属材质一次冲压成型，表面电镀处理。面板一般为黄铜材料制成，常见有方形和圆形面板两种，方形面板的长为 120mm、宽 120mm。

（5）信息插座连接技术要求。

① 信息插座与终端的连接形式。

每个工作区至少要配置一个插座盒。对于难以再增加插座盒的工作区，要至少安装两个分离的插座盒。信息插座是终端（工作站）与水平子系统连接的接口。其中最常用的为 RJ-45 信息插座，即 RJ-45 连接器。

在实际设计时，必须保证每个 4 对双绞线电缆终接在工作区中一个 8 针（脚）的模块化插座（插头）上。综合布线系统可采用不同厂家的信息插座和信息插头。这些信息插座和信息插头基本上都是一样的。对于计算机终端设备，将带有 8 针的 RJ-45 插头跳线插入网卡；在信息插座一端，将跳线的 RJ-45 插头连接到插座上。

虽然适配器和设备可用在几乎所有的场合，以适应各种需求，但在做出设计承诺之前，必须仔细考虑将要集成的设备类型和传输信号类型。在做出上述决定时必须考虑以下 3 个因素。

- 各种设计选择方案在经济上的最佳折中。
- 系统管理的一些比较难以捉摸的因素。

● 在综合布线系统寿命期间移动和重新布置所产生的影响。

② 信息插座与连接器的接法。

对于 RJ-45 连接器与 RJ-45 信息插座，与 4 对双绞线的接法主要有两种，一种是 568A 标准，另一种是 568B 的标准。

8．图纸设计

综合布线系统工作区信息点的图纸设计是综合布线系统设计的基础工作，直接影响工程造价和施工难度，大型工程也直接影响工期，因此工作区子系统信息点的设计工作非常重要。

在一般综合布线工程设计中，不会单独设计工作区信息点布局图，而是综合在网络系统图纸中。为了清楚地说明信息点的位置和设计的重要性。

4.5 利用 Microsoft Visio 2003 绘制综合布线系统工作区子系统信息点的图纸

1．Visio 软件简介

对于小型、简单的网络拓扑结构可能比较好画，因为其中涉及的网络设备可能不是很多，图元外观也不会要求完全符合相应的产品型号，通过简单的画图软件（如 Windows 系统中的"画图"软件、HyperSnap 等）即可轻松实现。而一些大型、复杂网络拓扑结构图的绘制则通常需要采用一些非常专业的绘图软件，如 Visio、LAN MapShot 等。

在这些专业绘图软件中，不仅会有许多外观漂亮、型号多样的产品外观图，而且还提供了圆滑的曲线、斜向文字标注，以及各种特殊的箭头和线条绘制工具。Visio 系列软件是微软公司开发的高级绘图软件，属于 Office 系列，可以绘制流程图、网络拓扑图、组织结构图、机械工程图、流程图等。Visio 功能强大，易于使用，就像 Word 一样，可以帮助网络工程师创建商业和技术方面的图形，对复杂的概念、过程及系统进行组织和文档备案。Visio 2003 还可以通过直接与数据资源同步自动化数据图形，提供最新的图形，还可以自定制来满足特定需求。

2．Microsoft Office Visio 2003 主要步骤介绍

（1）启动 Microsoft Office Visio 2003。

（2）如图 4-3 所示，选择绘图类型"网络"→"基本网络图"。

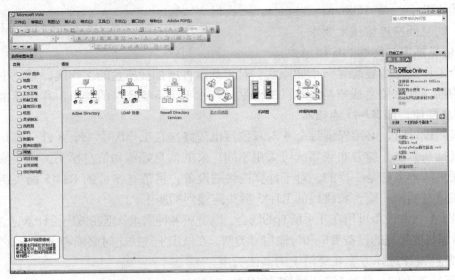

图 4-3　基本网络图操作界面

（3）添加其他形状卡。

按"文件"→"形状"→"网络"→"形状卡"流程操作。

（4）选择形状卡。

选择"形状卡列表"中的某形状卡，弹出如图 4-4 所示的界面。

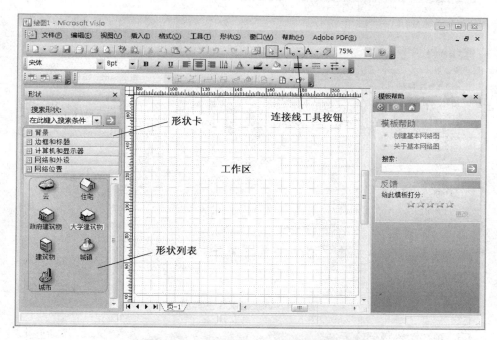

图 4-4　"形状卡列表"中的形状卡界面

（5）添加形状。

拖动"形状列表"中的某形状到工作区。

（6）添加连接线。

单击"连接线"按钮，在工作区的两个图形间拖动鼠标。

3．利用 Microsoft Office Visio 2003 绘制网络拓扑结构的基本步骤

（1）运行 Visio 2003 软件，在如图 4-3 所示的窗口左边"类别"列表中选择"网络"选项，然后在右边窗口中选择一个对应的选项，或者在 Visio 2003 的主界面中执行"新建"→"网络"菜单下的某项菜项操作，都可打开如图 4-5 所示的界面（在此仅以选择"详细网络图"选项为例）。图 4-6 所示是 Visio 2003 中的一个界面，在图的中央是从左边图元面板中拉出的一些网络设备图元（从左上到右外依次为集线器、路由器、服务器、防火墙、无线访问点、Modem 和大型机），从中可以看出，这些设备图元的外观都非常漂亮。当然实际中可以从软件中直接提取的图元远不止这些。这些都可以从其左边的图元面板中直接得到。

（2）在左边的图元列表中选择"网络和外设"选项，在图元列表中选择"交换机"项（因为交换机通常是网络的中心，首先确定好交换机的位置），按住鼠标左键把交换机图元拖到右边窗口中的相应位置，然后松开鼠标左键，就可得到一个交换机图元，如图 4-7 所示。还可以在按住鼠标左键的同时拖动四周的绿色方格来调整图元的大小，通过按住鼠标

左键的同时旋转图元顶部的绿色小圆圈，以改变图元的摆放方向，再通过把鼠标放在图元上，然后在出现 4 个方向箭头时按住鼠标左键即可以调整图元的位置。图 4-8 所示是调整后的一个交换机图元，双击图元可以查看放大图。

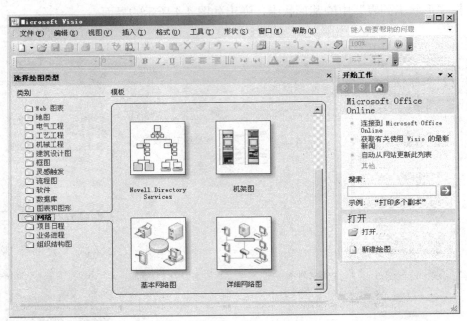

图 4-5　Visio 2003 主界面

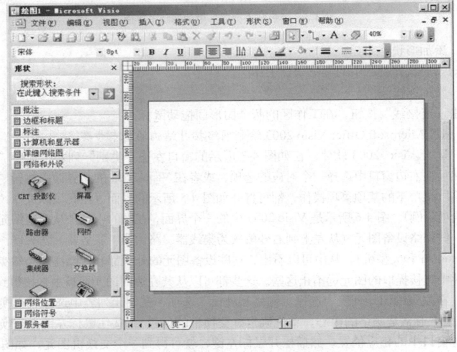

图 4-6　"详细网络图"拓扑结构绘制界面

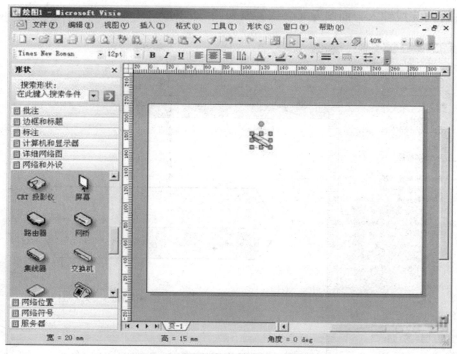

图 4-7 图元拖放到绘制平台后的图示

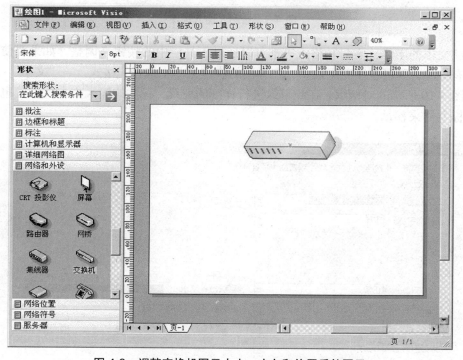

图 4-8 调整交换机图元大小、方向和位置后的图示

（3）要为交换机标注型号可单击界面左侧的"交换机"图标，即可在图元下方显示一个小的文本框，此时就可以输入交换机型号或其他标注了，如图 4-9 所示。输入完后在空

61

白处单击即可完成输入，而图元又会恢复原来调整后的大小。

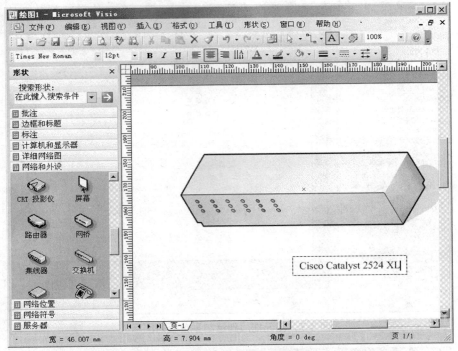

图 4-9   给图元输入标注

标注文本的字体、字号和格式等都可以通过工具栏中的按钮来调整，如果要使调整适用于所有标注，则可在图元上右击，在弹出的快捷菜单中选择"格式"→"文本"菜单项，打开如图 4-10 所示的对话框，在此可以进行详细的配置。标注的输入文本框位置也可通过按住鼠标左键来移动。

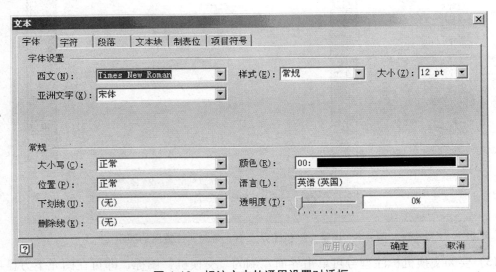

图 4-10   标注文本的通用设置对话框

（4）以同样的方法添加一台服务器，并把它与交换机连接起来。服务器的添加方法与交换机一样，在此只介绍交换机与服务器的连接方法。在 Windows Visio 2003 中只需单击工具栏中的"连接线"工具进行连接即可。在选择了该工具后，单击要连接的两个图元之一，此时会出现一个红色的框，移动鼠标选择相应的位置，当出现紫色星状点时按住鼠标左键，把连接线拖到另一个图元，注意此时如果出现一个大的红框则表示不宜选择此连接点，只有当出现小的红色星状点即可松开鼠标，连接成功，图 4-11 所示就是交换机和一台服务器的连接。

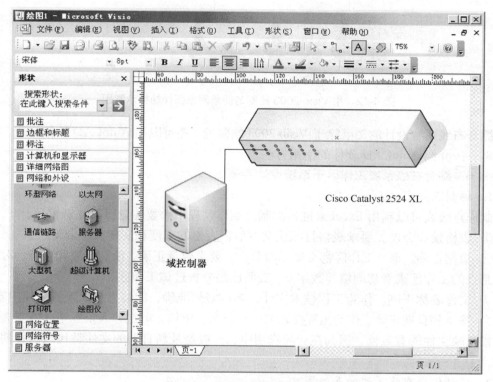

图 4-11　图元之间的连接示例

提示：在更改图元大小、方向和位置时，一定在工具栏中选择"选取"工具，否则不会出现图元大小、方向和位置的方点和圆点，无法调整。要整体移动多个图元的位置，可在同时按住 Ctrl 和 Shift 两键的情况下，按住鼠标左键拖动选取整个要移动的图元，当出现一个矩形框，并且鼠标呈 4 个方向箭头时，即可通过拖动鼠标移动多个图元了。要删除连接线，只需先选择相应连接线，然后再按 Delete 键即可。

（5）把其他网络设备图元一一添加并与网络中的相应设备图元连接起来，当然这些设备图元可能会在左边窗口中的不同类别选项窗格下面。如果左边已显示的类别中没有，则可通过工具栏打开一个类别选择列表，从中可以添加其他类别显示在左边窗口中。图 4-12 所示是一个通过 Visio 2003 绘制的简单网络拓扑结构示意图。

说明：以上只是介绍了 Visio 2003 的极少一部分网络拓扑结构绘制功能，因其使用方法比较简单，操作方法与 Word 类似，在此不再一一详细介绍了。

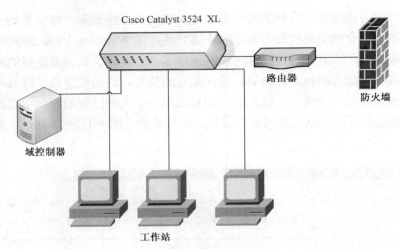

Cisco Catalyst 3524 XL

路由器

防火墙

域控制器

工作站

图 4-12　用 Visio 2003 绘制的简单网络拓扑结构示意图

综合布线系统设计的图纸除了 Visio 2003 绘制外，还可以用 AutoCAD 软件完成。在这里不再一一介绍 AutoCAD 软件的使用方法。

4.6　综合布线系统工作区子系统设计实例

1. 编制点数表

制作点数表可以利用 Excel 来进行编制。制作过程中需要注意以下注意事项。

① 表格设计合理。要求表格打印成文本后，表格的宽度和文字大小合理。

② 数据正确。每个工作区都必须填写数字，要求数量正确，没有漏点和多点。对于没有信息点的工作区或者房间填写数字 0，表明已经分析过该工作区。

③ 文件名称正确。作为工程技术文件，名称必须准确，能够直接反映该文件内容。

④ 签字和日期正确。作为工程技术文件，编写、审核、审定等人员签字非常重要，日期直接反映文件的有效性，因为在实际应用中，一般是最新日期的文件替代以前日期的旧文件。

2. 设计综合布线系统的系统图

点数统计表虽然全面反映了信息点的数量和位置，但是不能反映信息点的连接关系，连接关系需要通过设计综合布线系统的系统图来直观反映，综合布线系统的系统图直接决定各种网络应用拓扑图。设计综合布线系统的系统图的基本要点如下。

① 图形符号必须正确。在系统图设计时，必须使用规范的图形符号，方便技术人员和施工人员能够快速读懂图纸。

② 连接关系清楚。必须按照相关标准规定，清楚地给出信息点之间的各种连接关系，例如 CD-BD-FD-TO 配线架和信息点之间的连接关系。

③ 缆线型号标记正确。在系统图中要将缆线规格标记清楚，特别要区分是光缆还是电缆。

④ 说明完整。系统图设计完成后，必须在图纸的空白位置增加设计说明。

⑤ 图面布局合理。工程图纸都必须做到图面布局合理，比例合适，文字清晰。

⑥ 标题栏完整。标题栏是任何工程图纸都不可缺少的内容，一般在图纸的右下角。标

题栏一般至少包括工程名称、项目名称、工种、图纸编号、签字栏等。

设计综合布线系统的系统图的基本步骤如下。

① 创建图纸。包括文件设置和命名。

② 绘制设备图形符号。

③ 设计连接关系。把综合布线系统的连接关系用直线或折线连接起来，这样就清楚地给出了 CD-BD、BD-FD、FD-TO 之间的连接关系，这些连接关系实际上决定网络应用拓扑图。

④ 设计说明。为了更加清楚的说明设计思想，帮助快速阅读和理解图纸，一般要在图纸的空白位置增加设计说明，重点说明特殊图形符号和设计要求。

⑤ 设计标题栏。

3. 设计综合布线系统的工作区子系统设计实例图

综合布线系统平面图设计需要考虑两个方面的因素：一是弱电避让强电线路、暖通设备、给排水设备；二是线槽的路由和安装位置等。

综合布线系统平面图实例如图 4-13 所示。

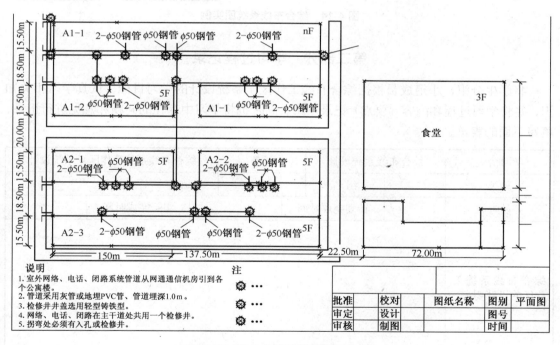

图 4-13　综合布线系统平面图实例

综合布线系统平面图作为全面概括综合布线系统全貌的示意图，在系统图中应该反映如下几点：

① 总配线架、楼层配线架以及其他种类配线架、光纤互连单元的分布位置；

② 水平线缆的类型和垂直线缆的类型；

③ 主要设备的位置等；

④ 垂直干线的路由等。

综合布线系统图实例如图 4-14 所示。

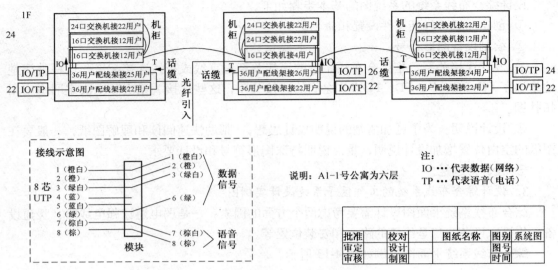

说明：A1-1号公寓为六层

注：
IO ··· 代表数据（网络）
TP ··· 代表语音（电话）

批准		校对		图纸名称	图别	系统图
审定		设计			图号	
审核		制图			时间	

图 4-14 综合布线系统图实例

第二部分 学习过程记录

将学生分组，小组成员根据综合布线工作区子系统设计的学习目标，认真学习相关知识，并将学习过程和内容（要点）记录下来，同时也将学习中存在的问题和意见进行记录，填写下面的表单。

学习情境	综合布线系统设计		任务	综合布线系统工作区子系统设计	
班级		组名		组员	
开始时间		计划完成时间		实际完成时间	
综合布线系统工作区的设计要求					
综合布线系统工作区的设计要点					

续表

综合布线系统工作区子系统的设计步骤	
如何利用 Microsoft Visio 2003 绘制综合布线系统工作区信息点的图纸	
存在的问题及反馈意见	

第三部分 工 作 页

1. 与用户进行充分技术交流。

交流中重点了解每个房间或者工作区的用途、工作区域、工作台位置、工作台尺寸，以及设备安装位置等详细信息。在交流过程中必须进行详细书面记录，每次交流结束后要及时整理书面记录。将交流的内容记录如下：

2. 认真阅读建筑物设计图纸。

索取和认真阅读建筑物设计图是不能省略的程序，通过阅读建筑物设计图可掌握建筑物的土建结构、强电路径、弱电路径，特别是主要电器设备和电源插座的安装位置，重点掌握在综合布线路径上的电气设备、电源插座、暗埋管线等。

在阅读设计图时，进行记录或者标记，将要记录的内容记录如下：

3. 利用 Microsoft Visio 2003 绘制综合布线系统工作区信息点的图纸。

4. 统计信息点数量。

（1）将建筑物（一）的工作区子系统数据点、语音点分布填入下表。

楼层	数据点	语音点	合计	3m 屏蔽六类跳线/条	T-568AB 插座芯/个	国标防尘墙盒面板/个

（2）将建筑物（二）的工作区子系统数据点、语音点分布填入下表。

楼层	数据点	语音点	合计	3m 屏蔽六类跳线/条	T-568AB 插座芯/个	国标防尘墙盒面板/个

（3）将建筑物（三）的工作区子系统数据点、语音点分布填入下表。

楼层	数据点	语音点	合计	3m 屏蔽六类跳线/条	T-568AB 插座芯/个	国标防尘墙盒面板/个

（4）将建筑物（四）的工作区子系统数据点、语音点分布填入下表。

楼层	数据点	语音点	合计	3m 屏蔽六类跳线/条	T-568AB 插座芯/个	国标防尘墙盒面板/个

（5）将建筑物（五）的工作区子系统数据点、语音点分布填入下表。

楼层	数据点	语音点	合计	3m 屏蔽六类跳线/条	T-568AB 插座芯/个	国标防尘墙盒面板/个

（6）将建筑物（六）的工作区子系统数据点、语音点分布填入下表。

楼层	数据点	语音点	合计	3m 屏蔽六类跳线/条	T-568AB 插座芯/个	国标防尘墙盒面板/个

5. 编写综合布线系统工作区子系统的设计文件。

（1）确定信息插座的类型。

（2）确定各信息点的安装位置并编号。

第四部分　练　习　页

（1）工作区子系统包括哪些设备？

（2）工作区子系统有哪几种布线方法？有什么不同？分别应用于什么样的建筑物？

（3）在综合布线系统中，一般情况下一个独立的工作区的终端设备包括_____和_____。

（4）在综合布线系统中，安装在工作区墙壁上的信息插座应该距离地面_____以上。

（5）综合布线系统中，工作区内的布线主要包括_____、_____和_____等几种布线方式。

（6）布线系统的工作区，如果使用 4 对非屏蔽双绞线作为传输介质，则信息插座与计算机终端设备的距离保持在_____以内。

　　A．2m　　　　　　B．90m　　　　　　C．5m　　　　　　D．100m

　　（7）综合布线系统采用 4 对非屏蔽双绞线作为水平干线，若大楼内共有 100 个信息点，则建设该系统需要_____个 RJ-45 水晶头。

　　A．200　　　　　　B．400　　　　　　C．230　　　　　　D．460

　　（8）对大开间而言，有时需要使用分隔板（隔段）将大开间分成若干个小工作区，所以信息插座的选用、安装方法和安装位置就要受到隔段的影响。从目前情况来看，大开间的信息插座通常会_____。

　　A．安装在高架地板上　　　　　　B．安装在墙壁上

　　C．安装在分隔板上　　　　　　　D．直接接到桌面

　　（9）一个信息插座到管理间都用水平线缆连接，从管理间出来的每一根 4 对双绞线都不能超过_____。

　　A．80m　　　　　　B．500m　　　　　　C．90m　　　　　　D．100m

第五部分　任 务 评 价

评价项目	项目评价内容	分值	自我评价	小组评价	教师评价	得分
理论知识	① 综合布线系统工作区子系统的设计要求	5				
	② 综合布线系统工作区子系统的设计要点	5				
	③ 综合布线系统工作区子系统的设计步骤	5				
	④ 如何利用 Microsoft Visio 2003 绘制综合布线系统工作区信息点的图纸	5				
	⑤ 如何编写综合布线系统工作区子系统的设计文件	5				
实操技能	① 统计信息点的数量	10				
	② 确定信息插座的类型	8				
	③ 确定各信息点的安装位置并编号	5				
	④ 利用 Microsoft Visio 2003 绘制综合布线系统工作区信息点的图纸	12				
	⑤ 编写综合布线工作区子系统的设计文件	10				
安全文明生产	① 安全、文明操作	5				
	② 有无违纪与违规现象	5				
	③ 良好的职业操守	5				
学习态度	① 不迟到、不缺课、不早退	5				
	② 学习认真，责任心强	5				
	③ 积极参与完成项目的各个步骤	5				
总 计 得 分						

任务五　综合布线水平子系统设计

　　综合布线水平子系统设计是综合布线系统设计的一个组成部分。水平子系统的管路敷设、线缆选择在综合布线系统的设计过程中占有重要的地位。通过此任务的学习，可掌握工作区与楼层配线间之间所有电缆、连接硬件（信息插座、插头、端接水平传输介质的配线架、跳线架等）、跳线线缆及附件的情况，能根据实际情况选择器材、合理选择敷设方式，完成缆线的明装或暗装设计。

问题引导

　　(1) 综合布线水平子系统的布线基本要求有哪些？

　　(2) 综合布线水平子系统设计应考虑哪几个问题？

　　(3) 综合布线水平子系统设计的步骤、方法、内容有哪些？

　　(4) 如何选择槽（管）大小？如何确定槽（管）中可放线缆的条数？

　　(5) 如何确定管道中缆线的布放根数？

　　(6) 布线弯曲半径有什么要求？

　　(7) 综合布线系统应根据环境条件选用相应的缆线和配线设备，或采取防护措施，如何根据实际情况选择保护措施？

　　(8) 如何进行缆线的暗埋设计？如何进行缆线的明装设计？

　　提示：学生可以通过到图书馆查阅相关图书，上网搜索相关资料或询问相关在职人员。

任务描述

　　本任务要求学生在学习、收集相关资料的基础上了解工作区与楼层配线间之间的所有电缆、连接硬件、跳线线缆及附件等，能根据实际情况选择器材、合理选择敷设方式，完成缆线的明装或暗装设计。任务描述如下表所示。

学习目标	(1) 了解综合布线水平子系统的基本布线要求； (2) 了解综合布线水平子系统设计的步骤、方法、内容； (3) 能选择槽（管）大小，能确定管道中缆线的布放根数； (4) 能根据环境条件选用相应的缆线和配线设备； (5) 能进行缆线的暗埋设计和明装设计
任务要求	以校园综合布线系统的设计为例，完成综合布线水平子系统设计。 (1) 按照楼层进行分析，分析每个楼层的设备间到信息点的布线距离、布线路径，明确和确认每个工作区信息点的布线距离和路径； (2) 确定布线材料规格和数量； (3) 数据点、语音点水平电缆长度统计； (4) 利用 Microsoft Visio 2003 绘制综合布线系统水平子系统的图纸； (5) 进行缆线的暗埋设计和明装设计； (6) 编写综合布线系统水平子系统的设计文件

续表

注意事项	(1) 工具仪器按规定摆放； (2) 参观综合布线系统注意安全； (3) 注意实训室的卫生
建议学时	4 学时

第一部分　任务学习引导

5.1　综合布线水平子系统的基本布线要求

综合布线水平子系统是综合布线结构的一部分，将垂直子系统线路延伸到用户工作区，实现信息插座和管理间子系统的连接，包括工作区与楼层配线间之间的所有电缆、连接硬件（信息插座、插头、端接水平传输介质的配线架、跳线架等）、跳线线缆及附件。

水平子系统与垂直子系统的区别是水平子系统总是在一个楼层，仅与信息插座、管理间子系统连接。

根据智能大厦对通信系统的要求，需要把通信系统设计成易于维护、更换和移动的配置结构，以适用通信系统及设备在未来发展的需要。水平子系统分布于智能大厦的各个角落，绝大部分通信电缆也包括在这个子系统中。相对于垂直子系统而言，水平线子系统一般安装得十分隐蔽。在智能大厦交工后，该子系统很难接近，因此更换和维护水平线缆的费用很高，技术要求也很高。如果经常对水平线缆进行维护和更换，就会影响大厦内用户的正常工作，严重者就要中断用户的通信系统。由此可见，水平子系统的管路敷设、线缆选择将成为综合布线系统中重要的组成部分。

水平布线应采用星型拓扑结构，每个工作区的信息插座都要和管理区相连。每个工作区一般需要提供语音和数据两种信息插座。

5.2　综合布线水平子系统设计应考虑的几个问题

（1）水平子系统由每层配线设备至信息插座的水平电缆等组成。在整个布线系统中，水平布线是最难事后维护的子系统之一（特别是采用埋入式布线时），因此，在水平子系统设计时，应当充分考虑到线路冗余、网络需求和网络技术的发展。

（2）综合布线水平子系统应根据楼层用户类别及工程提出的近期、远期终端设备要求确定每层的信息点（TO）数，在确定信息点的数量及位置时，应考虑终端设备将来可能产生的移动、修改、重新安排，以便于对一次性建设和分期建设的方案进行选定。

（3）当工作区为开放式大密度办公环境时，宜采用区域式布线方法，即从楼层配线设备（FD）上将多对数电缆布至办公区域。根据实际情况采用合适的布线方法，也可通过集合点（CP）将线引至相应的信息点（TO）。

（4）配线电缆宜采用 8 芯非屏蔽双绞线，语音口和数据口宜采用五类、超五类或六类双绞线，以增强系统的灵活性，对高速率应用场合，宜采用多模或单模光纤，每个信息点的光缆宜为 4 芯。

（5）信息点应为标准的 RJ-45 型插座，并与线缆类别相对应，多模光纤插座宜采用 SC 接插形式，单模光纤插座宜采用 FC 插接形式。信息插座应在内部做固定连接，不得空线、空脚。要求屏蔽的场合，插座须有屏蔽措施。

（6）水平子系统可采用吊顶上、地毯下、暗管、地槽等方式布线。

（7）信息点面板应采用国际标准面板。

（8）在布线产品选型时，应选择那些有工程经验的厂家，产品要通过国家电气屏蔽检验，避免强、弱电路对数据传输产生影响。敷设地面线槽时，厂家应派技术人员现场指导，避免打上垫层后再发现问题而影响工期。

（9）应尽量根据甲方提供的办公家具布置图进行设计，避免地面线槽出口被办公家具挡住。无办公家具图时，地面线槽应均匀地布放在地面出口。对有防静电地板的房间，只需布放一个分线盒即可，出线盒敷设在静电地板下。

（10）地面线槽的主干部分尽量打在走廊的垫层中。楼层信息点较多时，应同时采用地面线槽与吊顶内线槽两种方式。

5.3 综合布线水平子系统设计要点

水平子系统设计包括以下几个方面。

① 走线方向。确定线路走向一般要由用户、设计人员、施工人员到现场根据建筑物的物理位置和施工难易程度来确立。

② 线缆、槽、管的数量和类型。

③ 电缆的类型和长度。

④ 采用吊杆还是托架方式走线槽。

5.4 综合布线水平子系统设计

1．设计步骤

水平子系统设计的步骤一般是首先进行需求分析，与用户进行充分的技术交流，了解建筑物的用途，然后要认真阅读建筑物设计图，确定工作区子系统信息点的数量和位置，完成点数表，其次进行初步规划和设计，确定每个信息点的水平布线路径，最后确定布线材料规格和数量，列出材料规格和数量统计表。综合布线水平子系统设计的一般工作流程如图 5-1 所示。

图 5-1 综合布线水平子系统设计的一般工作流程

2．需求分析

需求分析是综合布线系统设计的首项重要工作，水平子系统是综合布线系统工程中最大的一个子系统，使用的材料最多，工期最长，投资最大，也直接决定每个信息点的稳定性和传输速度。主要涉及布线距离、布线路径、布线方式和材料的选择，对后续水平子系统的施工是非常重要的，也直接影响综合布线系统工程的质量、工期，甚至影响最终工程造价。

智能化建筑每个楼层的使用功能往往不同，甚至同一个楼层不同区域的功能也不同，这就需要针对每个楼层，甚至每个区域进行分析和设计。例如，地下停车场、商场、餐厅、写字楼以及宾馆等楼层信息点的水平子系统有非常大的区别。

需求分析首先按照楼层进行分析，分析每个楼层的设备间到信息点的布线距离、布线路径，逐步明确和确认每个工作区信息点的布线距离和路径。

3. 技术交流

在进行需求分析后，要与用户进行技术交流，这是非常必要的。由于水平子系统往往覆盖每个楼层的立面和平面，布线路径也经常与照明线路、电器设备线路、电器插座、消防线路、暖气或者空调线路有多次的交叉或者并行，因此不仅要与用户方的技术负责人交流，也要与项目或者行政负责人进行交流。在交流中重点了解每个信息点路径上的电路、水路、气路和电器设备的安装位置等详细信息。在交流过程中必须进行详细的书面记录，每次交流结束后要及时整理书面记录。

4. 阅读建筑物图纸

通过阅读建筑物设计图掌握建筑物的土建结构、强电路径、弱电路径，特别是主要电器设备和电源插座的安装位置，重点掌握在综合布线路径上的电器设备、电源插座、暗埋管线等。在阅读建筑物设计图时，应进行记录或者标记，正确处理水平子系统布线与电路、水路、气路和电器设备的直接交叉或者路径冲突问题。

5. 水平子系统的规划和设计

（1）水平子系统缆线的布线距离规定。

按照 GB50311—2007 国家标准的规定，水平子系统属于配线子系统，对于缆线的长度做了统一规定，配线子系统各缆线长度应符合如图 5-2 所示的划分并应符合下列要求。

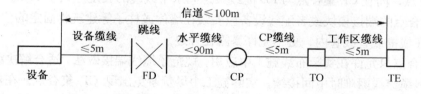

图 5-2　配线子系统缆线划分

①　配线子系统信道的最大长度不应大于 100m。其中水平缆线长度不大于 90m，一端工作区设备连接跳线不大于 5 m，另一端设备间（电信间）的跳线不大于 5 m，如果两端的跳线之和大于 10m 时，水平缆线长度（90m）应适当减少，保证配线子系统信道最大长度不应大于 100m。

②　信道总长度不应大于 2000m。信道总长度包括了综合布线系统水平缆线和建筑物主干缆线及建筑群主干 3 部分缆线之和。

③　建筑物或建筑群配线设备之间（FD 与 BD、FD 与 CD、BD 与 BD、BD 与 CD 之间）组成的信道出现 4 个连接器件时，主干缆线的长度不应小于15m。

（2）开放型办公室布线系统长度的计算。

对于商用建筑物或公共区域大开间的办公楼、综合楼等的场地，由于其使用对象数量具有不确定性和流动性等因素，宜按开放办公室综合布线系统要求进行设计，并应符合下列要求。

采用多用户信息插座时，每一个多用户插座包括适当的备用量在内，宜能支持 12 个工作区所需的 8 位模块通用插座；各段缆线长度可按表 5-1 选用。

表 5-1　　　　　　　　　各段缆线长度限值

电缆总长度（m）	水平布线电缆 H（m）	工作区电缆 w（m）	电信间跳线和设备电缆 D（m）
100	90	5	5
99	85	9	5
98	80	13	5
97	75	17	5
97	70	22	5

也可按下式计算。

$$C=(102-H)/1.2 \tag{5-1}$$
$$W=C-5 \tag{5-2}$$

式中，$C=W+D$——工作区电缆、电信间跳线和设备电缆的长度之和；

　　　D——电信间跳线和设备电缆的总长度；

　　　W——工作区电缆的最大长度，且 $W \leqslant 22m$；

　　　H——水平电缆的长度。

(3) CP 集合点的设置。

如果在水平布线系统施工中需要增加 CP 集合点时，那么同一个水平电缆上只允许一个 CP 集合点，而且 CP 集合点与 FD 配线架之间水平线缆的长度应大于 15m。

CP 集合点的端接模块或者配线设备应安装在墙体或柱子等建筑物固定的位置，不允许随意放置在线槽或者线管内，更不允许暴露在外边。

CP 集合点只允许在实际布线施工中应用，规范了缆线端接做法，适合解决综合布线施工中个别线缆穿线困难时中间接续，实际施工中尽量避免出现 CP 集合点。在前期项目设计中不允许出现 CP 集合点。

(4) 管道缆线的布放根数。

在水平布线系统中，缆线必须安装在线槽或者线管内。

在建筑物墙或者地面内暗设布线时，一般选择线管，不允许使用线槽。

在建筑物墙明装布线时，一般选择线槽，很少使用线管。

选择线槽时，建议宽高之比为 2：1，这样布出的线槽较为美观、大方。

选择线管时，建议使用满足布线根数需要的最小直径线管，这样能够降低布线成本。

缆线布放在管与线槽内的管径与截面利用率，应根据不同类型的缆线进行不同的选择。管内穿放大对数电缆或 4 芯以上光缆时，直线管路的管径利用率应为 50%～60%，弯管路的管径利用率应为 40%～50%。管内穿放 4 对对绞电缆或 4 芯光缆时，截面利用率应为 25%～35%。布放缆线在线槽内的截面利用率应为 30%～50%。

常规通用线槽内布放线缆的最大条数表可以按照表 5-2 所示进行选择。

表 5-2 线槽规格型号与容纳双绞线最多条数表

线槽/桥架类型	线槽/桥架规格/mm	容纳双绞线最多条数	截面利用率
PVC	20×12	2	30%
PVC	25×12.5	4	30%
PVC	30×16	7	30%
PVC	39×19	12	30%
金属、PVC	50×25	18	30%
金属、PVC	60×30	23	30%
金属、PVC	75×50	40	30%
金属、PVC	80×50	50	30%
金属、PVC	100×50	60	30%
金属、PVC	100×80	80	30%
金属、PVC	150×75	100	30%
金属、PVC	200×100	150	30%

常规通用线管内布放线缆的最大条数表可以按照表 5-3 所示进行选择。

表 5-3 线管规格型号与容纳的双绞线最多条数表

线管类型	线管规格/mm	容纳双绞线最多条数	截面利用率
PVC、金属	16	2	30%
PVC	20	3	30%
PVC、金属	25	5	30%
PVC、金属	32	7	30%
PVC	40	11	30%
PVC、金属	50	15	30%
PVC、金属	63	23	30%
PVC	80	30	30%
PVC	100	40	30%

常规通用线槽（管）内布放线缆的最大条数也可以按照以下公式进行计算和选择。

① 线缆截面积计算。

网络双绞线按照线芯数量分，有 4 对、25 对、50 对等多种规格，按照用途分有屏蔽和非屏蔽双绞线等多种规格。但是综合布线系统工程中最常见和应用最多的是 4 对双绞线，由于不同厂家生产的线缆的外径不同，下面按照线缆直径为 6mm 计算双绞线的截面积。

$$S=d^2×3.14/4=6^2×3.14/4=28.26mm^2$$

式中，S——表示双绞线截面积；

d——双绞线直径。

② 线管截面积计算。

线管规格一般用线管的外径表示，线管内布线容积截面积应该按照线管的内直径计算，以管径为 25mm 的 PVC 管为例，管壁厚 1mm，管内部直径为 23mm，其截面积计算如下。

$$S=d^2 \times 3.14/4 = 23^2 \times 3.14/4 = 415.265 \ mm^2$$

式中，S——表示线管截面积；

　　　d——线管的内直径。

③ 线槽截面积计算。

线槽规格一般用线槽的外部长度和宽度表示，线槽内布线容积截面积计算按照线槽的内部长和宽计算，以 40×20 线槽为例，线槽壁厚 1mm，线槽内部长 38mm，宽 18mm，其截面积计算如下。

$$S=L \times W = 38 \times 18 = 684 \ mm^2$$

式中，S——表示线管截面积；

　　　L——线槽内部长度；

　　　W——线槽内部宽度。

④ 容纳双绞线最多数量计算。

布线标准规定，一般线槽（管）内允许穿线的最大面积为 70%，同时考虑线缆之间的间隙和拐弯等因素，考虑浪费空间 40%～50%。因此容纳双绞线根数计算公式如下。

$$N=槽（管）截面积 \times 70\% \times （40\%～50\%）/线缆截面积$$

式中，N——表示容纳双绞线最多数量；

　　　70%——布线标准规定允许的空间；

　　　40%～50%——线缆之间浪费的空间。

【例1】30×16 线槽容纳双绞线最多数量计算如下：

N=线槽截面积×70%×50%/线缆截面积

　= （28×14）×70%×50%/（6^2×3.14/4）=392×70%×50%/28.26=10 根

说明：上述计算的是使用 30×16PVC 线槽铺设网线时，槽内容纳网线的数量。

具体计算分解如下：

30×16 线槽的截面积是：长×宽=28×14=392mm²

70%是布线允许的使用空间

50%是线缆之间的空隙浪费的空间

线缆的直径 D 为 6mm，截面积为 $\pi D^2/4=6^2 \times 3.14/4=28.26$。

【例2】Φ40 PVC 线管容纳双绞线最多数量计算如下：

N=线管截面积×70%×40%/线缆截面积

　= （36.6×36.6×3.14/4）×70%×40%/（6×6×3.14/4）

　=1051.56×70%×40%/28.26 = 10.4 根

说明：上述计算的是使用 Φ40PVC 线管铺设网线时，管内容纳网线的数量是 10 根。

具体计算分解如下：

Φ40PVC 线管的截面积是：$\pi D^2/4=36.6 \times 36.6 \times 3.14/4=1051.56mm^2$

70%是布线允许的使用空间

40%是线缆之间的空隙浪费的空间

线缆的直径 D 为 6mm，截面积为 $\pi D^2/4 = 6^2 \times 3.14/4 = 28.26$。

⑤ 布线弯曲半径要求。

布线中如果不能满足最低弯曲半径要求，双绞线电缆的缠绕节距会发生变化，严重时，电缆可能会损坏，直接影响电缆的传输性能。例如，在铜缆系统中，布线弯曲半径直接影响回波损耗值，严重时会超过标准规定值。在光缆系统中，则可能会导致高衰减。因此在设计布线路径时，尽量避免和减少弯曲，增加电缆的拐弯曲率半径值。

缆线的弯曲半径应符合下列规定（见表 5-4）。

a．非屏蔽 4 对对绞电缆的弯曲半径应至少为电缆外径的 4 倍。

b．屏蔽 4 对对绞电缆的弯曲半径应至少为电缆外径的 8 倍。

c．主干对绞电缆的弯曲半径应至少为电缆外径的 10 倍。

d．两芯或 4 芯水平光缆的弯曲半径应大于 25mm。

e．光缆容许的最小曲率半径在施工时应当不小于光缆外径的 20 倍，施工完毕应当不小于光缆外径的 15 倍。

表 5-4 管线敷设允许的弯曲半径

缆 线 类 型	弯曲半径（mm）/倍
4 对非屏蔽电缆	不小于电缆外径的 4 倍
4 对屏蔽电缆	不小于电缆外径的 8 倍
大对数主干电缆	不小于电缆外径的 10 倍
两芯或 4 芯室内光缆	>25mm
其他芯数和主干室内光缆	不小于光缆外径的 10 倍
室外光缆、电缆	不小于缆线外径的 20 倍

其他芯数的水平光缆、主干光缆和室外光缆的弯曲半径应至少为光缆外径的 10 倍。

说明：当缆线采用电缆桥架布放时，桥架内侧的弯曲半径不应小于 300mm。

（5）网络缆线与电力电缆的间距。

在水平子系统中，经常出现综合布线电缆与电力电缆平行布线的情况，为了减少电力电缆电磁场对网络系统的影响，综合布线电缆与电力电缆接近布线时，必须保持一定的距离。GB50311—2007 国家标准规定的间距应符合表 5-5 的规定。

表 5-5 综合布线电缆与电力电缆的间距

类 别	与综合布线接近状况	最小间距（mm）
380V 以下电力电缆<2kV·A	与缆线平行敷设	130
	有一方在接地的金属线槽或钢管中	70
	双方都在接地的金属线槽或钢管中①	10①
380V 电力电缆 2~5kV·A	与缆线平行敷设	300
	有一方在接地的金属线槽或钢管中	150
	双方都在接地的金属线槽或钢管中②	80

续表

类　　别	与综合布线接近状况	最小间距（mm）
380V 电力电缆＞5kV·A	与缆线平行敷设	600
	有一方在接地的金属线槽或钢管中	300
	双方都在接地的金属线槽或钢管中②	150

说明：①当 380V 电力电缆＜2kV·A，双方都在接地的线槽中，且平行长度≤10m 时，最小间距可为 10mm；②双方都在接地的线槽中，是指两个不同的线槽，也可在同一线槽中用金属板隔开。

（6）缆线与电器设备的间距。

综合布线电缆与附近可能产生高电平电磁干扰的电动机、电力变压器、射频应用设备等电气设备之间应保持必要的间距，为了减少电器设备的电磁场对网络的影响，综合布线电缆与这些设备布线时，必须保持一定的距离。GB50311—2007 国家标准规定综合布线系统缆线与配电箱、变电室、电梯机房、空调机房之间的最小净距宜符合表 5-6 的规定。

表 5-6　　　　　　　　　综合布线缆线与电气设备的最小净距

名　　称	最小净距（m）	名　　称	最小净距（m）
配电箱	1	电梯机房	2
变电室	2	空调机房	2

当墙壁电缆敷设高度超过 6 000mm 时，与避雷引下线的交叉间距应按下式计算：

$$S \geqslant 0.05L$$

式中，S——交叉间距（mm）；

L——交叉处避雷引下线距地面的高度（mm）。

（7）缆线与其他管线的间距。

墙上敷设的综合布线缆线及管线与其他管线的间距应符合表 5-7 的规定。

表 5-7　　　　　　　综合布线缆线及管线与其他管线的间距

其 他 管 线	平行净距（mm）	垂直交叉净距（mm）	其 他 管 线	平行净距（mm）	垂直交叉净距（mm）
避雷引下线	1000	300	热力管（不包封）	500	500
保护地线	50	20	热力管（包封）	300	300
给水管	150	20	煤气管	300	20
压缩空气管	150	20			

（8）其他电气防护和接地。

接地系统是综合布线系统的机房中必不可少的部分，它不仅直接影响机房通信设备的通信质量和机房电源系统的正常运行，还起到保护人身安全和设备安装的作用。综合布线系统接地的种类包括工作接地、保护接地、重复接地、静电接地、直流工作接地和防雷接地等。

综合布线系统的其他电气防护和接地有多方面的要求。

① 综合布线系统应根据环境条件选用相应的缆线和配线设备，或采取防护措施，并应符合下列规定。

当综合布线区域内存在的电磁干扰场强低于 3V/m 时，宜采用非屏蔽电缆和非屏蔽配线设备。

当综合布线区域内存在的电磁干扰场强高于 3V/m，或用户对电磁兼容性有较高要求时，可采用屏蔽布线系统和光缆布线系统。

当综合布线路由上存在干扰源，且不能满足最小净距要求时，宜采用金属管线进行屏蔽，或采用屏蔽布线系统及光缆布线系统。

② 在电信间、设备间及进线间应设置楼层或局部等电位接地端子板。

③ 综合布线系统应采用共用接地的接地系统，如单独设置接地体时，接地电阻不应大于 4Ω。如布线系统的接地系统中存在两个不同的接地体时，其接地电位差不应大于 1Vr·m·s。

④ 楼层安装的各个配线柜（架、箱）应采用适当截面的绝缘铜导线单独布线至就近的等电位接地装置，也可采用竖井内等电位接地铜排引到建筑物共用接地装置，铜导线的截面应符合设计要求。

⑤ 缆线在雷电防护区交界处，屏蔽电缆屏蔽层的两端应做等电位连接并接地。

⑥ 综合布线的电缆采用金属线槽或钢管敷设时，线槽或钢管应保持连续的电气连接，并应有不少于两点的良好接地。

⑦ 当缆线从建筑物外面进入建筑物时，电缆和光缆的金属护套或金属件应在入口处就近与等电位接地端子板连接。

⑧ 当电缆从建筑物外面进入建筑物时，国家标准 GB50311—2007 规定应选用适配的信号线路浪涌保护器，信号线路浪涌保护器应符合设计要求。

（9）缆线的选择原则。

① 同一布线信道及链路的缆线和连接器件应保持系统等级与阻抗的一致性。

② 综合布线系统工程的产品类别及链路、信道等级确定应综合考虑建筑物的功能、应用网络、业务终端类型、业务的需求及发展、性能价格、现场安装条件等因素，应符合表 5-8 的要求。

表 5-8 　　　　　　　　　　　　　布线系统等级与类别的选用

业务种类	配线子系统		干线子系统		建筑群子系统	
	等级	类　别	等级	类　别	等级	类　别
语音	D/E	5e/6	C	3（大对数）	C	3（室外大对数）
数据	D/E/F	5e/6/7	D/E/F	5e/6/7（4 对）		
	光纤（多模或单模）	62.5μm 多模/50μm 多模/<10μm 单模	光纤	62.5μm 多模/50μm 多模/<10μm 单模	光纤	62.5μm 多模/50μm 多模/<1μm 单模
其他应用	可采用超五类或六类 4 对对绞电缆和 62.5μm 多模/50μm 多模/<10μm 多模、单模光缆					

说明：其他应用指数字监控摄像头、楼宇自控现场控制器（DDC）、门禁系统等采用网络端口传送数字信息时的应用。

③ 综合布线系统光纤信道应采用标称波长为 850nm 和 1 300nm 的多模光纤及标称波长为 1 310nm 和 1 550nm 的单模光纤。

④ 单模和多模光纤的选用应符合网络的构成方式、业务的互通互联方式及光纤在网络中的传输距离。楼内宜采用多模光纤，建筑物之间宜采用多模或单模光纤，需直接与电信业务经营者相连时宜采用单模光纤。

⑤ 为保证传输质量，配线设备连接的跳线宜选用产业化制造的各类跳线，在电话应用时宜选用双芯对绞电缆。

⑥ 工作区信息点为电端口时，应采用 8 位模块通用插座（RJ-45），光端口宜采用 SFF 小型光纤连接器件及适配器。

⑦ FD、BD、CD 配线设备应采用 8 位模块通用插座或卡接式配线模块（多对、25 对及回线型卡接模块）和光缆连接器件及光缆适配器（单工或双工的 ST、SC 或 SFF 光缆连接器件及适配器）。

⑧ CP 集合点安装的连接器件应选用卡接式配线模块或 8 位模块通用插座或各类光缆连接器件和适配器。

（10）屏蔽布线系统。

① 综合布线区域内存在的电磁干扰场强高于 3V/m 时，宜采用屏蔽布线系统进行防护。

② 因为用户对电磁兼容性有较高的要求（电磁干扰和防信息泄漏），或网络安全保密的需要，宜采用屏蔽布线系统。

③ 采用非屏蔽布线系统无法满足安装现场条件对缆线的间距要求时，宜采用屏蔽布线系统。

④ 屏蔽布线系统采用的电缆、连接器件、跳线、设备电缆都应是屏蔽的，并应保持屏蔽层的连续性。

（11）缆线的暗埋设计。

在新建筑物设计水平子系统缆线的路径时宜采取暗埋管线的方式。暗管的转弯角度应大于 90°，在路径上每根暗管的转弯角度不得多于 2 个，并不应有 S 形路径出现，有弯头的管段长度超过 20m 时，应设置管线过线盒装置；有 2 个弯时，在不超过 15m 处应设置过线盒。

设置在墙面的信息点布线路径宜使用暗埋金属管或 PVC 管，对于信息点较少的区域中的管线可以直接铺设到楼层的设备间机柜内，对于信息点比较多的区域可先将每个信息点管线分别铺设到楼道或者吊顶上，然后集中进入楼道或者吊顶上安装的线槽或者桥架。

新建公共建筑物墙面暗埋管的路径一般有两种做法，第 1 种做法是从墙面插座向上垂直埋管到横梁，然后在横梁内埋管到楼道本层墙面出口，如图 5-3 所示；第 2 种做法是从墙面插座向下垂直埋管到横梁，然后在横梁内埋管到楼道下层墙面出口，如图 5-4 所示。如果同一墙面单面或者两面插座比较多时，水平插座之间应串联布管，如图 5-3 所示。这两种做法都会减少管线拐弯，不会出现 U 形或者 S 形路径，土建施工简单。土建中不允许沿墙面斜角暗埋管线。

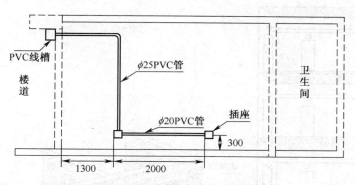

图 5-3 同层水平子系统暗埋管线

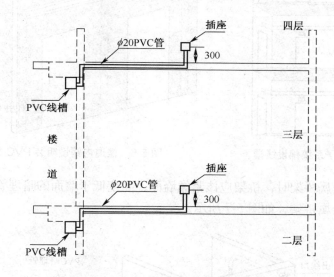

图 5-4 不同层水平子系统暗埋管线

对于信息点比较密集的网络中心、运营商机房等区域，一般铺设抗静电地板，在地板下安装布线槽，水平布线到网络插座。

（12）缆线的明装设计。

住宅楼、老式办公楼、厂房进行改造或者需要增加网络布线系统时，一般采取明装布线方式。学生公寓、教学楼、实验楼等信息点比较密集的建筑物在综合布线时一般也采取隔墙暗埋管线，楼道明装线槽或者桥架的方式（工程上也称暗管明槽方式）。

住宅楼增加网络布线常见的做法是，将机柜安装在每个单元的中间楼层，然后沿墙面安装 PVC 线管或者线槽到每户入户门上方的墙面固定插座，如图 5-5 所示。线槽的外观美观，施工方便，但是安全性比较差，使用线管安全性比较好。楼道明装布线时，宜选择 PVC 线槽，线槽盖板边缘最好是直角，特别在北方地区不宜选择斜角盖板，斜角盖板容易落灰，影响美观。

采取暗管明槽方式布线时，每个暗埋管在楼道的出口高度必须相同，这使暗管与明装线槽直接连接，确保布线方便和美观，如图 5-6 所示。

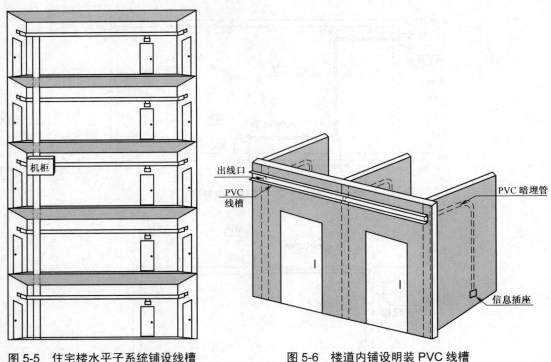

图 5-5　住宅楼水平子系统铺设线槽　　　　　图 5-6　楼道内铺设明装 PVC 线槽

楼道内采取金属桥架时，桥架应该紧靠墙面，高度低于墙面的暗埋管口，直接将墙面出来的线缆引入金属桥架，如图 5-7 所示。

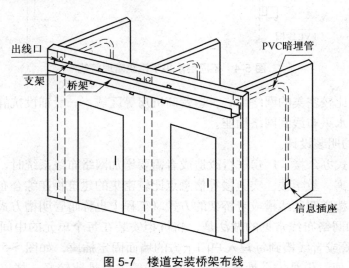

图 5-7　楼道安装桥架布线

6. 图纸设计

随着 GB50311—2007 国家标准的正式实施，2007 年 10 月 1 日起新建筑物必须设计网络综合布线系统，因此建筑物的原始设计图中有完整的初步设计方案和网络系统图。

必须认真研究和读懂设计图，特别是与弱电有关的网络系统图、通信系统图、电气图等，虚心向项目经理或者设计院咨询。如果土建工程已经开始或者封顶时，必须到现场实际勘测，并且与设计图对比。新建建筑物的水平管线宜暗埋在建筑物的墙面，一般使用金属或者 PVC 管。

7. 材料概算和统计表

综合布线水平子系统材料的概算是指根据施工图核算材料的使用数量，然后根据定额计算出造价，这就要求熟悉施工图，掌握定额。

对于水平子系统材料的计算，首先确定施工使用布线材料类型，列出一个简单的统计表。统计表主要是针对某个项目分别列出了各层使用的材料的名称，对数量进行统计，避免计算材料时漏项，从而方便材料的核算。

例如，某六层办公楼网络布线水平子系统施工，线槽明装铺设。水平布线主要材料有线槽、线槽配件、线缆等。具体统计表如表 5-9 所示。

表 5-9 一层网络信息点材料统计表

材料 / 信息点	4-UTP 双绞线（m）	PVC 线槽（m）		20×10（个）			60×22（个）		
		20×10	60×22	阴角	阳角	直角	阴角	阳角	堵头
101-1	64	4	60	1	0	0	0	0	1
101-2	60	4	0	0	0	1	0	0	0
102-1	60	0	0	0	0	0	0	0	0
102-2	56	4	0	0	1	0	0	0	0
103	52	4	0	0	0	1	2	2	0
104	48	4	0	1	0	0	0	0	0
105	44	4	0	1	0	0	0	0	0
106-1	44	0	0	0	0	0	0	0	0
106-2	40	4	0	1	0	0	0	0	0
107	36	4	0	0	0	1	2	2	0
108	32	4	0	1	0	0	0	0	0
109	28	4	0	0	0	0	1	0	0
110	24	4	0	0	0	0	0	0	0
合计	588	44	60	5	2	5	4	4	1

根据上表逐个列出 2~6 层布线统计表，然后进行总计计算出整栋楼水平布线的数量。

5.5 综合布线水平子系统设计实例

综合布线水平子系统设计的实例如图 5-8 所示。

缆线的暗埋设计和明装设计，绘制设计图如图 5-9 和图 5-10 所示。

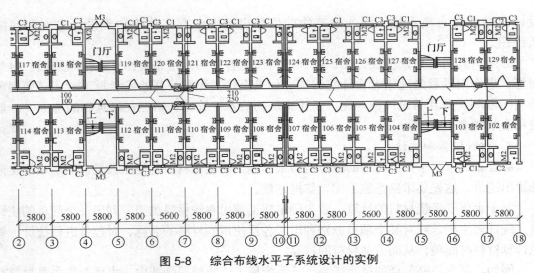

图 5-8　综合布线水平子系统设计的实例

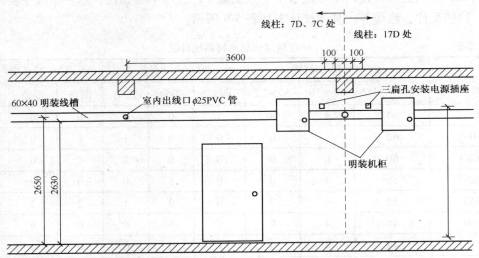

楼道立面示意图

图 5-9　综合布线水平子系统设计的楼道立面示意图

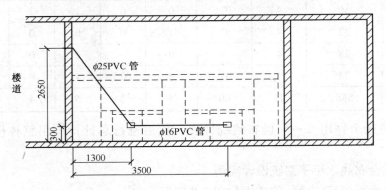

室内埋管立面示意图

图 5-10　综合布线水平子系统设计的室内埋管立面示意图

第二部分 学习过程记录

将学生分组，小组成员根据综合布线水平子系统设计的学习目标，认真学习相关知识，并将学习过程的内容（要点）进行记录，同时也将学习中存在的问题和意见进行记录，填写下面的表单。

学习情境	综合布线系统设计		任务	综合布线水平子系统设计	
班级		组名		组员	
开始时间		计划完成时间		实际完成时间	
综合布线水平子系统的布线基本要求					
综合布线水平子系统设计应考虑的几个问题					
综合布线水平子系统设计					
存在的问题及反馈意见					

第三部分 工 作 页

1. 用户进行技术交流。

重点了解每个信息点路径上的电路、水路、气路和电器设备的安装位置等详细信息。

记录如下：

2. 分析每个楼层的设备间到信息点的布线距离、布线路径。通过分析明确和确认每个工作区信息点的布线距离和路径，记录如下：

3. 确定布线材料规格和数量，填写表格。

建筑物的一层网络信息点材料统计表

材料 信息点	4-UTP 双绞线（m）	PVC 线槽（m）		20×10（个）			60×22（个）		
		20×10	60×22	阴角	阳角	直角	阴角	阳角	堵头
合计									

根据上表逐个列出 2~6 层布线统计表，然后计算出整栋楼水平布线数量。

4. 数据点、语音点水平电缆长度统计。

建筑物（一）数据点、语音点水平电缆长度统计表

楼　　层	数据点、语音点合计	平均电缆长度/m	每层水平电缆长度/m
合计			

备注：①每根水平电缆平均长度按（最长+最短）÷2×1.1 计算；②每标准箱为 1000ft(305m)，每标准轴线为 1000m；③22500m÷305m/箱=73.77 箱，订 74 箱六类双绞线；④22500m÷1000m/轴=22.5 轴，订 23 轴六类双绞线。

建筑物（二）数据点、语音点水平电缆长度统计表

楼　　层	数据点、语音点合计	平均电缆长度/m	每层水平电缆长度/m
合计			

备注：①每根水平电缆平均长度按（最长+最短）÷2×1.1 计算；②每标准箱为 1000ft(305m)，每标准轴线为 1000m；③22500m÷305m/箱=73.77 箱，订 74 箱六类双绞线；④22500m÷1000m/轴=22.5 轴，订 23 轴六类双绞线。

建筑物（三）数据点、语音点水平电缆长度统计表

楼　　层	数据点、语音点合计	平均电缆长度/m	每层水平电缆长度/m
合计			

备注：①每根水平电缆平均长度按（最长+最短）÷2×1.1 计算；②每标准箱为 1000ft(305m)，每标准轴线为 1000m；③22500m÷305m/箱=73.77 箱，订 74 箱六类双绞线；④22500m÷1000m/轴=22.5 轴，订 23 轴六类双绞线。

建筑物（四）数据点、语音点水平电缆长度统计表

楼　层	数据点、语音点合计	平均电缆长度/m	每层水平电缆长度/m
合计			

备注：①每根水平电缆平均长度按（最长+最短）÷2×1.1 计算；②每标准箱为 1000ft(305m)，每标准轴线为 1000m；③22500m÷305m/箱=73.77 箱，订 74 箱六类双绞线；④22500m÷1000m/轴=22.5 轴，订 23 轴六类双绞线。

5. 利用 Microsoft Visio 2003 绘制综合布线系统水平子系统的图纸。

6. 进行缆线的暗埋设计和明装设计，绘制设计图。

7. 编写综合布线系统水平子系统的设计文件。

第四部分 练 习 页

（1）在水平干线子系统的布线方法中，_____采用固定在楼顶或墙壁上的桥架作为线缆的支撑，将水平线缆敷设在桥架中，装修后的天花板可以将桥架完全遮蔽。

      A．直接埋管式　　B．架空式　　　　C．地面线槽式　　D．护壁板式

（2）水平干线子系统的网络拓扑结构都为星型结构，是以_____为主节点，各个通信引出端为分节点，两者之间采取独立的线路相互连接，形成向外辐射的星型线路网状态。

（3）设计水平子系统时必须折衷考虑，优选最佳的水平布线方案。一般可采用 3 种类型：_____、_____和_____。

（4）水平干线子系统有哪几种布线方法？各有什么特点？应用于何种建筑物？若一层楼信息点超过 300 个，应采用何种布线方法？

（5）阅读几个不同布线厂商提供的分别适用于小型公司、校园以及大型企业完整的综合布线设计方案，了解目前一般厂商针对不同用户需求以及不同地理环境提供的网络布线产品和布线方法。

（6）请考察所在教学楼或宿舍楼的环境以及楼中各用户对网络的需求，结合所学过的知识，选择合适的传输介质、网络线缆连接器和其他布线产品，选择适当的布线方法为该教学楼或者宿舍楼设计一个综合布线系统，并且写出网络布线方案。

第五部分 任 务 评 价

评价项目	项目评价内容	分值	自我评价	小组评价	教师评价	得分
理论知识	① 综合布线水平子系统的布线基本要求	5				
	② 综合布线水平子系统设计应考虑的几个问题	5				
	③ 综合布线水平子系统设计步骤	5				
	④ 综合布线水平子系统设计内容	5				
	⑤ 综合布线水平子系统设计方法	5				
实操技能	① 分析每个楼层的设备间到信息点的布线距离、布线路径	12				
	② 数据点、语音点水平电缆长度统计	10				
	③ 进行缆线的暗埋设计和明装设计	10				
	④ 利用 Microsoft Visio 2003 绘制综合布线系统水平子系统的图纸	8				
	⑤ 编写综合布线系统水平子系统的设计文件	5				

续表

评价项目	项目评价内容	分值	自我评价	小组评价	教师评价	得分
安全文明生产	① 安全、文明操作	5				
	② 有无违纪与违规现象	5				
	③ 良好的职业操守	5				
学习态度	① 不迟到、不缺课、不早退	5				
	② 学习认真，责任心强	5				
	③ 积极参与完成项目的各个步骤	5				
总 计 得 分						

任务六　综合布线管理间子系统设计

　　综合布线管理间子系统包括楼层配线间、二级交接间、建筑物设备间的线缆、配线架及相关接插跳线等。通过综合布线管理间子系统，可以直接管理整个应用系统的终端设备，从而实现综合布线的灵活性、开放性和扩展性。综合布线管理间子系统设计是综合布线系统设计的一个组成部分。通过此任务的学习，可以掌握管理间子系统的划分原则、设计原则，了解管理间子系统设计的步骤，能根据设计步骤进行管理间子系统的设计。

问题引导

　　（1）如何根据综合布线管理间子系统的划分原则来划分管理间？
　　（2）可以分几步进行综合布线管理间子系统设计？
　　（3）综合布线管理间子系统设计的内容有哪些？
　　（4）综合布线管理间的数量是如何确定的？
　　（5）如何进行铜缆布线管理间子系统设计？如何进行光缆布线管理间子系统设计？
　　提示：学生可以通过到图书馆查阅相关图书，上网搜索相关资料或询问相关在职人员。

任务描述

　　本任务要求学生在学习、收集相关资料基础上了解综合布线管理间子系统的组成，掌握综合布线管理间子系统设计的内容、步骤和方法。能进行综合布线管理间子系统的设计。任务描述如下表所示。

学习目标	（1）能根据综合布线管理间子系统的划分原则来划分管理间； （2）综合布线系统管理间子系统的设计步骤； （3）掌握综合布线系统管理间子系统设计的内容； （4）能根据实际情况确定管理间的数量； （5）能进行铜缆布线管理间子系统和光缆布线管理间子系统设计

续表

任务要求	以校园综合布线系统的设计为例，完成综合布线管理间子系统设计。 （1）根据各个工作区子系统需求，确定每个楼层工作区信息点的总数量； （2）确定水平子系统缆线长度； （3）确定管理间的位置； （4）完成管理间子系统设计
注意事项	（1）工具仪器按规定摆放； （2）参观综合布线系统时应注意安全； （3）注意实训室的卫生
建议学时	4 学时

第一部分　任务学习引导

6.1　综合布线管理间子系统划分原则

在综合布线系统中，管理间子系统包括了楼层配线间、二级交接间、建筑物设备间的线缆、配线架及相关接插跳线等。通过综合布线系统的管理间子系统，可以直接管理整个应用系统终端设备，从而实现综合布线的灵活性、开放性和扩展性。

管理间（电信间）主要为楼层安装配线设备（为机柜、机架、机箱等安装方式）和楼层计算机网络设备（Hub 或 SW）的场地，并可考虑在该场地设置缆线竖井、等电位接地体、电源插座、UPS 配电箱等设施。在场地面积满足的情况下，也可设置建筑物安防、消防、建筑设备监控系统、无线信号等系统的布缆线槽和功能模块的安装。如果综合布线系统与弱电系统设备设在同一场地，从建筑结构的角度出发，一般也称为弱电间。

现在，许多建筑物在综合布线时都考虑在每一楼层都设立一个管理间，用来管理该楼层的信息点，改变了以往几层共享一个管理间子系统的做法，这也是综合布线的发展趋势。

管理间子系统设置在楼层配线房间，是水平系统电缆端接的场所，也是主干系统电缆端接的场所。用户可以在管理间子系统中更改、增加、交接、扩展缆线，从而改变缆线路由。

管理间子系统中以配线架为主要设备，配线设备可直接安装在 19 英寸机架或者机柜上。

管理间房间面积的大小一般根据信息点的多少安排和确定，如果信息点多，就应该考虑一个单独的房间来放置，如果信息点很少，也可采取在墙面安装机柜的方式。

6.2　综合布线管理间子系统设计要点

管理子系统设计要点如下。

（1）管理子系统宜采用单点管理双交接。交接场的结构取决于工作区、综合布线系统规模和选用的硬件。在管理规模大、结构复杂、有二级交接间的子系统时，才设置双点管理双交接。在管理点，应根据应用环境用标记插入条来标出各个端接场。单点管理位于设备间里面的交换机附近，通过线路不进行跳线管理，直接连接至用户房间或服务器接线间里面的第二个接线交接区。双点管理除交接间外，还设置第二个可管理的交接。双交接为经过二级交接设备。在每个交接区实现线路管理的方式是在各色标场之间接上跨接线或插接线，这些色标用来分别标明该场是干线电缆、配线电缆或设备端接点。这些场通常分别分配给指定的接线块，而接线块则按垂直或水平结构进行排列。

（2）交接区应有良好的标记系统，如建筑物名称、建筑物位置、区号、起始点和功能等标记。综合布线系统使用了 3 种标记：电缆标记、场标记和插入标记。其中插入标记最常用。这些标记通常是硬纸片或其他方式，由安装人员在需要时取下来使用。

（3）交接间及二级交接间的本线设备宜采用色标区别各类用途的配线区。

（4）交接设备连接方式的选用宜符合下列规定：对楼层上的线路进行较少修改、移位或重新组合时，宜使用夹接线方式。在经常需要重组线路时使用插接线方式。

（5）在交接场之间应留出空间，以便容纳未来扩充的交接硬件。

6.3 综合布线管理间子系统设计

1. 设计步骤

管理间子系统一般根据楼层信息点的总数量和分布密度来设计，首先按照各个工作区子系统的需求，确定每个楼层工作区信息点的总数量，然后确定水平子系统缆线的长度，最后确定管理间的位置，完成管理间子系统设计。

2. 需求分析

管理间的需求分析围绕单个楼层或者附近楼层的信息点数量和布线距离进行，各个楼层的管理间最好安装在同一个位置，也可以考虑功能不同的楼层安装在不同的位置。根据点数统计表分析每个楼层的信息点总数，然后估算每个信息点的缆线长度，特别注意最远信息点的缆线长度，列出最远和最近信息点缆线的长度，宜把管理间布置在信息点的中间位置，同时保证各个信息点双绞线的长度不要超过 90m。

3. 技术交流

在进行需求分析后，要与用户进行技术交流，不仅要与用户方的技术负责人交流，也要与项目或者行政负责人进行交流，进一步充分和广泛了解用户的需求，特别是未来的扩展需求。在技术交流中重点了解规划的管理间子系统附近的电源插座、电力电缆、电器管理等情况。在技术交流过程中必须进行详细的书面记录，每次交流结束后要及时整理书面记录，这些书面记录是初步设计的依据。

4. 阅读建筑物设计图和管理间编号

在确定管理间位置前，索取和认真阅读建筑物设计图是必要的，通过阅读建筑物设计图掌握建筑物的土建结构、强电路径、弱电路径，特别是主要电器管理和电源插座的安装位置，重点掌握管理间附近的电器管理、电源插座、暗埋管线等。在阅读设计图纸时，应进行记录或者标记，这有助于将网络和电话等插座设计在合适的位置，避免强电或者电器管理对网络综合布线系统的影响。

管理间的命名和编号也是非常重要的一项工作，也直接涉及每条缆线的命名，因此管理间的命名首先必须准确表达清楚该管理间的位置或者用途，这个名称从项目设计开始到竣工验收及后续维护必须保持一致。如果项目投入使用后用户改变名称或者编号时，必须及时制作名称变更对应表，并作为竣工资料保存。

管理间子系统使用色标来区分配线设备的性质，标明端接区域、物理位置、编号、容量、规格等，以便维护人员在现场一目了然地加以识别。综合布线使用 3 种标记：电缆标记、场标记和插入标记。电缆和光缆的两端应采用不易脱落和磨损的不干胶条标明相同的编号。

管理间子系统的标识编制，应按下列原则进行。

（1）规模较大的综合布线系统应采用计算机进行标识管理，简单的综合布线系统应按图纸资料进行管理，并应做到记录准确、及时更新、便于查阅。

（2）综合布线系统的每条电缆、光缆、配线设备、端接点、安装通道和安装空间均应给定唯一的标志。标志中可包括名称、颜色、编号、字符串或其他组合。

（3）配线设备、线缆、信息插座等硬件均应设置不易脱落和磨损的标识，并应有详细的书面记录和图纸资料。

（4）同一条缆线或者永久链两端的编号必须相同。

（5）设备间、交接间的配线设备宜采用统一的色标区别各类用途的配线区。

5. 管理间子系统设计

（1）管理间数量的确定。

每个楼层一般宜至少设置 1 个管理间（电信间）。如果每层信息点的数量较少，且水平缆线的长度不大于 90m，宜几个楼层合设一个管理间。管理间数量的设置宜按照以下原则进行。

如果该层信息点的数量不大于 400 个，水平缆线的长度在 90m 以内，宜设置一个管理间，当超出这个范围时宜设两个或多个管理间。

在实际工程应中，为了方便管理和保证网络传输速度或者节约布线成本，例如学生公寓的信息点密集，使用时间集中，楼道很长，也可以按照每 100～200 个信息点设置一个管理间，将管理间机柜明装在楼道内。

（2）管理间的面积。

国家标准 GB50311-2007 中规定管理间的使用面积不应小于 $5m^2$，也可根据工程中配线管理和网络管理的容量进行调整。一般新建楼房都有专门的垂直竖井，楼层的管理间基本都设计在建筑物竖井内，面积在 $3m^2$ 左右。在一般小型网络综合布线系统工程中管理间也可能只是一个网络机柜。

一般旧楼增加网络综合布线系统时，可以将管理间选择在楼道中间位置的办公室，也可以采取壁挂式机柜直接明装在楼道内，作为楼层管理间。

管理间安装落地式机柜时，机柜前面的净空不应小于 800mm，后面的净空不应小于 600mm，以方便施工和维修。安装壁挂式机柜时，一般在楼道安装高度不小于 1.8m。

（3）管理间电源要求。

管理间应提供不少于两个 220V 带保护接地的单相电源插座。

管理间如果安装电信管理或其他信息网络管理时，管理供电应符合相应的设计要求。

（4）管理间对门的要求。

管理间应采用外开丙级防火门，门宽应大于 0.7m。

（5）管理间对环境的要求。

管理间内的温度应为 10～35℃，相对湿度宜为 20%～80%。一般应该考虑网络交换机等设备发热会对管理间的温度产生影响，在夏季必须保持管理间内的温度不超过 35℃。

6. 铜缆布线管理间子系统设计

铜缆布线系统的管理间子系统主要采用 110 配线架或 BIX 配线架作为语音系统的管理器件，采用模块数据配线架作为计算机网络系统的管理器件。下面通过举例说明管理间子系统的设计过程。

【例 1】已知某建筑物的某一楼层有计算机网络信息点 100 个，语音点有 50 个，请计算出楼层配线间所需要使用 IBDN 的 BIX 安装架的型号及数量，以及 BIX 条的个数。

（IBDN BIX 安装架的规格有 50 对、250 对、300 对。常用的 BIX 条是 1A4，可连接 25 对线。）

解答：

根据题目得知总信息点为 150 个。

（1）总的水平线缆总线对数=150×4=600 对。

（2）配线间需要的 BIX 安装架应为 2 个 300 对的 BIX 安装架。

（3）BIX 安装架所需的 1A4 的 BIX 条数量=600/25=24（条）。

【例 2】已知某幢建筑物的计算机网络信息点数为 200 个且全部汇接到设备间，那么在设备间中应安装何种规格的 IBDN 模块化数据配线架？数量是多少？

（IBDN 常用的模块化数据配线架规格有 24 口、48 口两种。）

解答：

根据题目已知汇接到设备间的总信息点为 200 个，因此设备间的模块化数据配线架应提供不少于 200 个 RJ45 接口。如果选用 24 口的模块化数据配线架，则设备间需要的配线架个数应为 9 个（200/24≈8.3，向上取整应为 9 个）。

7. 光缆布线管理子系统设计

光缆布线管理子系统主要采用光缆配线箱和光缆配线架作为光缆管理器件。下面通过实例说明光缆布线管理子系统的设计过程。

【例 1】已知某建筑物中一楼层采用光缆到桌面的布线方案，该楼层共有 40 个光缆信息点，每个光缆信息点均布设一根室内 2 芯多模光缆至建筑物的设备间，请问设备间的机柜内应选用何种规格的 IBDN 光缆配线架？数量是多少？需要多少个光缆耦合器？

（IBDN 光缆配线架的规格为 12 口、24 口和 48 口。）

解答：

根据题目得知共有 40 个光缆信息点，由于每个光缆信息点需要连接一根双芯光缆，因此设备间配备的光缆配线架应提供不少于 80 个接口，考虑网络以后的扩展，可以选用 3 个 24 口的光缆配线架和 1 个 12 口的光缆配线架。光缆配线架配备的光缆耦合器的数量与需要连接的光缆芯数相等，即为 80 个。

【例 2】已知某校园网分为 3 个片区，各片区的机房需要布设一根 24 芯的单模光缆至网络中心机房，以构成校园网的光缆骨干网络。网管中心机房为管理好这些光缆应配备何种规格的光缆配线架？数量是多少？需要多少个光缆耦合器？需要订购多少根光缆跳线？

解答：

（1）根据题目得知各片区的 3 根光缆合在一起总共有 72 根缆芯，因此网管中心的光缆配线架应提供不少于 72 个接口。

（2）由以上接口数可知网管中心应配备 24 口的光缆配线架 3 个。

（3）光缆配线架配备的耦合器数量与需要连接的光缆芯数相等，即为 72 个。

（4）光缆跳线用于连接光缆配线架耦合器与交换机光缆接口，因此光缆跳线的数量与光缆耦合器的数量相等，即为 72 根。

6.4　综合布线管理间子系统设计示例

管理间打线安装图如图6-1所示。

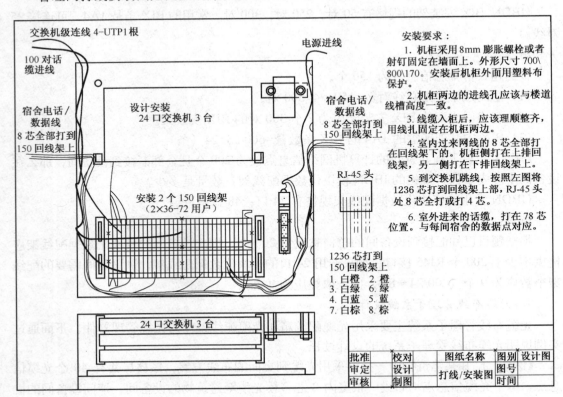

交换机级连线 4-UTP1根

电源进线

100 对话
缆进线

宿舍电话/
数据线
8 芯全部打到
150 回线架上

设计安装
24 口交换机 3 台

宿舍电话/
数据线
8 芯全部打到
150 回线架上

RJ-45 头

安装 2 个 150 回线架
（2×36-72 用户）

1236 芯打到
150 回线架上
1. 白橙　2. 橙
3. 白绿　6. 绿
4. 白蓝　5. 蓝
7. 白棕　8. 棕

24 口交换机 3 台

安装要求：

1. 机柜采用 8mm 膨胀螺栓或者射钉固定在墙面上。外形尺寸 700\800\170。安装后机柜外面用塑料布保护。

2. 机柜两边的进线孔应该与楼道线槽高度一致。

3. 线缆入柜后，应该理顺整齐，用线扎固定在机柜两边。

4. 室内过来网线的 8 芯全部打在回线架下的。机柜侧打在上排回线架，另一侧打在下排回线架上。

5. 到交换机跳线，按照左图将 1236 芯打到回线架上部，RJ-45 头处 8 芯全打或打 4 芯。

6. 室外进来的话缆，打在 78 芯位置。与每间宿舍的数据点对应。

批准	校对	图纸名称	图别	设计图
审定	设计	打线/安装图	图号	
审核	制图		时间	

图 6-1　管理间打线安装实例图

第二部分　学习过程记录

　　将学生分组，小组成员根据综合布线系统管理间子系统设计的学习目标，认真学习相关知识，并将学习过程的内容（要点）进行记录，同时也将学习中存在的问题和意见进行记录，填写下面的表单。

学习情境	综合布线系统设计		任务		综合布线管理间子系统设计	
班级		组名		组员		
开始时间		计划完成时间		实际完成时间		
综合布线系统管理间子系统的划分原则						

续表

综合布线系统 管理间子系统 设计	
存在的问题及 反馈意见	

第三部分 工 作 页

1. 与用户进行技术交流。

重点了解规划的管理间子系统附近的电源插座、电力电缆以及电器管理等情况。将了解的内容记录如下：

2. 阅读建筑物设计图，确定管理间的位置，并对管理间编号。

认真阅读建筑物设计图，通过阅读建筑物设计图掌握建筑物的土建结构、强电路径、弱电路径，特别是主要电器管理和电源插座的安装位置，重点掌握管理间附近的电器管理、电源插座、暗埋管线等。完成管理间的命名，并记录如下：

3. 铜缆布线管理子系统设计。

4. 光缆布线管理子系统设计。

5. 完成数据系统管理间设备的配置统计。

建筑物（一）数据系统层管理间设备配置表

楼层	数据点	24 口配线架	32 口配线架	1U 理线架	6U 壁挂机架	6 口光纤交接箱	ST 耦合器	1m 尾纤	2m SC/ST 双芯跳线
合计									

建筑物（二）语音系统层管理间设备配置表

楼层	语音点	1U 110 型 200 对配线架	1U 110 型 100 对配线架	1U 110 型 理线架	110 型 对插头/个	软跳线
合计						

第四部分　练　习　页

（1）综合布线管理间中的机柜分为几部分？每一部分安装什么设备？

（2）综合布线管理间机柜的语音点区有一个 S110 配线面板，该配线区分为两部分。一部分是来自语音点用户的双绞线缆；另一部分是_____，用来连接公共电话网络。

　　A．4 对五类非屏蔽双绞线电缆　　　B．62.5/125μm 多模光纤光缆

　　C．25 对大对数线　　　　　　　　D．50/125μm 多模光纤光缆

（3）综合布线管理间子系统应有良好的标记系统，如建筑物名称、建筑物面积、区号、起始点和功能等标志。综合布线系统使用了 3 种标记：_____、_____和_____，其中_____最常用。

第五部分　任　务　评　价

评价项目	项目评价内容	分值	自我评价	小组评价	教师评价	得分
理论知识	① 综合布线系统管理间子系统的划分原则	5				
	② 综合布线系统管理间子系统的设计步骤	5				
	③ 综合布线系统管理间子系统设计的需求分析的内容	5				
	④ 综合布线系统管理间数量和面积的确定的方法	5				
	⑤ 管理间电源要求，门、环境的要求	5				
实操技能	① 铜缆布线管理子系统设计	20				
	② 光缆布线管理子系统设计	25				
安全文明生产	① 安全、文明操作	5				
	② 有无违纪与违规现象	5				
	③ 良好的职业操守	5				
学习态度	① 不迟到、不缺课、不早退	5				
	② 学习认真，责任心强	5				
	③ 积极参与完成项目的各个步骤	5				
总　计　得　分						

任务七　综合布线垂直子系统设计

综合布线垂直子系统设计是综合布线系统设计的一个环节。通过此任务的学习，可以了解综合布线垂直子系统的划分依据；掌握垂直子系统的设计内容、方法和步骤；能完成综合布线垂直子系统的设计。

问题引导

（1）综合布线垂直子系统是如何划分的？

（2）如何进行综合布线垂直子系统设计？

（3）如何确定干线线缆类型及线对？

（4）如何选择垂直子系统路径？

（5）如何选择垂直子系统干线线缆的端接方式？

（6）如何确定干线子系统的通道规模？

提示：学生可以通过到图书馆查阅相关图书，上网搜索相关资料或询问相关在职人员。

任务描述

本任务要求学生在学习、收集相关资料基础上了解综合布线系统的应用，了解综合布线垂直子系统的划分依据；掌握综合布线垂直子系统的设计内容、方法和步骤；完成垂直子系统的设计。任务描述如下表所示。

学习目标	（1）了解综合布线垂直子系统的划分方法和原则； （2）能确定干线线缆类型及线对； （3）能确定垂直子系统的路径； （4）能选择垂直子系统干线线缆的端接方式； （5）能确定干线子系统通道规模
任务要求	以校园综合布线系统的设计为例，完成综合布线垂直子系统设计。 ①进行需求分析，与用户进行充分的技术交流和了解建筑物用途； ②确定管理间的位置和信息点的数量； ③确定每条垂直系统布线的路径； ④确定布线材料规格和数量，填写材料规格和数量统计表； ⑤完成综合布线垂直子系统设计
注意事项	（1）工具仪器按规定摆放； （2）参观综合布线系统注意安全； （3）注意实训室的卫生
建议学时	4 学时

第一部分　任务学习引导

7.1　综合布线垂直子系统的划分原则

垂直干线子系统是综合布线系统中用于连接各配线室，以实现计算机设备、交换机、控制中心与各管理子系统之间的连接。它主要包括主干传输介质和与介质终端连接的硬件设备。垂直子系统应由设备间的配线设备和跳线以及设备间至各楼层配线间的连接电缆组成。

垂直子系统的任务是通过建筑物内部的传输电缆，把各个服务接线间的信号传送到设备间，直到传送到最终接口，再通往外部网络。

垂直子系统的结构通常是星型结构。

垂直子系统包括以下内容。

（1）供各条干线接线间之间的电缆走线用的竖向或横向通道。

（2）主设备间与计算机中心间的电缆。

7.2 综合布线垂直子系统设计要点

综合布线垂直子系统的设计要点包含以下几点。

（1）确定每层楼和整座楼的干线要求。

在确定垂直子系统所需要的电缆总对数之前，必须确定电缆中语音和数据信号的共享原则。对于基本型每个工作区可选定两对双绞线，对于增强型每个工作区可选定 3 对双绞线，对于综合型每个工作区可在基本型或增强型的基础上增设光缆系统。

（2）确定从楼层到设备间的干线电缆路由。

布线走向应选择干线电缆最短，确保人员安全和最经济的路由。建筑物有两大类型的通道，封闭型和开放型，宜选择带门的封闭型通道敷设干线电缆。封闭型通道是指一连串上下对齐的交接间，每层楼都有一间，电缆竖井、电缆孔、管道、托架等穿过这些房间的地板层。每个交接间通常还有一些便于固定电缆的设施和消防装置。开放型通道是指从建筑物的地下室到楼顶的一个开放空间，中间没有任何楼板隔开。通风通道或电梯通道，不能敷设干线子系统电缆。

（3）确定使用光缆还是双绞线。

主干线是选用铜缆还是光缆，应根据建筑物的业务流量和有源设备的档次来确定。主干布线通常应当采用光缆，如果主干距离不超过 100m，并且网络设备主干连接采用 1000Base-T 端口接口时，从节约成本的角度考虑，可以采用 8 芯六类双绞线作为网络主干。

（4）确定干线接线间的接合方法。

干线电缆通常采用点对点端接，也可采用分支递减端接或电缆直接连接方法。点对点端接是最简单、最直接的接合方法，干线与系统每根干线电缆直接延伸到指定的楼层和交接间。分支递减端接是指使用一根大对数电缆作为主干，经过电缆接头保护箱分出若干根小电缆，分别延伸到每个交接间或每个楼层。当一个楼层的所有水平端接都集中在干线交接间或二级交接间太小时，在干线交接间完成端接时使用电缆直接连接方法。

（5）确定干线线缆的长度。

干线子系统应由设备间子系统、管理子系统和水平子系统的引入口设备之间的相互连接电缆组成。

（6）确定敷设附加横向电缆时的支撑结构。

综合布线系统中的垂直干线子系统并非一定是垂直布置的。从概念上讲它是楼群内的主干通信系统。在某些特定环境中，如在低矮而又宽阔的单层平面的大型厂房中，干线子系统就是平面布置的。它同样起着连接各配线间的作用。而且在大型建筑物中，干线子系统可以由两级甚至更多级组成。

主干线敷设在弱电井内，移动、增加或改变比较容易。很显然，一次性安装全部主干线是不经济也是不可能的。通常分阶段安装主干线。每个阶段为 3~5 年，以适应不断增长和变化的业务需求。当然，每个阶段的长短还随使用单位的稳定性和变化而定。

7.3 综合布线垂直子系统设计

1. 设计步骤

综合布线垂直子系统设计的步骤一般是首先进行需求分析，与用户进行充分的技术交流和了解建筑物的用途，然后要认真阅读建筑物设计图，确定管理间的位置和信息点的数量；其次进行初步规划和设计，确定每条垂直系统的布线路径，最后进行确定布线材料规格和数量，列出材料规格和数量统计表。综合布线垂直子系统设计的一般工作流程如图 7-1 所示。

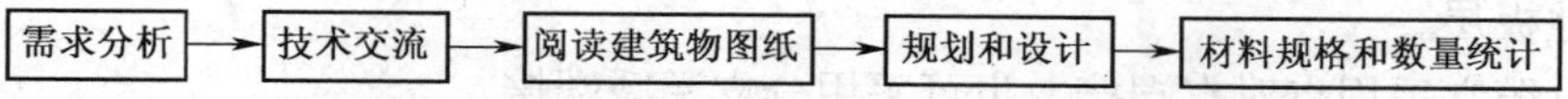

需求分析 → 技术交流 → 阅读建筑物图纸 → 规划和设计 → 材料规格和数量统计

图 7-1 综合布线垂直子系统设计的一般工作流程

2. 需求分析

需求分析是综合布线系统设计的首项重要工作，垂直子系统是综合布线系统工程中最重要的一个子系统，直接决定了每个信息点的稳定性和传输速度。综合布线垂直子系统主要涉及布线路径、布线方式和材料的选择，对后续水平子系统的施工是非常重要的。

需求分析首先按照楼层的高度进行，分析设备间到每个楼层管理间的布线距离、布线路径，逐步明确和确认垂直子系统的布线材料的选择。

3. 技术交流

在进行需求分析后，要与用户进行技术交流，这是非常必要的。不仅要与用户方的技术负责人交流，也要与项目或者行政负责人进行交流，进一步了解用户的需求，特别是未来的发展需求。在技术交流中重点了解每个房间或者工作区的用途、要求运行环境等因数。另外在交流过程中必须进行详细的书面记录，每次交流结束后要及时整理书面记录，这些书面记录是初步设计的依据。

4. 阅读建筑物设计图

索取和认真阅读建筑物设计图是不能省略的程序，通过阅读建筑物设计图掌握建筑物的土建结构、强电路径以及弱电路径，重点掌握在综合布线路径上的电器设备、电源插座、暗埋管线等。在阅读设计图时，应进行记录或者标记，有助于将网络竖井设计在合适的位置，避免强电或者电器设备对网络综合布线系统产生较大影响。

5. 综合布线垂直子系统的规划和设计

综合布线垂直子系统的线缆直接连接着几十或几百个用户，因此一旦干线电缆发生故障，则影响巨大。为此，必须十分重视干线子系统的设计工作。

根据综合布线的标准及规范，应按下列设计要点进行垂直子系统的设计工作。

（1）确定干线线缆的类型及线对。

综合布线垂直子系统的线缆主要有铜缆和光缆两种类型，具体选择要根据布线环境的限制和用户对综合布线系统设计等级的考虑。计算机网络系统的主干线缆可以选用 4 对双绞线电缆或 25 对大对数电缆或光缆，电话语音系统的主干电缆可以选用三类大对数双绞线电缆，有线电视系统的主干电缆一般采用 75Ω 同轴电缆。主干电缆的线对要根据水平布线的线缆对数以及应用系统的类型来确定。

综合布线垂直子系统所需要的电缆总对数和光缆总芯数，应满足工程的实际需求，并留有适当的备份容量。主干缆线宜设置电缆与光缆，并互相作为备份路由。

（2）综合布线垂直子系统路径的选择。

综合布线垂直子系统主干缆线应选择最短、最安全和最经济的路由。路由的选择要根据建筑物的结构以及建筑物内预留的电缆孔、电缆井等通道位置而决定。建筑物内有两大类型的通道：封闭型和开放型。宜选择带门的封闭型通道敷设干线线缆。开放型通道是指从建筑物的地下室到楼顶的一个开放空间，中间没有任何楼板隔开。封闭型通道是指一连串上下对齐的空间，每层楼都有一间，电缆竖井、电缆孔、管道电缆、电缆桥架等穿过这些房间的地板层。

主干电缆宜采用点对点端接，也可采用分支递减端接。

如果电话交换机和计算机主机设置在建筑物内不同的设备间，宜采用不同的主干电缆来分别满足语音和数据的需要。

在同一层若干管理间（电信间）之间宜设置干线路由。

（3）线缆容量配置。

主干电缆和光缆所需的容量要求及配置应符合以下规定。

① 对语音业务，大对数主干电缆的对数应按每一个电话8位模块通用插座配置1对线，并在总需求线对的基础上至少预留约10%的备用线对。

② 对于数据业务应以集线器（Hub）或交换机（SW）群（按4个Hub或SW组成1群），或以每个Hub或SW设备设置1个主干端口配置。每1个群网络设备或每4个网络设备宜考虑1个备份端口。主干端口为电端口时，应按4对线容量；为光端口时则按2芯光缆容量配置。

③ 当工作区至电信间的水平光缆延伸至设备间的光配线设备（BD/CD）时，主干光缆的容量应包括所延伸的水平光缆的容量在内。

④ 建筑物与建筑群配线设备处各类设备缆线和跳线的配备宜符合如下规定。

设备缆线和各类跳线宜按计算机网络设备的使用端口容量和电话交换机的实装容量、业务的实际需求或信息点总数的比例进行配置，比例范围为25%～50%。

各配线设备跳线可按以下原则选择与配置。

电话跳线宜按每根1对或2对对绞电缆容量配置，跳线两端连接插头采用IDC或RJ-45型。

数据跳线宜按每根4对对绞电缆配置，跳线两端连接插头采用IDC或RJ-45型。

光纤跳线宜按每根1芯或2芯光纤配置，光跳线连接器件采用ST、SC或SFF型。

（4）垂直子系统缆线敷设保护方式及要求。

① 缆线不得布放在电梯或供水、供气、供暖管道竖井中，缆线不应布放在强电竖井中。

② 电信间、设备间、进线间之间的干线通道应沟通。

（5）垂直子系统干线线缆的交接。

为了便于综合布线的路由管理，干线电缆、干线光缆布线的交接不应多于两次。从楼层配线架到建筑群配线架之间只应通过一个配线架，即建筑物配线架（在设备间内）。当综合布线只用一级干线布线进行配线时，放置干线配线架的二级交接间可以并入楼层配线间。

（6）垂直子系统干线线缆的端接。

干线电缆可采用点对点端接，也可采用分支递减端接以及电缆直接连接。点对点端接是最简单、最直接的接合方法，如图 7-2 所示。干线子系统每根干线电缆直接延伸到指定的楼层配线管理间或二级交接间。分支递减端接是用一根足以支持若干个楼层配线管理间或若干个二级交接间的通信容量的大容量干线电缆，经过电缆接头交接箱分出若干根小电缆，再分别延伸到每个二级交接间或每个楼层配线管理间，最后端接到目的地的连接硬件上，如图 7-3 所示。

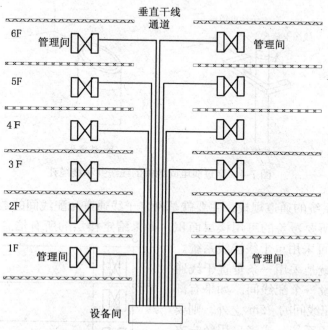

图 7-2　干线电缆点至点端接方式

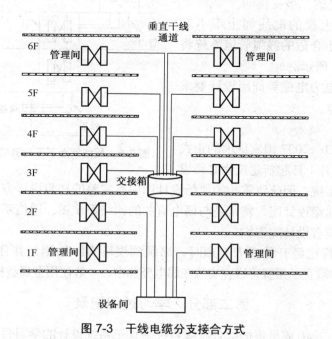

图 7-3　干线电缆分支接合方式

（7）确定干线子系统通道的规模。

垂直子系统是建筑物内的主干电缆。在大型建筑物内，通常使用的干线子系统通道是由一连串穿过配线间地板且垂直对准的通道组成，穿过弱电间地板的线缆井和线缆孔，如图7-4所示。

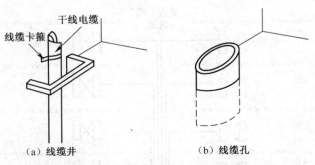

（a）线缆井　　　　　　　　　　（b）线缆孔

图 7-4　穿过弱电间地板的线缆井和线缆孔

确定干线子系统的通道规模，主要就是确定干线通道和配线间的数量。确定的依据就是综合布线系统所要覆盖的可用楼层面积。如果给定楼层的所有信息插座都在配线间的

75m 之内，那么可采用单干线接线系统。单干线接线系统就是采用一条垂直干线通道，每个楼层只设一个配线间。如果有部分信息插座超出配线间的 75m 之外，则要采用双通道干线子系统，或者采用经分支电缆与设备间相连的二级交接间。

如果同一幢大楼的配线间上下不对齐，则可采用大小合适的线缆管道系统将其连通，如图7-5所示。

（8）缆线与电力电缆等间距设计要求参照任务五的内容。

6. 图纸设计

随着 GB50311—2007 国家标准的正式实施，2007 年 10 月 1 日起新建筑物必须设

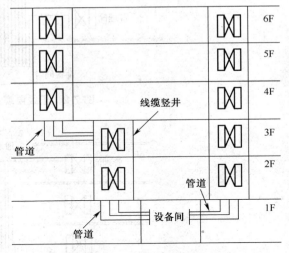

图 7-5　配线间上下不对齐时的双干线电缆通道

计网络综合布线系统，因此建筑物的原始设计图中有完整的初步设计方案和网络系统图。必须认真研究和读懂设计图，特别是与弱电有关的网络系统图、通信系统图、电气图等，虚心向项目经理或者设计院咨询。

如果土建工程已经开始或者封顶时，必须到现场实际勘测，并且与设计图对比。新建建筑物的垂直子系统管线宜安装在弱电竖井中，一般使用金属线槽或者 PVC 线槽。

第二部分　学习过程记录

将学生分组，小组成员根据综合布线系统垂直子系统设计的学习目标，认真学习相关

知识，并将学习过程的内容（要点）进行记录，同时也将学习中存在的问题和意见进行记录，填写下面的表单。

学习情境	综合布线系统设计		任务	综合布线垂直子系统设计	
班级		组名		组员	
开始时间		计划完成时间		实际完成时间	
综合布线系统垂直子系统划分原则					
综合布线系统垂直子系统设计					
存在问题及意见反馈					

第三部分 工 作 页

（1）与用户进行技术交流，了解建筑物用途。

确定管理间的位置和信息点的数量，确定每条垂直系统的布线路径，并记录如下：

（2）确定布线材料规格和数量，列出材料规格和数量统计表。

主干光缆长度的统计如下。

建筑物（一）数据主干光缆长度统计表

楼　　层	层　　高	6芯多模室内光缆根数	6芯多模室内光缆长度/m
合计			

建筑物（二）音频主干电缆长度统计表

楼　　层	层　　高	五类25对大对数根数	五类25对大对数长度/m
合计			

备注：每标准UTP25对电缆轴为1000ft（305m）；400m÷305m=1.31轴，订2轴。

（3）完成综合布线系统垂直子系统设计，利用 Microsoft Visio 2003 绘制垂直干线子系统设计图。

第四部分 练 习 页

垂直干线子系统的设计范围是什么？一般应怎样布线？

第五部分 任 务 评 价

评价项目	项目评价内容	分值	自我评价	小组评价	教师评价	得分
理论知识	① 综合布线系统垂直子系统的划分方法和原则	5				
	② 干线电缆的类型及线对	5				
	③ 综合布线系统垂直子系统的路径	5				
	④ 综合布线系统垂直子系统干线线缆的端接方式	5				
	⑤ 综合布线系统干线子系统通道规模	5				
实操技能	① 综合布线系统干线电缆的类型及线对的确定	8				
	② 综合布线系统垂直子系统路径的选择	8				
	③ 综合布线系统垂直子系统干线电缆的交接	8				
	④ 综合布线系统垂直子系统干线线缆的端接	8				
	⑤ 综合布线系统垂直子系统干线子系统通道规模	5				
	⑥ 图纸设计	8				
安全文明生产	① 安全、文明操作	5				
	② 有无违纪与违规现象	5				
	③ 良好的职业操守	5				
学习态度	① 不迟到、不缺课、不早退	5				
	② 学习认真，责任心强	5				
	③ 积极参与完成项目的各个步骤	5				
总 计 得 分						

任务八　综合布线系统设备间子系统设计

　　综合布线系统设备间子系统设计是综合布线系统设计的一个环节。通过此任务的学习，学生可以熟悉设备间子系统的用途；掌握设备间对接地、连接设施、保护装置提供控制环境的要求，对门窗、天花板、电源、照明的要求等；可以完成设备间子系统的设计。

问题引导

　　(1) 什么是综合布线设备间子系统？
　　(2) 如何进行综合布线设备间子系统设计？
　　(3) 如何选择设备间的位置？
　　(4) 如何根据布线设备的情况来选择设备间的面积？
　　(5) 应该选择怎样的环境建筑作为设备间？
　　(6) 设备间设备安装过程中必须考虑设备的接地，设备间有哪些接地要求？
　　提示：学生可以通过到图书馆查阅相关图书，上网搜索相关资料或询问相关在职人员。

任务描述

　　本任务要求学生在学习、收集相关资料基础上了解设备间的环境要求、接地要求，能根据实际情况选择设备间的位置，完成设备间的设计。任务描述如下表所示。

学习目标	(1) 了解综合布线设备间子系统的概念； (2) 能确定设备间的位置； (3) 能根据布线设备的情况来选择设备间的面积； (4) 能完成综合布线系统设备间子系统的设计
任务要求	以校园综合布线系统的设计为例，完成综合布线系统设备间子系统设计。 (1) 根据用户方的要求及现场情况具体确定设备间的最终位置； (2) 设备间面积的确定； (3) 设备间内的线缆敷设方式的确定； (4) 完成设备间子系统设计
注意事项	(1) 工具仪器按规定摆放； (2) 参观综合布线系统注意安全； (3) 注意实训室的卫生
建议学时	4学时

第一部分　任务学习引导

8.1　综合布线系统设备间子系统的基本概念

设备间子系统是一个集中化设备区，连接系统公共设备，并通过垂直干线子系统连接至管理子系统，如局域网（LAN）、主机、建筑自动化和保安系统等。

设备间子系统是大楼中数据、语音垂直主干线缆终接的场所；也是建筑群的线缆进入建筑物终接的场所；更是各种数据语音主机设备及保护设施的安装场所，如图 8-1 所示。设备间一般设在建筑物中部或在建筑物的一、二层，应避免设在顶层或地下室，位置不应远离电梯，而且应为以后的扩展留下余地。建筑群的线缆进入建筑物时应有相应的过电流、过电压保护设施。

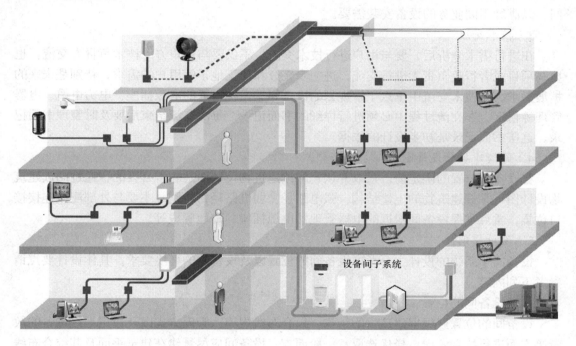

设备间子系统

图 8-1　设备间示意图

设备间子系统的空间要按 ANSL/TLA/ELA-569 的要求进行设计。设备间子系统的空间用于安装电信设备、连接硬件、接头套管等，为接地、连接设施、保护装置提供控制环境，是系统进行管理、控制、维护的场所。设备间子系统的空间对门窗、天花板、电源、照明、接地等也有一定的要求。

设备间的主要设备有数字程控交换机、计算机等，对于设备间的使用面积，必须有一个全面的考虑。

8.2　综合布线系统设备间子系统的设计要点

设备间子系统的设计要点如下。

（1）设备间内的所有进线终端设备宜采用色标区别各类用途的配线区。

（2）设备间位置及大小应根据设备的数量、规模、最佳网络中心等内容，综合考虑确定。

8.3 综合布线系统设备间子系统的设计

1. 设计步骤

设计人员应与用户方一起商量，根据用户方的要求及现场情况具体确定设备间的最终位置。只有确定了设备间位置后，才可以设计综合布线的其他子系统，因此进行用户需求分析时，确定设备间位置是一项重要的工作内容。

2. 需求分析

设备间子系统是综合布线的精髓，设备间的需求分析围绕整个建筑物的信息点数量、设备的数量、规模、网络构成等进行，每幢建筑物内应至少设置一个设备间，电话交换机与计算机网络设备分别安装在不同的场地，或根据安全需要也可设置 2 个或 2 个以上设备间，以满足不同业务的设备安装需要。

3. 技术交流

在进行需求分析后，要与用户进行技术交流，不仅要与用户方的技术负责人交流，也要与项目或者行政负责人进行交流，进一步充分和广泛地了解用户的需求，特别是未来的扩展需求。在技术交流中重点了解规划的设备间子系统附近的电源插座、电力电缆、电器管理等情况。在交流过程中必须进行详细的书面记录，每次交流结束后要及时整理书面记录，这些书面记录是初步设计的依据。

4. 阅读建筑物设计图

在设备间位置的确定前，索取并认真阅读建筑物设计图是非常必要的，通过阅读建筑物设计图可掌握建筑物的土建结构、强电路径、弱电路径，特别是主要与外部配线连接接口位置，重点掌握设备间附近的电器管理、电源插座、暗埋管线等。

5. 设计原则

设备间子系统的设计主要考虑设备间的位置以及设备间的环境要求。具体设计要点请参考下列内容。

(1) 设备间的位置。

设备间的位置应根据建筑物的结构、综合布线规模、管理方式以及应用系统设备的数量等方面进行综合考虑，择优选取。一般而言，设备间应尽量建在建筑平面及其综合布线干线综合体的中间位置。在高层建筑内，设备间也可以设置在一、二层。

确定设备间的位置可以参考以下设计规范。

① 应尽量建在综合布线干线子系统的中间位置，并尽可能靠近建筑物的电缆引入区和网络接口，以方便干线线缆的进出。

② 应尽量避免建在建筑物的高层、地下室或用水设备的下层。

③ 应尽量远离强振动源和强噪声源。

④ 应尽量避开强电磁场的干扰。

⑤ 应尽量远离有害气体源以及易腐蚀、易燃、易爆物。

⑥ 应便于接地装置的安装。

(2) 设备间的面积。

设备间的面积要考虑所有设备的安装面积，还要考虑预留工作人员管理操作设备的地方。设备间的面积可按照下述两种方法之一来确定。

① 已知 Sb 为综合布线有关的并安装在设备间内的设备所占面积（m^2）；S 为设备间的使用总面积（m^2），那么

$$S=(5\sim7)\sum Sb$$

② 当设备尚未选型时，则设备间使用总面积 S 为

$$S=KA$$

式中，A 为设备间的所有设备台（架）的总数，

K 为系数，取值 $(4.5\sim5.5)$ m^2/台（架）。

设备间最小使用面积不得小于 $20m^2$。

（3）建筑结构。

设备间的建筑结构主要依据设备大小、设备搬运以及设备重量等因素而设计。设备间的高度一般为 $2.5\sim3.2m$。设备间门的大小至少为高 $2.1m$，宽 $1.5m$。

设备间的楼板承重设计一般分为两级：A 级 $\geqslant500kg/m^2$；B 级 $\geqslant300kg/m^2$。

（4）设备间的环境要求。

设备间内安装了计算机、计算机网络设备、电话程控交换机、建筑物自动化控制设备等硬件设备。这些设备的运行需要相应的温度、湿度、供电、防尘等要求。设备间内的环境设置可以参照国家计算机用房设计标准《GB50174—1993 电子计算机机房设计规范》、程控交换机的《CECS09：89 工业企业程控用户交换机工程设计规范》等相关标准及规范。

① 温湿度。综合布线有关设备的温湿度要求可分为 A、B、C 三级，设备间的温湿度也可参照 3 个级别进行设计，3 个级别的具体要求如表 8-1 所示。

表 8-1　　　　　　　　　　　　　　　设备间温湿度要求

项　目	A 级	B 级	C 级
温度（℃）	夏季：22±4 冬季：18±4	12～30	8～35
相对湿度	40%～65%	35%～70%	20%～80%

设备间的温湿度控制可以通过安装降温或加温、加湿或除湿功能的空调设备来实现控制。选择空调设备时，南方地区主要考虑降温和除湿功能；北方地区要全面具有降温、升温、除湿、加湿功能。空调的功率主要根据设备间的大小及设备多少而定。

② 尘埃。设备间内的电子设备对尘埃要求较高，尘埃过高会影响设备的正常工作，降低设备的使用寿命。设备间的尘埃指标一般可分为 A、B 二级，详见表 8-2。

表 8-2　　　　　　　　　　　　　　　设备间尘埃指标要求

项　目	A 级	B 级
粒度（μm）	>0.5	>0.5
个数（粒/dm³）	<10 000	<18 000

要降低设备间的尘埃度关键在于定期的清扫灰尘，工作人员进入设备间应更换干净的

鞋具。

③ 空气。设备间内应保持空气的洁净，具有良好的防尘措施，并防止有害气体侵入。允许有害气体限值见表 8-3。

表 8-3　　　　　　　　　　　　　　　　　有害气体限值

有害气体/（mg/m³）	二氧化硫（SO_2）	硫化氢（H_2S）	二氧化氮（NO_2）	氨（NH_3）	氯（Cl_2）
平均限值	0.2	0.006	0.04	0.05	0.01
最大限值	1.5	0.03	0.15	0.15	0.3

④ 照明。为了方便工作人员在设备间内操作设备和维护相关综合布线器件，设备间内必须安装足够照明度的照明系统，并配置应急照明系统。设备间内距地面 0.8m 高度处，照明度不应低于 200lx。设备间配备的事故应急照明，在距地面 0.8m 高度处，照明度不应低于 5lx。

⑤ 噪声。为了保证工作人员的身体健康，设备间内的噪声应小于 70dB。如果长时间在 70～80dB 噪声的环境下工作，不但影响人的身心健康和工作效率，还可能造成人为的噪声事故。

⑥ 电磁场干扰。根据综合布线系统的要求，设备间无线电干扰的频率应在 0.15～1000MHz 内，噪声不大于 120dB，磁场干扰场强不大于 800A/m。

⑦ 供电系统。设备间供电电源应满足以下要求。

频率为 50Hz；

电压为 220V/380V；

相数为三相五线制或三相四线制/单相三线制。

设备间供电电源允许变动范围详见表 8-4。

表 8-4　　　　　　　　　　　　　设备间供电电源允许变动的范围

项　目	A 级	B 级	C 级
电压变动	−5%　～+5%	−10%　～+7%	−15%～+10%
频率变动	−0.2%　～　+0.2%	−0.5%　～+0.5%	−1～+1
波形失真率	<±5%	<±7%	<±10%

根据设备间内设备的使用要求，设备要求的供电方式分为 3 类。

a．需要建立不间断供电系统。

b．需建立带备用的供电系统。

c．按一般用途供电考虑。

（5）设备间的设备管理。

设备间内的设备种类繁多，而且线缆敷设复杂。为了管理好各种设备及线缆，设备间内的设备应分类分区安装，设备间内所有进出线装置或设备应采用不同色标，以区别各类用途的配线区，方便线路的维护和管理。

（6）安全分类。

设备间的安全分为 A、B、C 3 个类别，具体规定详见表 8-5。

表 8-5　　　　　　　　　　　　　　　设备间的安全要求

安 全 项 目	A 类	B 类	C 类
场地选择	有要求或增加要求	有要求或增加要求	无要求
防火	有要求或增加要求	有要求或增加要求	有要求或增加要求
内部装修	要求	有要求或增加要求	无要求
供配电系统	要求	有要求或增加要求	有要求或增加要求
空调系统	要求	有要求或增加要求	有要求或增加要求
火灾报警及消防设施	要求	有要求或增加要求	有要求或增加要求
防水	要求	有要求或增加要求	无要求
防静电	要求	有要求或增加要求	无要求
防雷击	要求	有要求或增加要求	无要求
防鼠害	要求	有要求或增加要求	无要求
电磁波的防护	有要求或增加要求	有要求或增加要求	无要求

A 类：对设备间的安全有严格的要求，设备间有完善的安全措施。

B 类：对设备间的安全有较严格的要求，设备间有较完善的安全措施。

C 类：对设备间的安全有基本的要求，设备间有基本的安全措施。

根据设备间的要求，设备间的安全可按某一类执行，也可按某些类综合执行。综合执行是指一个设备间的某些安全项目可按不同的安全类型执行。例如，某设备间按照安全要求可选防电磁干扰为 A 类，火灾报警及消防设施为 B 类。

（7）结构防火。

为了保证设备使用的安全，设备间应安装相应的消防系统，并配备防火防盗门。

安全级别为 A 类的设备间，其耐火等级必须符合《GB 50045—1995 高层民用建筑设计防火规范》中规定的一级耐火等级。

安全级别为 B 类的设备间，其耐火等级必须符合《GB 50045—1995 高层民用建筑设计防火规范》中规定的二级耐火等级。

安全级别为 C 类的设备间，其耐火等级要求应符合《GBJ 16—1987 建筑设计防火规范》中规定的二级耐火等级。

与 C 类设备间相关的其余基本工作房间及辅助房间，其建筑物的耐火等级不应低于《建筑设计防火规范》中规定的三级耐火等级。与 A、B 类安全设备间相关的其余基本工作房间及辅助房间，其建筑物的耐火等级不应低于《建筑设计防火规范》中规定的二级耐火等级。

（8）火灾报警及灭火设施。

安全级别为 A、B 类的设备间内应设置火灾报警装置。在机房内、基本工作房间、活动地板下、吊顶上方及易燃物附近都应设置烟感和温感探测器。

A 类设备间内设置二氧化碳（CO_2）自动灭火系统，并备有手提式二氧化碳（CO_2）灭火器。

B 类设备间内在条件许可的情况下，应设置二氧化碳自动灭火系统，并备有手提式二氧化碳灭火器。

C 类设备间内应备有手提式二氧化碳灭火器。

A、B、C 类设备间除纸介质等易燃物质外，禁止使用水、干粉或泡沫等易产生二次破坏的灭火器。

为了在发生火灾或意外事故时方便设备间工作人员迅速向外疏散，对于规模较大的建筑物，在设备间或机房应设置直通室外的安全出口。

（9）接地要求。

在设备间的设备安装过程中必须考虑设备的接地。根据综合布线相关规范要求，接地要求如下。

① 直流工作接地电阻一般要求不大于 4Ω，交流工作接地电阻也不应大于 4Ω，防雷保护接地电阻不应大于 10Ω。

② 建筑物内部应设有一套网状接地网络，保证所有设备共同的参考等电位。如果综合布线系统单独设置接地系统，且能保证与其他接地系统之间有足够的距离，则接地电阻值规定为 ≤4Ω。

③ 为了获得良好的接地，推荐采用联合接地方式。所谓联合接地方式就是将防雷接地、交流工作接地、直流工作接地等统一接到共用的接地装置上。当综合布线采用联合接地系统时，通常利用建筑钢筋作为防雷接地引下线，而接地体一般利用建筑物基础内钢筋网作为自然接地体，使整幢建筑的接地系统组成一个笼式的均压整体。联合接地电阻要求 ≤1Ω。

④ 接地所使用的铜线电缆规格与接地的距离有直接关系，一般接地距离在 30m 以内，接地导线采用直径为 4mm 的带绝缘套的多股铜线缆。接地铜缆规格与接地距离的关系可以参见表 8-6。

表 8-6　　　　　　　　　接地铜线电缆规格与接地距离的关系

接地距离（m）	接地导线直径（mm）	接地导线截面积（mm^2）
小于 30	4.0	12
30～48	4.5	16
48～76	5.6	25
76～106	6.2	30
106～122	6.7	35
122～150	8.0	50
151～300	9.8	75

（10）内部装饰。

设备间装修材料使用符合 TJ16—1987《建筑设计防火规范》中规定的难燃材料或阻燃材料，应能防潮、吸音、不起尘、抗静电等。

① 地面。为了方便敷设电缆线和电源线，设备间的地面最好采用抗静电活动地板，其系统电阻应在 $1.0 \times 10^5 \sim \times 10^{10}\Omega$。具体要求应符合国家标准《GB 6650—1986 计算机机房用地板技术条件》。

带有走线口的活动地板为异型地板。其走线口应光滑，防止损伤电线、电缆。设备间地面所需异形地板的块数由设备间所需引线的数量来确定。设备间地面切忌铺毛制地毯，因为毛制地毯容易产生静电，而且容易产生积灰。放置活动地板的设备间的建筑地面应平整、光洁、防潮、防尘。

② 墙面。墙面应选择不易产生灰尘，也不易吸附灰尘的材料。目前大多数是在平滑的墙壁上涂阻燃漆，或在墙面上覆盖耐火的胶合板。

③ 顶棚。为了吸音及布置照明灯具，一般在设备间顶棚下加装一层吊顶。吊顶材料应满足防火要求。目前，我国大多数采用铝合金或轻钢作龙骨，安装吸音铝合金板、阻燃铝塑板以及喷塑石英板等。

④ 隔断。根据设备间放置的设备及工作需要，可用玻璃将设备间隔成若干个房间。隔断可以选用防火的铝合金或轻钢作龙骨，安装 10mm 厚玻璃，或从地板面至 1.2m 处安装难燃双塑板，1.2m 以上安装 10mm 厚的玻璃。

6. 设备间内的线缆敷设

（1）活动地板方式。

这种方式是缆线在活动地板下的空间敷设，由于地板下的空间大，因此电缆容量和条数多，路由可自由选择和变动，可节省电缆费用，缆线的敷设和拆除均简单方便，能适应线路的增减变化，具有较高的灵活性，便于维护管理。但造价较高，会减少房屋的净高，对地板表面材料也有一定的要求，如耐冲击性、耐火性、抗静电以及稳固性等。

（2）地板或墙壁内沟槽方式。

这种方式是缆线在建筑中预先建成的墙壁或地板内沟槽中敷设，沟槽的断面尺寸大小应根据缆线终期容量来设计，上面设置盖板保护。这种方式的造价较活动地板低，便于施工和维护，也有利于扩建，但沟槽设计和施工必须与建筑设计和施工同时进行，在配合协调上较为复杂。沟槽方式是在建筑过程中预先制成，因此在使用中会受到限制，缆线路由不能自由选择和变动。

（3）预埋管路方式。

这种方式是在建筑的墙壁或楼板内预埋管路，其管径和根数根据缆线的需要来设计。穿放缆线比较容易，维护、检修和扩建均有利，造价低廉，技术要求不高，是一种最常用的方式。但预埋管路必须在建筑施工中进行，缆线路由受管路限制，不能变动，所以使用中会受到一些限制。

（4）机架走线架方式。

这种方式是在设备（机架）上沿墙安装走线架（或槽道）的敷设方式，走线架和槽道的尺寸根据缆线需要设计，且不受建筑的设计和施工限制，可以在建成后安装，便于施工和维护，也有利于扩建。机架上安装走线架或槽道时，应结合设备的结构和布置来考虑，在层高较低的建筑中不宜使用。

第二部分　学习过程记录

将学生分组，小组成员根据综合布线系统设备间子系统设计的学习目标，认真学习相关知识，并将学习过程的内容（要点）进行记录，同时也将学习中存在的问题和意见进行记录，填写下面的表单。

学习情境	综合布线系统设计		任务	综合布线系统设备间子系统设计	
班级		组名		组员	
开始时间		计划完成时间		实际完成时间	
综合布线系统设备间子系统的基本概念					
综合布线系统设备间子系统的设计					
存在的问题及反馈意见					

第三部分 工 作 页

1. 通过与用户进行交流确定设备间的位置和面积等。

与用户进行技术交流，不仅要与用户方的技术负责人交流，也要与项目或者行政负责人进行交流，进一步了解用户的需求，特别是未来的扩展需求。重点了解规划的设备间子系统附近的电源插座、电力电缆、电器管理等情况。确定设备间的位置和面积，在交流过程中必须进行详细的书面记录，记录如下：

2. 设备间统计。

（1）计算机中心设备统计。

计算机中心设备统计表

序　号	种　类	数　量
1	19 英寸 24 口光纤交接箱	
2	19 英寸 48 口光纤交接箱	
3	ST 耦合器	
4	1m 尾纤	
5	2m SC/ST 双芯跳线	
6	36U 机柜	

（2）电话机房设备统计。

电话机房设备统计表

序　号	种　类	数　量
1	19 英寸 110 型 100 对配线架	
2	19 英寸 110 型 200 对配线架	
3	19 英寸 110 型理线架	
4	110 型 1 对插头	
5	1 对软跳线	
6	19 英寸机柜（36U）	

3. 利用 Microsoft Visio 2003 绘制设备间布线的图纸。

第四部分　练　习　页

（1）如果是综合布线系统专用的设备间，要求建筑设计中将其位置尽量安排在邻近_____和_____处，以减少建筑中的管线长度，保证不超过综合布线系统规定的电缆或光缆最大距离。

（2）设备间应采用＿＿＿＿＿＿＿，防止停电造成网络通信中断。

（3）为了方便表面敷设电缆线和电源线，设备间地面最好采用＿＿＿＿＿＿＿，其系统电阻应为 $1.0×10^5 \sim 1.0×10^{10}\Omega$。

（4）如何确定设备间的位置？

（5）如何根据实际情况确定设备间的面积大小？

（6）选择建筑物作为设备间对环境有哪些要求？

（7）设备间设备接地有哪些要求？

（8）简述设备间内部装饰的要求。

（9）简述设备间内的线缆敷设方式。

第五部分　任务评价

评价项目	项目评价内容	分值	自我评价	小组评价	教师评价	得分
理论知识	① 综合布线系统设备间子系统的基本概念	5				
	② 设备间的位置及大小的确定	5				
	③ 设备间的环境要求	5				
	④ 设备间线缆敷设方式的确定	10				
实操技能	① 根据用户方要求及现场情况具体确定设备间的最终位置	12				
	② 设备间面积的确定	11				
	③ 设备间内的线缆敷设方式的确定	10				
	④ 完成设备间子系统设计	12				
安全文明生产	① 安全、文明操作	5				
	② 有无违纪与违规现象	5				
	③ 良好的职业操守	5				
学习态度	① 不迟到、不缺课、不早退	5				
	② 学习认真，责任心强	5				
	③ 积极参与完成项目的各个步骤	5				
总 计 得 分						

任务九　综合布线系统建筑群子系统设计

综合布线系统建筑群子系统设计是综合布线系统设计的一个环节。通过此任务的学习，可以掌握进线间的设计内容、方法，掌握综合布线建筑群子系统设计的步骤和设计内容，能根据实际情况完成综合布线建筑群子系统设计。

问题引导

（1）如何选择进线间的位置？

（2）如何确定进线间的面积？

（3）进线间的入口管孔数量如何确定？

（4）如何对进线间的入口管道进行处理？

（5）如何进行综合布线建筑群子系统设计？

（6）如何选择综合布线建筑群子系统的线缆路由？如何选择建筑群系统布线线缆？

提示：学生可以通过到图书馆查阅相关图书，上网搜索相关资料或询问相关在职人员。

任务描述

本任务要求学生在学习、收集相关资料基础上了解进线间的设计内容、方法，学习综合布线建筑群子系统设计的步骤和设计内容，完成综合布线建筑群子系统的设计。任务描述如下表所示。

学习目标	（1）能根据实际环境条件确定进线间的位置； （2）能确定进线间的面积； （3）能确定进线间的入口管孔数量； （4）基本能确定综合布线建筑群子系统的线缆路由； （5）基本能进行综合布线建筑群子系统的设计
任务要求	以校园综合布线系统的设计为例，完成综合布线建筑群子系统设计。 （1）确定敷设现场的特点； （2）确定电缆系统的一般参数； （3）确定建筑物的电缆入口； （4）确定明显障碍物的位置； （5）确定主电缆路由和备用电缆路由； （6）选择所需电缆的类型和规格； （7）确定每种选择方案所需的劳务成本； （8）确定每种选择方案的材料成本； （9）选择最经济、最实用的设计方案
注意事项	（1）工具仪器按规定摆放； （2）参观综合布线系统注意安全； （3）注意实训室的卫生
建议学时	4 学时

第一部分　任务学习引导

综合布线建筑群子系统提供外部建筑物与大楼内布线的连接点。建筑群子系统由两个以上建筑物的电话、数据、监视系统组成一个建筑群综合布线系统，其连接各建筑物之间的缆线和配线设备，组成建筑群子系统。

9.1 综合布线建筑群子系统的设计要点

综合布线建筑群子系统应采用地下管道敷设方式，管道内敷设的铜缆或光缆应遵循电话管道和人孔的各项设计规定。此外安装时至少应预留 1～2 个备用管孔，以供扩充之用。建筑群子系统采用直埋沟内敷设时，如果在同一个沟内埋入了其他的图像、监控电缆，应设立明显的共用标志。

9.2 综合布线进线间子系统的设计

进线间是建筑物的外部通信和信息管线的入口部位，并可作为入口设施和建筑群配线设备的安装场地。由于光缆至大楼、至用户、至桌面的应用及容量日益增多，进线间因此显得尤为重要。

1. 进线间的位置

一般一所建筑物宜设置一个进线间，一般是提供给多家电信运营商和业务提供商使用，通常设在地下一层。外线宜从两个不同的路由引入进线间，有利于与外部管道的沟通。进线间与建筑物红外线范围内的入孔或手孔采用管道或通道的方式互连。

由于许多商用建筑物的地下一层的环境条件较好，可安装电缆、光缆的配线架设备及通信设施。对于不具备设置单独进线间，或入楼电缆、光缆数量及入口设施较少的建筑物，也可以在入口处采用挖地沟或使用较小的空间完成缆线的成端与盘长，入口设施则可安装在设备间，最好是单独地设置场地，以便功能区分。

2. 进线间面积的确定

进线间因涉及的因素较多，难以统一确定具体所需的面积，可根据建筑物的实际情况，并参照通信行业和国家的现行标准要求进行设计。

进线间应满足缆线的敷设路由、成端位置及数量、光缆的盘长空间和缆线的弯曲半径、充气维护设备、配线设备安装所需要的场地空间和面积。

进线间的大小应按进线间的进局管道最终容量及入口设施的最终容量来设计。同时应考虑满足多家电信业务经营商安装入口设施等设备对面积的要求。

3. 线缆配置要求

建筑群主干电缆和光缆、公用网和专用网电缆、光缆及天线馈线等室外缆线进入建筑物时，应在进线间成端转换成室内电缆、光缆，并在缆线的终端处可由多家电信业务经营商设置入口设施，入口设施中的配线设备应按引入的电、光缆容量配置。

电信业务运营商或其他业务服务商在进线间设置安装入口配线设备应与 BD（建筑物配线设备）或 CD（建筑群配线设备）之间敷设相应的连接电缆、光缆，实现路由互通。缆线类型与容量应与配线设备相一致。

4. 入口管孔的数量

进线间应设置管道入口。在进线间缆线入口处的管孔数量应留有充分的余量，以满足建筑物之间、建筑物弱电系统、外部接入业务及多家电信业务经营商和其他业务服务商缆线接入的需求，建议留有 2～4 孔的余量。

进线间入口管道口所有布放缆线和空闲的管孔应采取防火材料封堵，做好防水处理。

5. 进线间的设计

进线间宜靠近外墙和在地下设置，以便于缆线的引入。进线间的设计应符合下列规定。

（1）进线间应防止渗水，宜设有抽排水装置。

（2）进线间应与布线系统垂直竖井相通。

（3）进线间应采用相应防火级别的防火门，门向外开，宽度不小于 1 000mm。

（4）进线间应设置防有害气体的措施和通风装置，排风量按每小时不小于 5 次容积计算。

（5）进线间如安装配线设备和信息通信设施时，应符合设备安装设计的要求。

（6）与进线间无关的管道不宜通过。

6. 进线间入口管道处理

进线间入口管道所有布放缆线和空闲的管孔应采取防火材料封堵，做好防水处理。

9.3 综合布线建筑群子系统的设计

1. 设计步骤

（1）确定敷设现场的特点。包括确定整个工地的大小、工地的地界、建筑物的数量等。

（2）确定电缆系统的一般参数。包括确认起点、端接点位置、所涉及的建筑物、每座建筑物的层数、每个端接点所需的双绞线的对数、有多个端接点的每座建筑物所需的双绞线的总对数等。

（3）确定建筑物的电缆入口。

建筑物入口管道的位置应便于连接公用设备。根据需要可在墙上穿过一根或多根管道。

对于现有的建筑物，要确定各个入口管道的位置；每座建筑物有多少入口管道可供使用；入口管道的数量是否满足综合布线系统的需要。

如果入口管道不够用，则要确定在移走或重新布置某些电缆时是否能腾出某些入口管道；还不够用时应另装多少入口管道。

如果建筑物尚未建起，则要根据选定的电缆路由完善电缆系统的设计，并标出入口管道。建筑物入口管道的位置应便于连接公用设备、根据需要在墙上穿过一根或多根管道。查阅当地的建筑法规，了解对承重墙穿孔有无特殊要求。所有易燃材料（如聚丙烯管道、聚乙烯管道）应端接在建筑物的外面。外线电缆的聚丙烯护皮可以例外，只要其在建筑物内部的长度（包括多余电缆的卷曲部分）不超过 15cm。如果外线电缆延伸到建筑物内部的长度超过 15m，就应使用合适的电缆入口器材，在入口管道中填入防水和气密性很好的密封胶，如 B 型管道密封胶。

（4）确定明显障碍物的位置。包括确定土壤类型、电缆的布线方法、地下公用设施的位置、查清拟定的电缆路由沿线中各个障碍物的位置或地理条件、对管道的要求等。

（5）确定主电缆路由和备用电缆路由。包括确定可能的电缆结构、所有建筑物是否共用一根电缆，查清在电缆路由中哪些地方需要获准后才能通过、选定最佳的路由方案等。

（6）选择所需电缆的类型和规格。包括确定电缆长度、画出最终的结构图、画出所选定路由的位置和挖沟详图，确定入口管道的规格，选择每种设计方案所需的专用电缆，保证电缆能进入入口管道，应选择其规格和材料、规格、长度和类型等。

（7）确定每种选择方案所需的劳务成本。包括确定布线时间、计算总时间、计算每种设计方案的成本、总时间乘以当地的工时费以确定成本。

（8）确定每种选择方案的材料成本。包括确定电缆成本，所有支持结构的成本、所有支撑硬件的成本等。

（9）选择最经济、最实用的设计方案。把每种选择方案的各种成本加在一起，得到每种方案的总成本；比较各种方案的总成本，选择成本较低者；确定比较经济方案是否有重大缺点，以致抵消了经济上的优点。如果发生这种情况，应取消此方案，考虑经济性较好的设计方案。

2．需求分析

用户需求分析是方案设计的重要环节，设计人员要通过多次反复地与用户沟通详细掌握用户的具体需求情况。在建筑群子系统设计时进行需求分析的内容应包括工程的总体概况、工程各类信息点统计数据、各建筑物信息点分布情况、各建筑物平面设计图、现有系统的状况、设备间位置等。了解以上情况后，具体分析从一个建筑物到另一个的建筑物之间的布线距离、布线路径，逐步明确和确认布线方式和布线材料的选择。

3．技术交流

在进行需求分析后，要与用户进行技术交流，这是非常必要的。由于建筑群子系统往往覆盖整个建筑物群的平面，布线路径也经常与室外的强电线路、给（排）水管道、道路和绿化等项目线路有多次的交叉或者并行实施，因此不仅要与用户方的技术负责人交流，也要与项目或者行政负责人进行交流。在交流中重点了解每条路径上的电路、水路、气路的安装位置等详细信息。在交流过程中必须进行详细的书面记录，每次交流结束后要及时整理书面记录。

4．阅读建筑物设计图

建筑物主干布线子系统的缆线较多，且路由集中，是综合布线系统的重要骨干线路，认真阅读建筑物设计图是不能省略的程序，通过阅读建筑物设计图掌握建筑物的土建结构、强电路径、弱电路径，重点掌握在综合布线路径上的强电管道、给（排）水管道以及其他暗埋管线等。在阅读设计图时，应进行记录或者标记，正确处理建筑群子系统布线与电路、水路、气路和电器设备的直接交叉或者路径冲突问题。

5．建筑群子系统的规划和设计

建筑群子系统主要应用于多幢建筑物组成的建筑群综合布线场合，单幢建筑物的综合布线系统可以不考虑建筑群子系统。建筑群子系统的设计主要考虑布线路由选择、线缆选择、线缆布线方式等内容。建筑群子系统应按下列要求进行设计。

（1）考虑环境美化要求。建筑群主干布线子系统设计应充分考虑建筑群覆盖区域的整体环境的美化要求，建筑群干线电缆尽量采用地下管道或电缆沟敷设方式。因客观原因最后选用了架空布线方式的，也要尽量选用原已架空布设的电话线或有线电视电缆的路由，干线电缆与这些电缆一起敷设可以减少架空敷设的电缆线路。

（2）考虑建筑群未来发展需要。在线缆布线设计时，要充分考虑各建筑需要安装的信息点的种类、信息点的数量，选择相对应的干线电缆的类型以及电缆敷设方式，使综合布线系统建成后，保持相对稳定，能满足今后一定时期内各种新的信息业务发展需要。

（3）线缆路由的选择。考虑到节省投资，线缆路由应尽量选择距离短、线路平直的路由。但具体的路由还要根据建筑物之间的地形或敷设条件而定。在选择路由时，应考虑原有已铺设的地下各种管道，线缆在管道内应与电力线缆分开敷设，并保持一定间距。

（4）电缆引入要求。建筑群干线电缆、光缆进入建筑物时，都要设置引入设备，并在适当位置终端转换为室内电缆、光缆。引入设备应安装必要保护装置以达到防雷击和接地的要求。干线电缆引入建筑物时，应以地下引入为主，如果采用架空方式，应尽量采取隐蔽方式引入。

（5）干线电缆、光缆交接要求。建筑群的干线电缆、主干光缆布线的交接不应多于两次。从每幢建筑物的楼层配线架到建筑群设备间的配线架之间只应通过一个建筑物配线架。

（6）建筑群子系统布线线缆的选择。建筑群子系统敷设的线缆类型及数量由综合布线连接应用系统种类及规模来决定。一般来说，计算机网络系统常采用光缆作为建筑物布线线缆，在网络工程中，经常使用 62.5μm/125μm（62.5μm 是光纤纤芯的直径，125μm 是纤芯包层的直径）规格的多模光缆，有时也用 50μm/125μm 和 100μm/140μm 规格的多模光纤。户外布线距离大于 2km 时可选用单模光缆。

电话系统常采用三类大对数电缆作为布线线缆，类大对数双绞线是由多个线对组合而成的电缆，为了适合于室外传输，电缆还覆盖了一层较厚的外层皮。三类大对数双绞线根据线对数量分为 25 对、50 对、100 对、250 对、300 对等规格，要根据电话语音系统的规模来选择三类大对数双绞线相应的规格及数量。

有线电视系统常采用同轴电缆或光缆作为干线电缆。

（7）电缆线的保护。当电缆从一建筑物到另一建筑物时，要考虑易受到雷击、电源碰地、电源感应电压或地电压上升等因数，必须用保护这些线对。如果电气保护设备位于建筑物内部（不是对电信公用设施实行专门控制的建筑物），那么所有保护设备及其安装装备都必须有 UL 安全标记。

有些方法可以确定电缆是否容易受到雷击或电源的损坏，也可以知道有哪些保护器可以防止建筑物、设备和连线因火灾和雷击而遭毁坏。

当发生下列任何情况时，线路就被暴露在危险的境地。

雷击引起干扰；工作电压超过 300V 以上而引起电源故障；地电压上升到 300V 以上而引起电源故障；60Hz 感应电压值超过 300V。

如果出现上述所列的情况时就都应对其进行保护。除非下述任意一条件存在，否则电缆就有可能遭到雷击。

① 该地区每年遭受雷暴雨袭击的次数只有 5 天或更少，而且大地的电阻率小于 100Ω·m。

② 建筑物的直埋电缆小于 42m，而且电缆的连续屏蔽层在电缆的两端都接地。

③ 电缆处于已接地的保护伞之内，而此保护伞是由邻近的高层建筑物或其他高层结构所提供。

第二部分　学习过程记录

将学生分组，小组成员根据综合布线系统建筑群子系统设计的学习目标，认真学习相关知识，并将学习过程的内容（要点）进行记录，同时也将学习中存在的问题和意见总结进行记录，填写下面的表单。

学习情境	综合布线系统设计		任务		综合布线系统建筑群子系统设计	
班级		组名			组员	
开始时间		计划完成时间			实际完成时间	
综合布线系统进线间子系统的设计						
综合布线系统建筑群子系统的设计						
存在的问题及反馈意见						

第三部分 工 作 页

1. 综合布线系统进线间子系统的设计。

（1）认真阅读建筑物设计图，通过阅读建筑物设计图掌握建筑物的土建结构、强电路径、弱电路径，重点掌握在综合布线路径上的强电管道、给（排）水管道、其他暗埋管线等。在阅读设计图时，应进行记录或者标记，确定进线间的位置，记录该位置情况。

（2）进线间面积的确定。记录面积确定的情况。

（3）入口管孔数量。统计管孔的情况。

（4）进行进线间的设计。利用利用 Microsoft Visio 2003 绘制进线间设计图。

2. 综合布线系统建筑群子系统的设计。

（1）确定敷设现场的特点、电缆系统的一般参数、建筑物的电缆入口、明显障碍物的位置，记录如下：

（2）确定主电缆路由和备用电缆路由，选择所需电缆的类型和规格。包括确定电缆长度、利用 Microsoft Visio 2003 绘制最终结构图、画出所选定路由的位置和挖沟详图，确定入口管道的规格、选择每种设计方案所需的专用电缆、保证电缆能进入入口管道并选择其规格、长度和类型等。

（3）确定每种选择方案所需的劳务成本。包括确定布线时间、计算总时间、计算每种设计方案的成本、总时间乘以当地的工时费以确定成本。记录如下：

第四部分　练　习　页

（1）在建筑群管道系统中，需要设置接合井，接合井可以是预制的，也可以是现场浇筑的。下述情况中允许使用现场浇筑的有_____。

　　A．该处的接合井需要重建　　　　B．该处需要使用特殊的结构或设计方案

　　C．该处的地下或头顶空间有障碍物　D．作业地点为沼泽地

（2）建筑群子系统通常有哪几种布线方法？各有什么特点？

（3）建筑物之间通常有地下通道，大多是供暖供水的，利用这些通道来敷设电缆不仅成本低，而且可利用原有的安全设施，采用这种方法的布线方法叫做_____。

　　A．架空电缆布线　　　　　　　　B．直埋电缆布线

　　C．管道内电缆布线　　　　　　　D．隧道内电缆布线

（4）如何确定进线间的位置、面积？

（5）如何配置进线间的线缆？

（6）如何确定进线间入口管孔数量？

（7）进线间的设计应该符合哪些规定？

（8）如何进行建筑物子系统的设计？

第五部分 任 务 评 价

评价项目	项目评价内容	分值	自我评价	小组评价	教师评价	得分
理论知识	① 进线间的位置	5				
	② 进线间的面积	5				
	③ 进线间的入口管孔数量	5				
	④ 综合布线系统建筑群子系统的线缆路由	5				
	⑤ 综合布线系统建筑群子系统的设计	5				
实操技能	① 敷设现场的特点,确定电缆系统的一般参数	8				
	② 确定建筑物的电缆入口、明显障碍物的位置	6				
	③ 确定主电缆路由和备用电缆路由、所需电缆的类型和规格	9				
	④ 确定每种选择方案所需的成本	8				
	⑤ 确定每种选择方案的材料成本	7				
	⑥ 选择最经济、最实用的设计方案	7				
安全文明生产	① 安全、文明操作	5				
	② 有无违纪与违规现象	5				
	③ 良好的职业操守	5				
学习态度	① 不迟到、不缺课、不早退	5				
	② 学习认真,责任心强	5				
	③ 积极参与完成项目的各个步骤	5				
总 计 得 分						

学习情境 3 综合布线系统施工

任务十 综合布线系统配线端接

综合布线配线端接是施工中的一个环节。通过此任务的学习，可以了解配线端接的基本原理，掌握综合布线配线端接技术，能完成网络双绞线配线端接、RJ-45 水晶头的制作、网络模块端接、5 对连接块端接以及网络机柜内部配线端接等。

问题引导

（1）网络配线端接有什么意义和重要性？
（2）如何进行配线端接？
（3）如何进行网络双绞线的剥线？
（4）如何制作 RJ-45 水晶头？
（5）如何进行网络机柜内部配线端接？
提示：学生可以通过到图书馆查阅相关图书，上网搜索相关资料或询问相关在职人员。

任务描述

本任务要求学生在学习、收集相关资料的基础上了解配线端接的基本原理，掌握综合布线的各种端接技术。任务描述如下表所示。

学习目标	（1）了解网络配线端接有何的意义和重要性； （2）能进行网络双绞线剥线； （3）能制作 RJ-45 水晶头； （4）能进行网络机柜内部配线端接
任务要求	以校园综合布线系统的施工为例，完成下列端接。 （1）网络双绞线剥线； （2）RJ-45 水晶头端接； （3）网络模块端接； （4）制作复杂永久链路
注意事项	（1）工具仪器按规定摆放； （2）进行端接时注意人身安全； （3）注意实训室的卫生
建议学时	6 学时

第一部分 任务学习引导

10.1 网络配线端接的意义和重要性

随着计算机应用的普及和数字化城市的快速发展，智能化建筑和综合布线系统已经非常普遍，同时深入影响着人们的生活。综合布线系统是一个非常重要而且复杂的系统工程，与智能化建筑的使用寿命相同，是百年大计。因此综合布线系统的设计和施工技术就显得非常重要，特别是配线端接技术直接影响网络系统的传输速度、传输速率、稳定性和可靠性，也直接决定综合布线系统永久链路和信道链路的测试结果。

网络配线端接是连接网络设备和综合布线系统的关键施工技术，通常每个网络系统的管理间有数百甚至数千根网络线。一般每个信息点的网络线从设备跳线→墙面模块→楼层机柜通信配线架→网络配线架→交换机连接跳线→交换机级联线等需要平均端接 10～12次，每次端接 8 个芯线，因此在工程技术施工中，每个信息点大约平均需要端接 80 芯或者96 芯，因此熟练掌握配线端接技术非常重要。

例如，如果进行 1 000 个信息点的小型综合布线系统工程施工，按照每个信息点平均端接 12 次计算，该工程总共需要端接 12 000 次，端接线芯 96 000 次，如果操作人员端接线芯的线序和接触不良错误率按照 1%计算，将会有 960 个线芯出现端接错误，假如这些错误平均出现在不同的信息点或者永久链路上，其结果是这个项目可能有 960 个信息点出现链路不通。这样，这个 1 000 个信息点的综合布线工程竣工后，仅仅链路不通这一项错误将高达 96%，同时各个永久链路的线序或者接触不良错误很难被及时发现和维修，往往需要花费几倍的时间和成本才能解决，会造成非常大的经济损失，严重时直接导致该综合布线系统无法验收和正常使用。

按照《GB50311—2007 综合布线系统工程设计规范》和《GB50312—2007 综合布线系统工程验收规范》两个国家标准的规定，对于永久链路需要进行 11 项技术指标测试。除了上面提到的线序正确和可靠电气接触直接影响永久链路测试指标外，还有网线外皮剥离长度、拆散双绞长度、拉力、曲率半径等也直接影响永久链路技术指标，特别在六类、七类综合布线系统工程施工中，配线端接技术是非常重要的。

10.2 配线端接技术原理

因为每根双绞线有 8 芯，每芯都有外绝缘层，如果像电气工程那样将每芯线剥开外绝缘层直接拧接或者焊接在一起，不仅工程量大，而且将严重破坏双绞线的节距，因此在网络施工中坚决不能采取电工式接线方法。

综合布线系统配线端接的基本原理是将线芯用机械力量压入两个刀片中，在压入过程中刀片将绝缘护套划破与铜线芯紧密接触，同时利用金属刀片的弹性将铜线芯长期夹紧，从而实现长期稳定的电气连接，如图 10-1 所示。

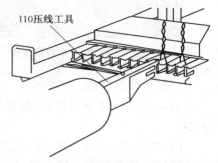

图 10-1 使用 110 压线工具将线对压入线槽内

110压线工具

10.3 网络双绞线剥线基本方法

网络双绞线配线端接的正确方法和程序如下。

（1）剥开外绝缘护套。

首先剪裁掉端头破损的双绞线，使用专门的剥线工具将需要端接的双绞线端头剥开外绝缘护套。端头剥开的长度应尽可能短一些，能够方便地端接就可以了，如图10-2（a）所示。在剥护套过程中不能对线芯的绝缘护套或者线芯造成损伤或者破坏，如图10-2（b）所示。特别注意不能损伤8根线芯的绝缘层，更不能损伤任何一根铜线芯。

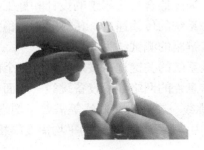 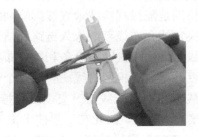

（a）使用剥线工具剥线　　　　　　　　　　　（b）剥开外绝缘护套

图10-2　剥开外绝缘护套

（2）拆开4对双绞线。

将端头已经剥去外皮的双绞线按照对应颜色拆成4对单绞线。拆开4对单绞线时，必须按照绞绕顺序慢慢拆开，同时保护2根单绞线不被拆开和保持比较大的曲率半径，如图10-3所示为正确的操作结果。不能强行拆散或者硬折线对，形成比较小的曲率半径。如图10-4表示已经将一对绞线硬折成很小的曲率半径。

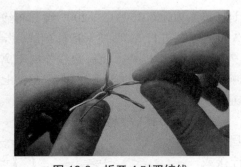 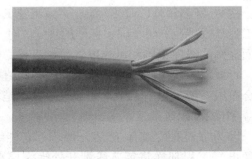

图10-3　拆开4对双绞线　　　　　　　　　　图10-4　硬折线对

（3）拆开单绞线。

将4对单绞线分别拆开。注意制作RJ-45水晶头和模块压接线时线对拆开方式和长度不同。

RJ-45水晶头制作时注意，双绞线的接头处拆开线段的长度不应超过20mm，压接好水晶头后拆开线芯长度必须小于14mm，过长会引起较大的近端串扰。

模块压接时，双绞线压接处拆开线段长度应该尽量短，能够满足压接就可以了，不能为了压接方便拆开线芯很长，过长会引起较大的近端串扰。

（4）配线端接。

10.4　RJ-45水晶头端接原理和方法

跳线做法遵循国际标准 EIA/TIA-568，有 A、B 两种端接方式。端接时双绞线的线序定义如表 10-1 所示。而跳线的连接方式也主要有两种：直通跳线和交叉跳线。直通跳线也就是普通跳线，用于网卡与模块的连接、配线架与配线间的连接、配线架与 Hub 或交换机的连接，两端的 RJ-45 接头接线方式是相同的，两端都遵循 568A 或 568B 标准。而交叉跳线用于 Hub 与交换机等设备间的连接，两端的 RJ-45 连接方式是不同的，要求其中的一个接线对调 1/2、3/6 线对。其余线对则可依旧按照一一对应的方式安装。

表 10-1　　　　　　　　　　　　　　双绞线的线序定义

线序	1	2	3	4	5	6	7	8
T568A	白绿	绿	白橙	蓝	白蓝	橙	白棕	棕
T568B	白橙	橙	白绿	蓝	白蓝	绿	白棕	棕
绕对	同一绕对		与6同一绕对	同一绕对		与3同一绕对	同一绕对	

RJ-45 水晶头的端接原理为：利用压线钳的机械压力使 RJ-45 水晶头中的刀片首先压破线芯绝缘护套，然后再压入铜线芯中，实现刀片与线芯的电气连接。每个 RJ-45 水晶头中有 8 个刀片，每个刀片与 1 个线芯连接。注意观察压接后 8 个刀片比压接前低。如图 10-5 所示为 RJ-45 水晶头刀片压线前的位置图，如图 10-6 所示为 RJ-45 水晶头刀片压线后的位置图。

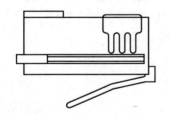

图 10-5　RJ-45 头刀片压线前的位置图

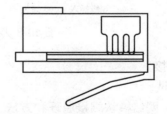

图 10-6　RJ-45 头刀片压线后的位置图

RJ-45 水晶头端接方法和步骤如下。

（1）剥开外绝缘护套。

（2）剥开 4 对双绞线。

（3）剥开单绞线。

（4）8 根线排好线序。

（5）剪齐线端。

先将已经剥去绝缘护套的 4 对单绞线分别拆开相同长度，将每根线轻轻捋直，同时按照 568B 线序（白橙，橙，白绿，蓝，白蓝，绿，白棕，棕）水平排好，如图 10-7（a）所示。将 8 根线端头一次剪掉，留 14mm 长度，从线头开始，至少 10mm 导线之间不应有交叉，如图 4-7（b）所示。

（a）剥开排好的双绞线

（b）剪齐的双绞线

图 10-7　剥开外绝缘护套

（6）插入 RJ-45 水晶头。

将双绞线插入 RJ-45 水晶头内，如图 10-8（a）所示。注意双绞线一定要插到底，如图 10-8（b）所示。

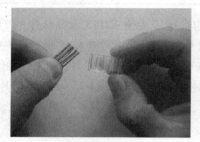
（a）导线插入 RJ-45 插头

（b）双绞线全部插入水晶头

图 10-8　双绞线插入 RJ-45 水晶头

（7）压接。

（8）测试。

10.5　网络模块端接原理和方法

网络模块端接原理为：利用压线钳的压力将 8 根线逐一压接到模块的 8 个接线口，同时裁剪掉多余的线头。在压接过程中刀片首先快速划破线芯绝缘护套，与铜线芯紧密接触实现刀片与线芯的电气连接，这 8 个刀片通过电路板与 RJ-45 接线口的 8 个弹簧连接。如图 10-9 所示为模块刀片压线前的位置图，如图 10-10 所示为模块刀片压线后的位置图。

网络模块端接方法和步骤如下。

（1）剥开外绝缘护套。

（2）拆开 4 对双绞线。

（3）拆开单绞线。

（4）按照线序放入端接口，如图 10-11 所示。

（5）压接和剪线，如图 10-12 所示。

（6）盖好防尘帽，如图 10-13 所示。

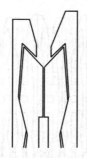

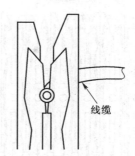

线缆

图 10-9　模块刀片压线前的位置图　　　图 10-10　模块刀片压线后的位置图

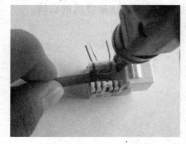

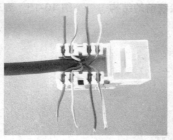

图 10-11　放入端接口　　　　图 10-12　压接并剪线　　　　图 10-13　盖好防尘帽

（7）永久链路测试。

进行网络模块端接时，根据网络模块的结构，按照端接顺序和位置将每对绞线拆开并且端接到对应的位置，每对线拆开绞绕的长度越少越好，不能为了端接方便将线对拆开很长，特别在六类、七类系统端接时非常重要，会直接影响永久链路的测试结果和传输速率。

10.6　五对连接块端接原理和方法

通信配线架一般使用五对连接块，五对连接块中间有 5 个双头刀片，每个刀片两头分别压接一根线芯，实现两根线芯的电气连接。

五对连接块的端接原理为：在连接块下层端接时，将每根线在通信配线架底座上对应的接线口放好，用力快速将五对连接块向下压紧，在压紧过程中刀片首先快速划破线芯绝缘护套，然后与铜线芯紧密接触，实现刀片与线芯的电气连接。

五对连接块上层端接与模块原理相同。将线逐一放到上部对应的端接口，在压接过程中刀片首先快速划破线芯绝缘护套，然后与铜线芯紧密接触实现刀片与线芯的电气连接，这样五对连接块刀片两端中都压好线，实现了两根线的可靠电气连接，同时裁剪掉多余的线头。图 10-14 所示为模块压线前的结构，图 10-15 所示为模块压线后的结构。

五对连接块下层端接方法和步骤如下。

（1）剥开外绝缘护套。

（2）剥开 4 对双绞线。

（3）剥开单绞线。

（4）按照线序放入端接口。

（5）将五对连接块压紧并且裁线。

五对连接块上层端接方法和步骤如下。

①　剥开外绝缘护套。

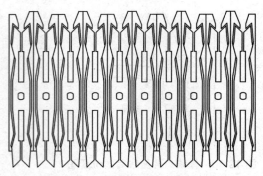

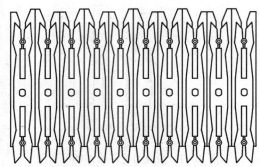

图 10-14　五对连接模块在压接线前的结构　　　图 10-15　五对连接模块在压接线后的结构

② 剥开 4 对双绞线。

③ 剥开单绞线。

④ 按照线序放入端接口。

⑤ 压接和剪线。

⑥ 盖好防尘帽。

10.7　网络机柜内部配线端接

在楼层配线间和设备间内，模块化配线架和网络交换机一般安装在 19 英寸的机柜内。为了使安装在机柜内的模块化配线架和网络交换机美观大方且方便管理，必须对机柜内设备的安装进行规划，具体遵循以下原则。

（1）一般配线架安装在机柜下部，交换机安装在其上方。

（2）每个配线架之间安装有一个理线架，每个交换机之间也要安装理线架。

（3）正面的跳线从配线架中出来全部要放入理线架内，然后从机柜侧面绕到上部的交换机间的理线器中，再接插进入交换机端口。

一般网络机柜的安装尺寸执行国家标准 YD/T 1819—2008《通信设备用综合集装架》，具体安装尺寸如图 10-16 所示。

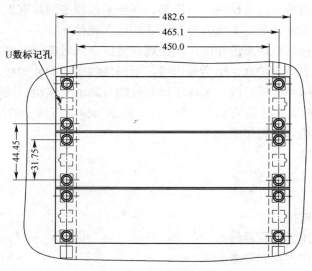

图 10-16　网络机柜的安装尺寸

常见的机柜内配线架安装实物图，如图 10-17 所示。

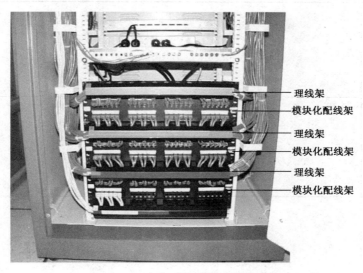

图 10-17 机柜内配线架安装实物图

机柜内部配线端接根据设备的安装进行连接，一般网络线缆进入到机柜内是直接将线缆按照顺序压接到网络配线架上的，然后从网络配线架上做跳线与网络交换机连接。

第二部分 学习过程记录

将学生分组，小组成员根据综合布线配线端接的学习目标，认真学习相关知识，并将学习过程的内容（要点）进行记录，同时也将学习中存在的问题和意见总结进行记录，填写下面的表单。

学习情境	综合布线系统施工		任务	综合布线系统配线端接	
班级		组名		组员	
开始时间		计划完成时间		实际完成时间	
网络配线端接的意义和重要性					
配线端接技术的原理					
网络双绞线剥线的基本方法					

续表

RJ-45 水晶头的端接原理和方法	
网络模块端接的原理和方法	
五对连接块端接原理和方法	
网络机柜内部配线端接	
存在的问题及反馈意见	

第三部分　工　作　页

1. RJ-45 水晶头端接。

（1）完成 4 根网络跳线的制作，共计压接 8 个 RJ-45 水晶头。记录压接情况如下：

（2）完成网络跳线的测试，记录测试结果。

（3）总结出网络跳线制作方法和注意事项，记录如下：

2. 网络模块端接。

（1）RJ-45 网络配线架端接。

① 完成 6 根网线的端接，一端与 RJ-45 水晶头端接，另一端与通信配线架端接。记录端接情况如下：

② 完成 6 根网线的端接，一端与 RJ-45 网络配线架端接，另一端与通信跳线架模块端接。记录端接情况如下：

③ 完成端接的测试，排除端接中出现的开路、短路、跨接等故障，记录测试结果和故障排除情况。

④ 总结出端接方法和注意事项，记录如下：

(2) 110 型通信跳线架端接。

① 完成 6 根网线的端接，一端与 RJ-45 水晶头端接，另一端与通信跳线线架模块端接。记录端接情况如下：

② 完成 6 根网线的端接，一端与网络配线架模块端接，另一端与通信跳线架模块下层端接。记录端接情况如下：

③ 完成 6 根网线的端接，两端与 2 个通信跳线架模块上层端接。记录端接情况如下：

④ 完成端接的测试，排除端接中出现的开路、短路、跨接等故障，记录测试结果和故障排除情况。

⑤ 总结出端接方法和注意事项，记录如下：

3. 制作复杂永久链路。

（1）画出要制作的复杂永久链路图。

（2）制作 4 根网络跳线，一端插在测试仪接口中，另一端插在配线架 RJ-45 接口中。记录制作情况如下：

（3）完成 4 根网线的端接，一端与网络配线架模块端接，另一端接在通信跳线架连接块下层。记录端接情况如下：

（4）完成 4 根网线的端接，一端 RJ-45 水晶头端接并且插在测试仪中，另一端接在通信跳线架连接块上层。记录端接情况如下：

（5）完成上述 4 个网络永久链路的测试，排除出现的开路、短路、跨接等故障，记录测试结果和故障排除情况。

第四部分　练　习　页

（1）制作跳线 RJ-45 水晶头时往往遇到制作好后有些芯线不通的问题，试分析主要的原因。

（2）双绞线跳线有哪两种？分别有什么作用？应如何制作？

（3）根据双绞线跳线的制作步骤，分别制作直通双绞线跳线和交叉双绞线跳线，并且测试双绞线跳线的连通性。

（4）练习双绞线与 RJ-45 信息模块的连接。

（5）练习使用一根双绞线的两端分别连接信息插座与配线架。

第五部分　任 务 评 价

评价项目	项目评价内容	分值	自我评价	小组评价	教师评价	得分
理论知识	① 网络配线端接有何的意义和重要性	5				
	② 配线端接的方法	5				
	③ 网络双绞线剥线方法和步骤	5				
	④ RJ-45 水晶头的制作方法和步骤	5				
	⑤ 网络机柜内部配线端接	5				
实操技能	① 网络双绞线剥线	8				
	② RJ-45 水晶头的端接	8				
	③ 网络模块端接	12				
	④ 制作复杂永久链路	17				

续表

评价项目	项目评价内容	分值	自我评价	小组评价	教师评价	得分
安全文明生产	① 安全、文明操作	5				
	② 有无违纪与违规现象	5				
	③ 良好的职业操守	5				
学习态度	① 不迟到、不缺课、不早退	5				
	② 学习认真，责任心强	5				
	③ 积极参与完成项目的各个步骤	5				
总 计 得 分						

任务十一 底盒和模块的安装

底盒和模块的安装是综合布线系统施工中需要的一项基本技能。通过此任务学习，可以熟悉底盒和模块的安装要求、安装技术，能进行底盒和模块的安装，能进行其连通性测试。

问题引导

（1）底盒和模块的安装标准有哪些？
（2）如何进行底盒安装？
（3）如何进行模块安装？
（4）如何进行连通性测试？
提示：学生可以通过到图书馆查阅相关图书，上网搜索相关资料或询问相关在职人员。

任务描述

本任务要求学生在学习、收集相关资料基础上了解底盒和模块的安装要求，能进行底盒和模块安装。任务描述如下表所示。

学习目标	（1）了解底盒和模块的安装标准； （2）掌握底盒的安装技术； （3）掌握模块的安装技术
任务要求	（1）进行底盒安装； （2）进行模块安装
注意事项	（1）工具仪器按规定摆放； （2）安装过程中注意人身安全； （3）注意实训室的卫生
建议学时	4学时

第一部分 任务学习引导

11.1 底盒和模块的安装标准要求

国家标准 GB50311—2007《综合布线系统工程设计规范》第 6 章安装工艺要求中，对工作区的安装工艺提出了具体要求。安装在地面上的接线盒应防水和抗压，安装在墙面或柱子上的信息插座底盒、多用户信息插座盒及集合点配线箱体的底部离地面的高度宜为300mm。工作区的电源每一个工作区至少应配置一个 220V 交流电源插座，电源插座应选用带保护接地的单相电源插座，保护接地与零线应严格分开。

11.2 信息点安装位置

教学楼、学生公寓、实验楼、住宅楼等不需要进行二次区域分割的工作区，信息点宜设计在非承重的隔墙上，宜在设备使用位置或者附近。

写字楼、商业、大厅等需要进行二次分割和装修的区域，宜在四周墙面设置，也可以在中间的立柱上设置，要考虑二次隔断和装修时扩展方便性和美观性。大厅、展厅、商业收银区在设备安装区域的地面宜设置足够的信息点插座。墙面插座底盒下缘距离地面高度为 300mm，地面插座底盒低于地面。学生公寓等信息点密集的隔墙，宜在隔墙两面对称设置。

银行营业大厅的对公区、对私区和 ATM 自助区信息点的设置要考虑隐蔽性和安全性。特别是离行式 ATM 机的信息点插座不能暴露在客户区。

指纹考勤机、门警系统信息点插座的高度宜参考设备的安装高度设置。

11.3 底盒安装

网络信息点插座底盒按照材料组成一般分为金属底盒和塑料地盒，按照安装方式一般分为暗装底盒和明装塑料，按照配套面板规格分为 86 系列和 120 系列。

一般墙面安装 86 系列面板时，配套的底盒有明装和暗装两种。明装底盒经常在改扩建工程墙面明装方式布线时使用，一般为白色塑料盒，外型美观，表面光滑，外型尺寸比面板稍小一些，为长 84mm，宽 84mm，深 36mm，底板上有 2 个直径为 6mm 的安装孔，用于将底座固定在墙面，正面有 2 个 M4 螺孔，用于固定面板，侧面预留有上下进线孔，如图 11-1 （a）所示。

暗装底盒一般在新建项目和装饰工程中使用，暗装底盒常见的有金属和塑料两种。塑料底盒一般为白色，一次注塑成型，表面比较粗糙，外型尺寸比面板小一些，常见尺寸为长 80mm，宽 80mm，深 50mm，5 面都预留有进出线孔，方便进出线，底板上有 2 个安装孔，用于将底座固定在墙面，正面有 2 个 M4 螺孔，用于固定面板，如图 11-1 （b）所示。

金属底盒一般一次冲压成型，表面都进行电镀处理，避免生锈，金属底盒的尺寸与塑料底盒基本相同。如图 11-1 （c）所示。

暗装底盒只能安装在墙面或者装饰隔断内，安装面板后就隐蔽起来了。施工中不允许把暗装底盒明装在墙面上。

暗装塑料底盒一般在土建工程施工时安装，直接与穿线管端头连接固定在建筑物墙内或者立柱内，外沿低于墙面 10mm，中心距离地面高度为 300mm 或者按照施工图规定的高度安装。底盒安装好以后，必须用钉子或者水泥沙浆固定在墙内，如图 11-2 所示。

（a）明装底盒

（b）暗装塑料底盒

（c）暗装金属底盒

图 11-1　底盒

图 11-2　墙面暗装底盒

　　需要在地面安装网络插座时，盖板必须具有防水、抗压和防尘功能，一般选用 120 系列金属面板，配套的底盒宜选用金属底盒，一般金属底盒比较大，常见规格为长 100mm，宽 100mm，中间有 2 个固定面板的螺孔，5 个面都预留有进出线孔，方面进出线。如图 11-3 所示，地面金属底盒安装后一般应低于地面 10～20mm，注意这里的地面是指装修后地面。

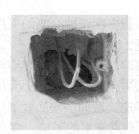

图 11-3　地面暗装底盒、信息插座

　　在扩建改建和装饰工程安装网络面板时，为了美观一般宜采取暗装底盒，必要时要在墙面或者地面进行开槽安装，如图 11-4 所示。装修墙面明装底盒如图 11-5 所示。

图 11-4　装修墙面暗装底盒

图 11-5　装修墙面明装底盒

148

11.4　模块安装

模块主要由跳线模块和面板组成，如图 11-6 所示。

图 11-6　模块组成

依据双绞线的跳线规则，在企业网络中通常不是直接拿 RJ-45 水晶头插到集线器或交换机上，而是先把来自集线器或交换机的网线与信息模块连在一起埋在墙里，这就涉及信息模块芯线排列顺序问题，也即跳线规则。

交换机或集线器到网络模块之间的网线接线方法是按 EIA/TIA 568 标准进行。虽然从集线器或交换机到工作站的网线可以是不经任何跳线的直连线，但为了保证网络的高性能，最好同一网络采取同一种端接方式，包括信息模块和 RJ-45 水晶头。因为信息模块各线槽中都有相应的颜色标准，只需要选择相应的端接方式，然后按模块上的颜色标注把相应的芯线卡入相应的线槽中即可。

网络数据模块和电话语音模块的安装方法基本相同，安装顺序如图 11-7 所示。

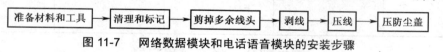

图 11-7　网络数据模块和电话语音模块的安装步骤

11.5　面板安装

面板安装是信息插座最后一个工序，一般应该在端接模块后立即进行，保护模块。安装时将模块卡接到面板接口中。如果双口面板上有网络和电话插口标记时，按照标记口位置安装。如果双口面板上没有标记时，宜将网络模块安装在左边，电话模块安装在右边，并且在面板表面做好标记。

11.6　测试模块和配线架连通性

完成好模块安装以后，可用双绞线的一端安装在模块上，另一端安装在配线架上，使其连通。再用两根直通线，一端分别连接在模块端口和配线架面板正面对应端口，另一端分别与测线器两个端口连接好，测试其和配线架的连通性，如图 11-8 所示。

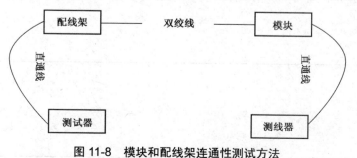

图 11-8　模块和配线架连通性测试方法

149

线缆信息记录表

序　号	线缆编号	线缆类型	连通情况	备　注

第二部分　学习过程记录

　　将学生分组，小组成员根据底盒和模块安装的学习目标，认真学习相关知识，并将学习过程的内容（要点）进行记录，同时也将学习中存在的问题和意见总结进行记录，填写下面的表单。

学习情境	综合布线系统施工		任务		底盒和模块的安装	
班级		组名		组员		
开始时间		计划完成时间			实际完成时间	
底盒和模块的安装标准要求						
信息点的安装位置						

续表

底盒安装	
模块安装	
面板安装	
测试模块和配线架连通性	
存在的问题及反馈意见	

第三部分　工　作　页

1. 模块安装。

模块安装时，一般按照下列步骤进行。

（1）准备材料和工具。

在每天开工前进行，必须一次领取半天工作所需的全部材料和工具，主要包括网络数据模块、电话语音模块、标记材料、剪线工具、压线工具、工作小凳等。半天施工所需的全部材料和工具应装入一个工具箱（包）内，随时携带，不要在施工现场随地乱放。

（2）清理和标记。

清理和标记非常重要，在实际工程施工中，一般底盒安装和穿线较长时间后，才能开始安装模块，因此安装前首先清理底盒内堆积的水泥沙浆或者垃圾，然后将双绞线从底盒内轻轻的取出，清理表面的灰尘重新做编号标记，标记位置距离管口约 60～80mm，注意做好新标记后才能取消原来的标记。

（3）剪掉多余线头。

剪掉多余线头是必须的，因为在穿线施工中双绞线的端头进行了捆扎或者缠绕，管口预留也比较长，双绞线的内部结构可能已经破坏，一般在安装模块前都要剪掉多余部分的长度，留出 100～120mm 用于压接模块或者检修。

（4）剥线。

首先使用专业剥线器剥掉双绞线的外皮，剥掉双绞线外皮的长度为 15mm，特别注意不要损伤线芯和线芯绝缘层。

（5）压线。

剥线完成后按照模块结构将 8 芯线分开，逐一压接在模块中。压接方法必须正确，一次压接成功。

（6）装好防尘盖。

模块压接完成后，将模块卡接在面板中，然后立即安装面板。如果压接模块后不能及时安装面板时，必须对模块进行保护，一般做法是在模块上套一个塑料袋，避免土建墙面施工污染。

安装模块过程如图 11-9 所示。明装底盒和安装模块如图 11-10 所示。

图 11-9　做好线标和压接好模块的土建暗装底盒　　　　图 11-10　压接好模块的墙面明装底盒

2. 底盒安装。

各种底盒安装时，一般按照下列步骤进行。

（1）目视检查产品的外观合格。

特别检查底盒上的螺孔必须正常，如果其中有一个螺孔损坏，则坚决不能使用。

（2）取掉底盒挡板。

根据进出线方向和位置，取掉底盒预设孔中的挡板。

（3）固定底盒。

明装底盒按照设计要求用膨胀螺钉直接固定在墙面。暗装底盒首先使用专门的管接头把线管和底盒连接起来，这种专用接头的管口有圆弧，既方便穿线，又能保护线缆不会划伤或者损坏。然后用膨胀螺钉或者水泥沙浆固定底盒。

（4）成品保护。

暗装底盒一般在土建过程中进行，因此在底盒安装完毕后，必须进行成品保护，特别是安装螺孔，防止水泥沙浆灌入螺孔或者穿线管内。一般做法是在底盒螺孔和管口塞纸团，也有用胶带纸保护螺孔的做法。

第四部分　练 习 页

（1）在综合布线系统中，安装在工作区墙壁上的信息插座应该距离地面_____以上。

（2）综合布线系统中，工作区内的布线主要包括_____、_____和_____等几种布线方式。

（3）如何进行底盒的安装？

（4）如何进行模块的安装？

第五部分　任 务 评 价

评价项目	项目评价内容	分值	自我评价	小组评价	教师评价	得分
理论知识	① 底盒和模块的安装标准	5				
	② 信息点位置要求	5				
	③ 底盒的安装方法	5				
	④ 模块的安装方法	10				
实操技能	① 安装底盒	22				
	② 安装模块	23				
安全文明生产	① 安全、文明操作	5				
	② 有无违纪与违规现象	5				
	③ 良好的职业操守	5				
学习态度	① 不迟到、不缺课、不早退	5				
	② 学习认真，责任心强	5				
	③ 积极参与完成项目的各个步骤	5				
总 计 得 分						

任务十二　敷设管线与布放线缆

敷设管线与布放线缆是综合布线系统布线施工的一个环节。通过此任务学习，可以掌握机房布线方法；掌握水平子系统暗埋缆线和明装线槽的安装和施工；能敷设垂直子系统缆线，能布放建筑群子系统的线缆。

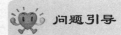
问题引导

（1）进行布线规划应该注意什么？

（2）如何进行电源布线、弱电布线和接地布线？

（3）6类线缆布线施工时应特别注意什么问题？

（4）如何计算水平子系统的布线距离？

（5）如何进行水平子系统暗埋缆线施工？

（6）如何进行水平子系统明装线槽布线的施工？

（7）垂直子系统布线通道如何选择？

（8）在竖井中如何敷设垂直干线？

（9）建筑群子系统线缆布线方法有哪些？分别是如何进行布线的？

提示：学生可以通过到图书馆查阅相关图书，上网搜索相关资料或询问相关在职人员。

任务描述

本任务要求学生在学习、收集相关资料基础上掌握管理间和设备间的布线技术、水平子系统的布线工程技术、垂直子系统布线工程技术，学会机房布线、水平子系统暗埋缆线的安装和施工、水平子系统明装线槽布线的施工、敷设垂直子系统缆线、布放建筑群子系统的线缆等。任务描述如下表所示。

学习目标	（1）掌握管理间和设备间的布线技术； （2）掌握水平子系统的布线工程技术； （3）掌握垂直子系统布线工程技术； （4）能进行机房布线； （5）能进行水平子系统暗埋缆线的安装和施工； （6）能进行水平子系统明装线槽布线的施工； （7）能敷设垂直子系统缆线； （8）能布放建筑群子系统的线缆
任务要求	（1）PVC线管的布线工程； （2）PVC线槽的布线工程； （3）桥架安装和布线工程； （4）PVC线槽/线管布线
注意事项	（1）工具仪器按规定摆放； （2）施工时注意人身安全； （3）注意实训室的卫生
建议学时	8学时

第一部分　任务学习引导

12.1　管理间和设备间的布线技术

1. 规划布线注意事项

（1）在房间装修前应先行布线，以便隐藏所有线缆。如果房间已经装修，线缆可以用线槽罩起来，这样既美观又可以保护线缆。

（2）确定网络设备所在的房间和具体位置。

（3）尽量避开暖气管道和阳光直射的位置，以延缓线缆的老化，延长线缆的使用寿命。将计算机的网络端口尽量预留在电源插座附近，方便计算机的使用。

（4）为每条线缆的两端分别做好标记，并登记在册，以便在线路出现故障时进行检测。

2. 机房布线

机房应具有高可用性、高可靠性、高安全性、可扩容性和网络资源丰富等特点。以下将着重介绍机房布线。机房的布线系统直接影响到机房的功能，一般布线系统要求布线的距离应尽量短而整齐，排列有序，具体的方式有"田"字和形和"井"字形两种。其中"田"字形较适用于环形机房布局，"井"字形较适用于纵横式机房布局。布线的位置可安排在地板下和吊顶两个地方，各有特点。

（1）地板布线。

这是一种最常见的布线方式，充分利用了地板下的空间，有明线和暗线两种方式。明线的经济成本低，一般将线缆直接放入线槽置于地板上，其优点是今后线路出现故障时，维护方便；暗线则是将线缆置于地板下隐蔽起来，暗线要求放置线缆的槽管质量好，暗线的缺点是线路出现故障后维护不便，优点是安全、简洁。如果有足够的资金，可以采用活动地板，这将有助于今后线路的变更及维护。地板布线注意地板下漏水、鼠害和散热，还应保证在每个机柜下方开槽相应的穿线孔（包括地板和线槽）。

（2）吊顶布线。

该布线方式特别适合于经常需要布线的机房，目前非常流行。此方式中的吊顶内包含了各种布线电源、弱电布线，在每个机柜上方开凿相应的穿线孔（包括地板和线槽），当然也要注意漏水、鼠害和散热。

具体布线内容有：电源布线、弱电布线和接地布线，其中电源布线和弱电布线均放在金属布线槽内，具体的金属布线槽尺寸可根据线缆量的多少并考虑一定的发展余地（一般为 100mm×50mm 或 50mm×50mm）。电源线槽和弱电线槽之间的距离应保持至少 5cm 以上，互相之间不能穿越，以防止线缆相互之间的电磁干扰。

① 电源布线。

在新机房装修进行电源布线时，应根据整个机房的布局和 UPS 的容量来安排。在规划中的每一个机柜和设备附近，安排相应的电源插座，插座的容量应根据接入设备的功率来定，并留有一定的冗余，一般为 10A 或 15A。电源的线径应根据电源插座的容量并留有一定的容量来选购。

② 弱电布线。

弱电布线中主要包括同轴电缆、五类网线和电话线等。布线时应注意在每个机柜、设备后面都有相应的线缆，并应考虑以后的发展需要。各种线缆应分门别类用尼龙编织带捆扎好。

③ 接地布线。

由于新机房内部都是高性能的计算机和网络通信设备，因此对接地有严格的要求，接地也是消除公共阻抗，防止电容耦合干扰，保护设备和人员安全，保证计算机系统稳定可靠运行的重要措施。在机房地板下应布置信号接地用的铜排，以供机房内各种接地设备的需要，铜排再以专线方式接入该处的弱电信号接地系统。

确定好布线位置后，还要选择线缆类型。现在的局域网可以采用五类线和六类线。关于六类线缆布线施工，应特别注意以下几点。

① 如果在两个终端间有多余的线缆，应该按照需要的长度将其剪断，而不应将其卷起并捆绑起来。

② 线缆的接头处反缠绕开的线段的距离不应超过 2cm，过长会引起较大的近端串扰。

③ 在接头处，线缆的外保护层需要压在接头内而不能在接头外。虽然在线缆受到外界拉力时，整个线缆均会受力，但若外保护层压在接头外，则受力的将主要是线缆和接头连接的金属部分。

④ 在线缆接线施工时，线缆的拉力是有一定限制的，一般为 88N 左右。过大的拉力会破坏线缆对绞的匀称性。

由于六类线缆的外径要比五类线粗，为了避免线缆的缠绕（特别是在弯头处），在管线设计时一定要注意管径的填充度，一般内径 20mm 的线管以放两根六类线为宜。

12.2 水平子系统的布线工程

1. 水平子系统的标准要求

国家标准 GB50311—2007《综合布线系统工程设计规范》安装工艺要求内容中，对水平子系统布线的安装工艺提出了具体要求。水平子系统缆线宜采用在吊顶、墙体内穿管或设置金属密封线槽及开放式（电缆桥架，吊挂环等）敷设，当缆线在地面布放时，应根据环境条件选用地板下线槽、网络地板、高架（活动）地板布线等安装方式。

2. 水平子系统的布线距离的计算

国家标准 GB50311—2007 中，规定水平布线系统永久链路的长度不能超过 90m，只有个别信息点的布线长度会接近这个最大长度，一般设计的平均长度都在 60m 左右。在实际工程应用中，因为拐弯、中间预留、缆线缠绕或与强电避让等原因，实际布线的长度往往会超过设计长度。如土建墙面的埋管一般是直角拐弯，实际布线长度比斜角要大一些。因此在计算工程用线总长度时，要考虑一定的余量。

3. 确定电缆的长度

要计算整座楼宇的水平布线用线量，首先要计算出每个楼层的用线量，然后对各楼层用线量进行汇总即可。每个楼层用线量的计算公式为

$$C=[0.55(F+N)+6] \times M$$

式中，C——每个楼层用线量；

F——最远的信息插座离楼层管理间的距离；

N——最近的信息插座离楼层管理间的距离；

M——每层楼的信息插座的数量；

6——端对容差（主要考虑到施工时线缆的损耗、线缆布设长度误差等因素）。

整座楼的用线量的计算公式为

$$S=\sum MC$$

式中，M——楼层数；

C——每个楼层用线量。

4. 水平子系统的布线曲率半径

布线施工中布线曲率半径直接影响永久链路的测试指标，如果布线曲率半径小于标准规定时，表示永久链路测试不合格，特别是六类布线系统中，曲率半径对测试指标影响非常大。

布线施工中穿线和拉线时缆线拐弯曲率半径往往是最小的，一个不符合曲率半径的拐弯经常会破坏整段缆线的内部物理结构，甚至严重影响永久链路的传输性能，在竣工测试中，永久链路会有多项测试指标不合格，而且这种影响经常是永久性的，无法恢复的。

在布线施工拉线过程中，缆线宜与管中心线尽量相同，如图 12-1 所示，以现场允许的最小角度按照 A 方向或者 B 方向拉线，保证缆线没有拐弯，保持整段缆线的曲率半径比较大，这样不仅施工轻松，而且能够避免缆线护套和内部结构的破坏。

在布线施工拉线过程中，缆线不要与管口形成 90°拉线，如图 12-2 所示，这样就在管口形成了 1 个 90°的直角拐弯，不仅施工拉线困难费力，而且容易造成缆线护套和内部结构的破坏。

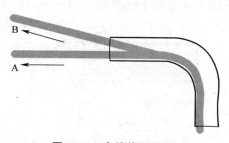

图 12-1 布线施工拉线

图 12-2 布线施工拉线错误示意图

在布线施工拉线过程中，必须坚持直接手持拉线，不允许将缆线缠绕在手中或者工具上拉线，也不允许用钳子夹住缆线中间拉线，这样操作时缠绕部分的曲率半径会非常小，夹持部分结构变形，直接破坏缆线内部结构或者护套。

如果遇到布线距离很长或拐弯很多，手持拉线非常困难时，可以将缆线的端头捆扎在穿线器端头或铁丝上，用力拉穿线器或铁丝。缆线穿好后将受过捆扎部分的缆线剪掉。

穿线时，一般从信息点向楼道或楼层机柜穿线，一端拉线，另一端必须有专人放线和护线，保持缆线在管入口处的曲率半径比较大，避免缆线在入口或者箱内打折形成死结或者曲率半径很小。

5. 水平子系统暗埋缆线的安装和施工

水平子系统暗埋缆线施工程序一般如图 12-3 所示。

土建埋管 → 穿钢丝 → 安装底盒 → 穿线 → 标记 → 压接模块 → 标记

图 12-3　水平子系统暗埋缆线施工程序框图

墙内暗埋管一般使用 $\phi16$ 或 $\phi20$ 的穿线管，$\phi16$ 管内最多穿 2 条双绞线，$\phi20$ 管内最多穿 3 条双绞线。

金属管一般使用专门的弯管器成型，拐弯半径比较大，能够满足双绞线对曲率半径的要求。在钢管现场截断和安装施工中，必须清理干净截断钢管时出现的毛刺，保持截断端面的光滑，两根钢管对接时必须保持接口整齐，没有错位，焊接时不要焊透管壁，避免在管内形成焊渣。金属管内的毛刺、错口、焊渣、垃圾等都会影响穿线，甚至损伤缆线的护套或内部结构。

墙内暗埋 $\phi16$、$\phi20$PVC 管时，要特别注意拐弯处的曲率半径。宜用弯管器在现场制作大拐弯的弯头连接，这样既保证了缆线的曲率半径，又方便轻松拉线，降低布线成本，保护线缆的结构。

图 12-4 中以在直径 20mm 的 PVC 管内穿线为例进行计算和说明曲率半径的重要性。按照 GB50311—2007 的规定，非屏蔽双绞线的拐弯曲率半径不小于电缆外径的 4 倍。电缆外径按照 6mm 计算，拐弯半径必须大于 24mm。

拐弯连接处不宜使用市场上购买的弯头。目前，市场上没有适合网络综合布线使用的大拐弯 PVC 弯头，只有适合电气和水管使用的 90° 弯头，因为塑料件注塑脱模原因，无法生产大拐弯的 PVC 弯头，如图 12-5 所示为在市场购买的 $\phi20$ 电气穿线管弯头在拐弯处的曲率半径，拐弯半径只有 5mm，只有 5/6=0.83 倍，远远低于标准规定的 4 倍。

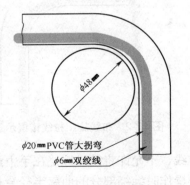

图 12-4　PVC 管内穿线实例

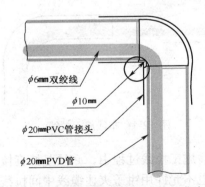

图 12-5　电气穿线管弯头在拐弯处的曲率半径

6. 水平子系统明装线槽布线的施工

水平子系统明装线槽布线施工一般从安装信息点插座底盒开始，程序如图 12-6 所示。

安装底盒 → 钉线槽 → 布线 → 装线槽盖板 → 压接模块 → 标记

图 12-6　水平子系统明装线槽布线施工程序

墙面明装布线时宜使用PVC线槽,拐弯处曲率半径容易保证,如图12-7所示。图12-7中以宽度为20mm的PVC线槽为例说明单根直径为 6mm 的双绞线缆线在线槽中最大弯曲情况和布线最大曲率半径值为45mm(直径90mm),布线弯曲半径与双绞线外径的最大倍数为45/6=7.5倍。

图 12-7 使用 PVC 线槽明装布线

安装线槽时,首先在墙面测量并且标出线槽的位置,在建工程以 1m 线为基准,保证水平安装的线槽与地面或楼板平行,垂直安装的线槽与地面或楼板垂直,没有可见的偏差。

拐弯处宜使用90°弯头或者三通,线槽端头安装专门的堵头。

线槽布线时,先将缆线布放到线槽中,边布线边装盖板,在拐弯处保持缆线有比较大的拐弯半径。完成安装盖板后,不要再拉线,如果拉线力量过大会改变线槽拐弯处的缆线曲率半径。

安装线槽时,用水泥钉或者自攻螺钉把线槽固定在墙面上,固定距离为300mm 左右,必须保证长期牢固。两根线槽之间的接缝必须小于1mm,盖板接缝宜与线槽接缝错开。

7. 水平子系统桥架布线施工

水平子系统桥架布线施工一般用在楼道或者吊顶上,程序如图12-8 所示。

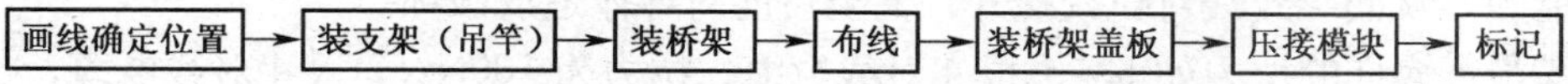

画线确定位置 → 装支架(吊竿) → 装桥架 → 布线 → 装桥架盖板 → 压接模块 → 标记

图 12-8 水平子系统桥架布线施工程序

水平子系统在楼道墙面宜安装比较大的塑料线槽,例如,宽度60mm、100mm、150mm白色 PVC 线槽,具体线槽的高度必须按照需要容纳双绞线的数量来确定,选择常用的标准线槽规格,不要选择非标准规格。安装方法是首先根据各个房间信息点出线管口在楼道高度,确定楼道大线槽安装高度并且画线,其次按照每米 2~3 处将线槽固定在墙面,楼道线槽的高度宜遮盖墙面管出口,并且在线槽遮盖的管出口处开孔,如图12-9 所示。

如果各个信息点管出口在楼道高度偏差太大时,宜将线槽安装在管出口的下边,将双绞线通过弯头引入线槽,这样施工方便,外型美观,如图12-10 所示。

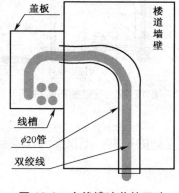

图 12-9 在线槽遮盖处开孔

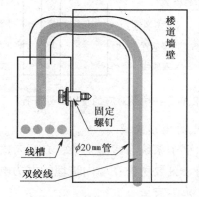

图 12-10 将线槽安装在管出口下

将楼道全部线槽固定好后,再将各个管口的出线逐一放入线槽,边放线边盖板,放线时注意拐弯处保持比较大的曲率半径。

在楼道墙面安装金属桥架时，安装方法也是首先根据各个房间信息点出线管口在楼道高度，确定楼道桥架安装高度并且画线，其次先安装 L 形支架或者三角形支架，按照每米 2~3 个的标准安装。支架安装完毕后，用螺栓将桥架固定在每个支架上，并且在桥架对应的管出口处开孔，如图 12-11 所示。

如果各个信息点管出口在楼道高度偏差太大时，也可以将桥架安装在管出口的下边，将双绞线通过弯头引入桥架，这样施工方便，外型美观。

在楼板吊装桥架时，首先确定桥架安装高度和位置，并且安装膨胀螺栓和吊杆，其次安装挂板和桥架，同时将桥架固定在挂板上，最后在桥架开孔和布线，如图 12-12 所示。

缆线引入桥架时，必须穿保护管，并且保持比较大的曲率半径。

8. 布线拉力

拉线缆的速度从理论上讲，线缆的直径越小，拉线的速度越快。但是，有经验的安装者一般会采取慢速而又平稳的拉线，而不是快速拉线，因为快速拉线通常会造成线缆缠绕或被绊住。

拉力过大，线缆易变形，会破坏电缆对绞的匀称性，将引起线缆的传输性能下降。

拉力过大还会使线缆内的扭绞线对层数发生变化，严重影响线缆抗噪（NEXT、FEXT 等）的能力，从而导致线对扭绞松开，甚至可能对导体造成破坏。

线缆最大允许的拉力如下：1 根 4 对线电缆，拉力为 100N；2 根 4 对线电缆，拉力为 150N；3 根 4 对线电缆，拉力为 200N；n 根线电缆的拉力为 $n \times 5 + 50N$；不管多少根线对电缆，最大拉力不能超过 400N。

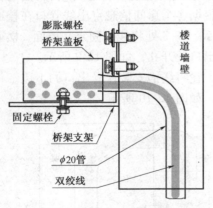

图 12-11 在桥架对应的管出口处开孔

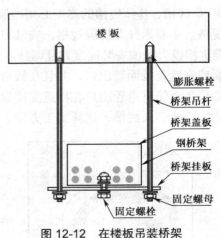

图 12-12 在楼板吊装桥架

9. 电力电缆距离

在水平子系统布线施工中，必须考虑与电力电缆之间的距离，不仅要考虑墙面明装的电力电缆，更要考虑在墙内暗埋的电力电缆。

10. 施工安全

安全施工是施工过程的重中之重。施工现场工作人员必须严格按照安全生产、文明施工的要求，积极推行施工现场的标准化管理，按施工组织设计，科学组织施工。施工现场全体人员必须严格执行《建筑安装工程安全技术规程》和《建筑安装工人安全技术操作规程》。使用电气设备、电动工具时应有可靠保护接地,随身携带和使用的工具应搁置于顺手、稳妥的地方,防发生事故。

在综合布线施工过程中,使用电动工具的情况比较多,如使用电锤打过墙洞、开孔安装线槽等。在使用电锤前必须先检查工具的情况,在施工过程中不能用身体顶住电锤。在打过墙洞或开孔时,一定先确定是否有梁,打孔必须错过梁的位置,否则会延误工期,同时确定墙面内是否有其他线路,如强电线路等。

使用充电式电钻/起子的注意事项。

① 电钻属于高速旋转工具,600r/min,必须谨慎使用,保护人身的安全。

② 禁止使用电钻在工作台、实验设备上打孔。

③ 禁止使用电钻玩耍或者开玩笑。

④ 首次使用电钻时,必须阅读说明书,并且在老师指导下进行。

⑤ 装卸劈头或者钻头时,必须注意旋转方向开关。逆时针方向旋转卸钻头,顺时针方向旋转拧紧钻头或者劈头。将钻头装进卡盘时,请适当地旋紧套筒。如不将套筒旋紧,钻头将会滑动或脱落,从而引起事故。

⑥ 请勿连续使用充电器。每充完一次电后,需等 15min 左右让电池降低温度后再进行第 2 次充电。每个电钻配有两块电池,一块使用,另一块充电,轮流使用。

⑦ 电池充电不可超过 1h。大约 1h,电池即可完全充电。因此,应立即将充电器电源插头从交流电插座中拔出。观察充电器指示灯,红灯为正在充电。

⑧ 切勿使电池短路。电池短路时,会造成很大的电流和过热,从而烧坏电池。

⑨ 在墙壁、地板或天花板上钻孔时,请确认这些地方没有暗埋的电线和钢管等东西。

在施工中使用的高凳、梯子、人字梯、高架车等,在使用前必须认真检查其牢固性。梯外端应采取防滑措施,并不得垫高使用。在通道处使用梯子,应有人监护或设围栏。人字梯距梯脚 40~60cm 处要设拉绳,施工中,不准站在梯子最上一层工作,且严禁在人字梯最上层放置工具和材料。

发生事故后,由安全员负责查原因,提出改进措施,上报项目经理,由项目经理与有关方面协商处理;发生重大安全事故后,公司应立即报告有关部门和业主,按政府有关规定处理,做到"四不放过",即事故原因不明不放过,事故不查清责任不放过,事故不吸取教训不放过,事故不采取措施不放过。

安全生产领导小组负责现场施工技术安全的检查和督促工作,并做好记录。

12.3 垂直子系统布线工程

1. 标准要求

国家标准 GB50311—2007《综合布线系统工程设计规范》安装工艺要求中,对垂直子系统的安装工艺提出了具体要求。垂直子系统垂直通道穿过楼板时宜采用电缆竖井方式。也可采用电缆孔、管槽的方式,电缆竖井的位置应上、下对齐。

2. 垂直子系统布线线缆选择

根据建筑物的结构特点以及应用系统的类型,决定选用干线线缆的类型。在干线子系统设计常用以下 5 种线缆。

（1）4 对双绞线电缆（UTP 或 STP）。

（2）100Ω大对数对绞电缆（UTF 或 STP）。

（3）62.5μm/125μm 多模光缆。

（4）8.3μm/125μm 单模光缆。

（5）75Ω有线电视同轴电缆。

目前，针对电话语音传输一般采用三类大对数对绞电缆（25 对、50 对、100 对等规格），针对数据和图像传输采用光缆或五类以上 4 对双绞线电缆以及五类大对数对绞电缆，针对有线电视信号的传输采用 75Ω同轴电缆。要注意的是，由于大对数线缆的对数多，很容易造成相互间的干扰，因此很难制造超五类以上的大对数对绞电缆，为此六类网络布线系统通常使用六类 4 对双绞线电缆或光缆作为主干线缆。在选择主干线缆时，还要考虑主干线缆的长度限制，如五类以上 4 对双绞线电缆在应用于 100Mbit/s 的高速网络系统时，电缆长度不宜超过 90m，否则宜选用单模或多模光缆。

3. 垂直子系统布线通道的选择

垂直线缆的布线路由的选择主要依据建筑的结构以及建筑物内预埋的管道而定。目前垂直型的干线布线路由主要采用电缆孔和电缆井两种方法。对于单层平面建筑物水平型的干线布线路由主要用金属管道和电缆托架两种方法。

干线子系统垂直通道有下列 3 种方式可供选择。

（1）电缆孔方式。

通道中所用的电缆孔是很短的管道，通常用一根或数根外径为 63～102mm 的金属管预埋在楼板内，金属管高出地面 25～50mm，也可直接在地板中预留一个大小适当的孔洞。电缆往往捆在钢绳上，而钢绳固定在墙上已铆好的金属条上。当楼层配线间上下都对齐时，一般可采用电缆孔方法，如图 12-13 所示。

（2）管道方式包括明管或暗管敷设。

（3）电缆竖井方式。

在新建工程中，推荐使用电缆竖井的方式。

电缆井是指在每层楼板上开出一些方孔，一般宽度为 30cm，并有 2.5cm 高的井栏，电缆井的具体大小要根据所布线的干线电缆数量而定，如图 12-14 所示。与电缆孔方法一样，

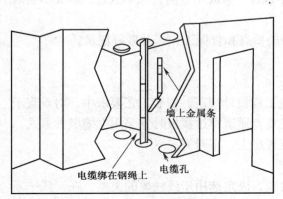

图 12-13　电缆孔方法

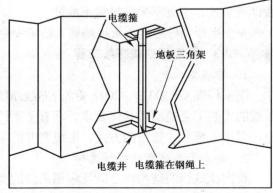

图 12-14　电缆井方法

电缆也是捆扎或箍在支撑用的钢绳上，钢绳靠墙上的金属条或地板三角架固定。离电缆井很近的墙上的立式金属架可以支撑很多电缆。电缆井比电缆孔更为灵活，可以让各种粗细不一的电缆以任何方式布设通过。但在建筑物内开电缆井的造价较高，而且不使用的电缆井很难防火。

4. 垂直子系统线缆容量的计算

在确定干线线缆类型后，便可以进一步确定每个层楼的干线容量。一般而言，在确定每层楼的干线类型和数量时，都要根据楼层水平子系统所有的各个语音、数据、图像等信息插座的数量来进行计算的。具体计算的原则如下。

（1）语音干线可按一个电话信息插座至少配 1 个线对的原则进行计算。

（2）计算机网络干线线对容量计算原则是电缆干线按 24 个信息插座配 2 对对绞线，每一个交换机或交换机群配 4 对对绞线；光缆干线按每 48 个信息插座配 2 芯光缆。

（3）当楼层信息插座较少时，在规定长度范围内，可以多个楼层共用 1 台交换机，并合并计算光缆芯数。

（4）如有光缆到用户桌面的情况，光缆直接从设备间引至用户桌面，干线光缆芯数应不包含这种情况下的光纤芯数。

（5）主干系统应留有足够的余量，以作为主干链路的备份，确保主干系统的可靠性。

下面对干线线缆容量计算进行举例说明。

【例】已知某建筑物需要实施综合布线工程，根据用户需求分析得知，其中第 6 层有 60 个计算机网络信息点，各信息点要求接入速率为 100Mbit/s，另有 45 个电话语音点，而且第 6 层楼层管理间到楼内设备间的距离为 60m，请确定该建筑物第六层的干线电缆类型及线对数。

解答：

（1）60 个计算机网络信息点要求该楼层应配置 3 台 24 口交换机，交换机之间可通过堆叠或级联方式连接。交换机群可通过一条 4 对超五类非屏蔽双绞线连接到建筑物的设备间。因此计算机网络的干线线缆配备一条 4 对超五类非屏蔽双绞线电缆。

（2）40 个电话语音点，按每个语音点配 1 个线对的原则，主干电缆应为 45 对。根据语音信号传输的要求，主干线缆可以配备一根三类 50 对非屏蔽大对数电缆。

5. 垂直子系统缆线的绑扎

垂直子敷设缆线时，应对缆线进行绑扎。对绞电缆、光缆及其他信号电缆应根据缆线的类别、数量、缆径、缆线芯数分束绑扎。绑扎间距不宜大于 1.5m，间距应均匀，防止线缆因重量产生拉力造成线缆变形，不宜绑扎过紧或使缆线受到挤压。

在绑扎缆线的时候特别注意的是应该按照楼层进行分组绑扎。

6. 垂直子系统缆线敷设方式

垂直干线是建筑物的主要线缆，为从设备间到每层楼上的管理间之间传输信号提供通路。垂直子系统的布线方式有垂直型的，也有水平型的，这主要根据建筑的结构而定。大多数建筑物都是垂直向高空发展的，因此在很多情况下会采用垂直型的布线方式。但是也有很多建筑物是横向发展的，如飞机场候机厅、工厂仓库等，这时也会采用水平型的主干布线方式。因此主干线缆的布线路由既可能是垂直型的，也可能是水平型的，或是两者的综合。

在新建筑物中，通常利用竖井通道敷设垂直干线。

在竖井中敷设垂直干线一般有两种方式：向下垂放电缆和向上牵引电缆。相比较而言，向下垂放比向上牵引容易。

（1）向下垂放线缆的一般步骤如下。

① 把线缆卷轴放到最顶层。

② 在离房子的开口（孔洞处）3～4m处安装线缆卷轴，并从卷轴顶部馈线。

③ 在线缆卷轴处安排所需的布线施工人员（人数视卷轴尺寸及线缆质量而定），另外，每层楼上要有1名工人，以便引寻下垂的线缆。

④ 旋转卷轴，将线缆从卷轴上拉出。

⑤ 将拉出的线缆引导进竖井中的孔洞。在此之前，先在孔洞中安放一个塑料套状保护物，以防止孔洞不光滑的边缘擦破线缆的外皮。

⑥ 慢慢地从卷轴上放缆并进入孔洞向下垂放，注意速度不要过快。

⑦ 继续放线，直到下一层布线人员将线缆引到下一个孔洞。

⑧ 按前面的步骤继续慢慢地放线，并将线缆引入各层的孔洞，直至线缆到达指定楼层进入横向通道。

（2）向上牵引线缆的一般步骤如下。

向上牵引线缆需要使用电动牵引绞车，其主要步骤如下。

① 按照线缆的质量，选定绞车型号，并按绞车制造厂家的说明书进行操作。先往绞车中穿一条绳子。

② 启动绞车，并往下垂放一条拉绳（确认此拉绳的强度能保护牵引线缆），直到安放线缆的底层。

③ 如果线缆上有一个拉眼，则将绳子连接到此拉眼。

④ 启动绞车，慢慢地将线缆通过各层的孔向上牵引。

⑤ 缆的末端到达顶层时，停止绞车。

⑥ 在地板孔边沿上用夹具将线缆固定。

⑦ 当所有连接制作好后，从绞车上释放线缆的末端。

12.4 进线间和建筑群子系统布线工程

1. 建筑群子系统线缆布放的标准要求

国家标准 GB50311—2007《综合布线系统工程设计规范》安装工艺要求中，规定建筑群之间的缆线宜采用地下管道或电缆沟敷设方式，并应符合相关规范的规定。

2. 建筑群子系统的布线距离的计算

建筑物子系统的布线距离主要通过两栋建筑物之间的距离来确定的。一般在每个室外接线井里预留1m的线缆。

3. 建筑群子系统线缆布线方法

建筑群子系统的线缆布设方式有4种：架空布线法、直埋布线法和地下管道布线法、隧道内电缆布线。

（1）架空布线法。

架空布线法通常应用于有现成电杆，对电缆的走线方式无特殊要求的场合。这种布线方式造价较低，但影响环境美观且安全性和灵活性不足。架空布线法要求用电杆将线缆在建筑物之间悬空架设，一般先架设钢丝绳，然后在钢丝绳上挂放线缆。架空布线使用的主要材料和配件有缆线、钢缆、固定螺栓、固定拉攀、预留架、U 形卡、挂钩以及标志管等，如图 12-15 所示，在架设时需要使用滑车、安全带等辅助工具。

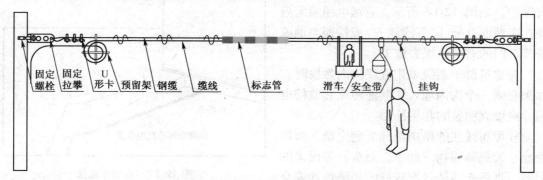

固定　固定　U　　　　　　　　　　　　　　　　　　　　　　　　　滑车　安全带　　挂钩
螺栓　拉攀　形卡　预留架　钢缆　缆线　　标志管

图 12-15　架空布线主要材料

架空电缆通常穿入建筑物外墙上的 U 形钢保护套，然后向下（或向上）延伸，从电缆孔进入建筑物内部，如图 12-16 所示。建筑物到最近处的电线杆相距应小于 30m。建筑物的电缆入口可以是穿墙的电缆孔或管道，电缆入口的孔径一般为 5cm。一般建议另设一根同样口径的备用管道，如果架空线的净空有问题，可以使用天线杆型的入口。该天线的支架一般不应高于屋顶 1 200mm。如果再高，就应使用拉绳固定。通信电缆与电力电缆之间的间距应遵守当地城管等部门的有关法规。

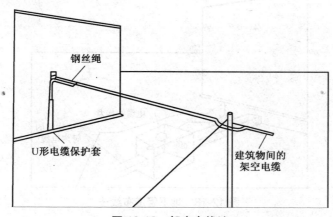

钢丝绳

U形电缆保护套　　　　　　　建筑物间的
　　　　　　　　　　　　　　架空电缆

图 12-16　架空布线法

架空线缆敷设时，一般步骤如下。

① 电杆以 30～50m 的间隔距离为宜。

② 根据线缆的质量选择钢丝绳，一般选 8 芯钢丝绳。

③ 接好钢丝绳。

④ 架设线缆。

⑤ 每隔 0.5m 架一个挂钩。

（2）直埋布线法。

根据选定的布线路由利用直埋布线法在地面上挖沟，然后将线缆直接埋在沟内。直埋布线的电缆除了穿过基础墙的那部分电缆有管保护外，电缆的其余部分直埋于地下，没有保护，如图 12-17 所示。直埋电缆通常应埋在距地面 0.6m 以下的地方，或按照当地城管等部门的有关法规去施工。

当建筑群子系统采用直埋沟内敷设时，如果在同一个沟内埋入了其他图像和监控电缆，应设立明显的共用标志。

直埋布线法的路由选择受到土质、公用设施、天然障碍物（如木、石头）等因素的影响。直埋布线法具有较好的经济性和安全性，总体优于架空布线法，但更换和维护电缆不方便且成本较高。

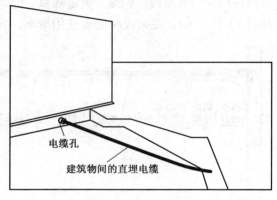

图 12-17　直埋布线法

（3）地下管道布线法。

地下管道布线是一种由管道和入孔组成的地下系统，把建筑群的各个建筑物进行互连。如图 12-18 所示，1 根或多根管道通过基础墙进入建筑物内部的结构。地下管道对电缆起到很好的保护作用，因此电缆受损坏的几率减少，且不会影响建筑物的外观及内部结构。

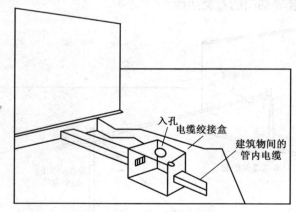

图 12-18　地下管道布线法

管道埋设的深度一般为 0.8~1.2m，或符合当地城管等部门有关法规规定的深度。为了方便日后的布线，管道安装时应预埋一根拉线，以供以后的布线使用。为了方便线缆的管理，地下管道应间隔 50~180m 设立一个接合井，以方便人员维护。接合井可以是预制的，也可以是现场浇筑的。

此外安装时至少应预留 1~2 个备用管孔，以供扩充之用。

地埋布线材料如图 12-19 所示。

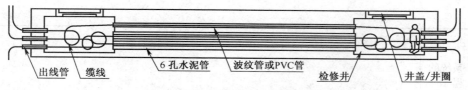

图 12-19　地埋材料图

（4）隧道内电缆布线。

在建筑物之间通常有地下通道，大多用于供暖供水，利用这些通道来敷设电缆不仅成本低，而且还可以利用原有的安全设施。考虑到暖气泄漏等问题，电缆安装时应与供气、供水、供段的管道保持一定的距离，安装在尽可能高的地方，可根据民用建筑设施的有关条件进行施工。

以上叙述了管道内、直埋、架空、隧道 4 种建筑群布线方法的优缺点如表 12-1 所示。

表 12-1　　　　　　　　　　　　4 种建筑群布线方法比较

方法	优　　点	缺　　点
管道内	提供最佳的机械保护； 任何时候都可敷设电缆； 敷设、扩充和加固都很容易； 保持建筑物的外貌	挖沟、开管道和入孔的成本很高
直埋	提供某种程度的机械保护； 保持建筑物的外貌	挖沟成本高； 难以安排电缆的敷设位置； 难以更换和加固
架空	如果本来就有电线杆，则成本最低	没有提供任何机械保护； 灵活性差； 安全性差； 影响建筑物美观
隧道	保持建筑物的外貌，如果本来就有隧道，则成本最低，比较安全	热量或泄漏的热气可能会损坏电缆可能被水淹没

第二部分　学习过程记录

将学生分组，小组成员根据综合布线系统线缆敷设的学习目标，认真学习相关知识，并将学习过程的内容（要点）进行记录，同时也将学习中存在的问题和意见总结进行记录，填写下面的表单。

学习情境	综合布线系统施工		任务		敷设管线与布放线缆	
班级		组名		组员		
开始时间		计划完成时间			实际完成时间	
管理间和设备间的布线技术						

续表

水平子系统的 布线工程	
进线间和建筑 群子系统布线 工程	
存在的问题及 反馈意见	

第三部分　工　作　页

1. PVC 线管的布线工程。

（1）使用 PVC 线管设计一种从信息点到楼层机柜的水平子系统，并且绘制施工图。

（2）按照设计图，核算实训材料规格和数量，列出材料清单。

（3）首先在需要的位置安装管卡。然后安装 PVC 管，两根 PVC 管连接处使用管接头，拐弯处必须使用弯管器制作大拐弯的弯头连接。记录安装过程如下：

（4）明装布线时，边布管边穿线。暗装布线时，先把全部管和接头安装到位，并且固定好，然后从一端向另外一端穿线。

（5）布管和穿线后，必须做好线标。线标情况记录如下：

（6）总结水平子系统布线施工程序和要求。

2. PVC 线槽的布线工程。

（1）使用 PVC 线槽设计一种从信息点到楼层机柜的水平子系统，并且绘制施工图。

（2）按照设计图，核算实训材料规格和数量，掌握工程材料核算方法，列出材料清单。

（3）安装线槽，记录安装过程。

（4）在线槽布线，边布线边装盖板。布线和盖板后，必须做好线标。记录如下：

（5）总结安装弯头、阴角、阳角、三通等线槽配件的方法和经验。

（6）总结水平子系统布线施工工序和要求。

3．桥架安装和布线工程。

（1）设计一种桥架布线路径，并且绘制施工图。

（2）按照设计图，核算实训材料规格和数量，掌握工程材料核算方法，列出材料清单。

（3）进行桥架部件组装和安装，记录安装过程。

（4）在桥架内布线，边布线边装盖板。

（5）总结安装支架、桥架、弯头、三通等线槽配件的方法和经验。

4. PVC 线槽/线管布线。

（1）设计一种使用 PVC 线槽/线管从管理间到楼层设备间内机柜的垂直子系统，并且绘制施工图。

（2）按照设计图，核算实训材料规格和数量，掌握工程材料核算方法，列出材料清单。

（3）根据设计的布线路径在墙面安装管卡，在垂直方向每隔 500～600mm 安装一个管卡。在拐弯处用 90° 弯头连接，安装 PVC 线槽。2 根 PVC 线槽之间用直接连接，3 根线槽之间用三通连接。同时在槽内安装 4-UTP 网线。安装线槽前，根据需要在线槽上开直径为 8mm 的孔，用 M6 螺栓固定。

对于 PVC 管：在拐弯处用 90° 弯头连接，安装 PVC 管。2 根 PVC 管之间用直接头连接，3 根管之间用三通连接。同时在 PVC 管内穿 4-UTP 网线。

机柜内必须预留网线 1.5m。

（4）画出垂直子系统 PVC 线槽或管布线路径图。

第四部分　练　习　页

（1）为了穿线方便，水平敷设的金属管如果超过下列长度或者弯曲过多时，中间应该增设_____，否则应该选择大一级管径的金属管。

（2）金属管间的连接通常有两种连接方法：_____和_____。

（3）PVC 管一般是在工作区暗埋线槽，管内穿线不宜太多，要留有_____的空间。

（4）由于建筑物内多种管线平行交叉，空间有限，特别是大型写字楼、金融商厦、酒店、场馆等建筑，信息点密集。因此缆线敷设除了采用楼板沟槽和墙内埋管方式外，在竖井和屋内天棚吊顶内广泛采用_____，提供不同走向的布线。

（5）垂直干线是建筑物的主要线缆，为从设备间到每层楼上的管理间之间传输信号提供通路。在新的建筑物中，通常利用_____敷设垂直干线。敷设垂直干线一般有两种方式，即_____和_____。

（6）拉力过大会造成线缆的变形，从而引起线缆传输性能的下降。在路由选择时应考虑线缆能承受的拉力。下列有关线缆最大允许的拉力描述正确的有_____。

    A．1 根 4 对线电缆，最大允许拉力为 100 N

    B．2 根 4 对线电缆，最大允许拉力为 150 N

    C．6 根 4 对线电缆，最大允许拉力为 350 N

    D．8 根 4 对线电缆，最大允许拉力为 450 N

（7）关于金属管的暗设应符合的要求，叙述正确的是_____。

    A．金属管道应有不小于 0.1%的排水坡度

    B．建筑群之间金属管的埋没深度不应小于 0.8 m

    C．金属管内应安置牵引线或拉线

    D．金属管的两端应有标记，表示建筑物、楼层、房间和长度

（8）线槽敷设时，在_____时应该设置支架或吊架。

    A．线槽接头处   B．间距 1.5～2m

    C．离开线槽两端口 0.5m 处   D．转弯处

（9）综合布线施工过程中，布放在线槽的缆线应顺直，槽内缆线应顺直，尽量不交叉，缆线不应溢出线槽，但在一些特殊的位置需要对缆线进行绑扎。下列有关缆线的绑扎叙述正确的是_____。

    A．在缆线进出线槽部位应绑扎固定

    B．在缆线转弯处应绑扎固定

    C．垂直线槽布放缆线应每隔 3m 固定在缆线支架上

    D．除上述情况外，布放在线槽的缆线一般可以不绑扎

（10）敷设金属管时，一般什么情况下需要设拉线盒？

（11）敷设暗管和暗槽时，对金属管、金属槽的口径有什么要求？

（12）如何实现双绞线线缆的牵引？

（13）在竖井中敷设垂直干线的两种方式分别应该如何实现？

（14）练习金属管加工、连接和敷设（包括明敷和暗敷）技术。在敷设的过程中要注意各种附件的使用，并且符合相关的工业标准。敷设好金属管后，利用拉绳敷设双绞线线缆。

（15）认识目前市场上常见的电缆桥架，学会设计和安装桥架，并且在桥架中敷设电缆，对电缆进行捆扎。

（16）利用建筑物中的竖井通道，分别使用向下垂放电缆和向上牵引电缆两种不同方式敷设垂直干线。

第五部分　任务评价

评价项目	项目评价内容	分值	自我评价	小组评价	教师评价	得分
理论知识	① 掌握管理间和设备间的布线技术	8				
	② 掌握水平子系统的布线工程技术	8				
	③ 掌握垂直子系统布线工程技术	9				
实操技能	① PVC 线管的布线工程	11				
	② PVC 线槽的布线工程	11				
	③ 桥架安装和布线工程	11				
	④ PVC 线槽/线管布线	12				
安全文明生产	① 安全、文明操作	5				
	② 有无违纪与违规现象	5				
	③ 良好的职业操守	5				
学习态度	① 不迟到、不缺课、不早退	5				
	② 学习认真，责任心强	5				
	③ 积极参与完成项目的各个步骤	5				
总　计　得　分						

任务十三　机柜、交换机和配线架等设备的安装

　　机柜、交换机和配线架等的安装是综合布线系统施工中所需的一项重要技能。通过此任务学习，可以掌握机柜、交换机和配线架等设备的安装方法。

问题引导

（1）安装机柜有哪些要求？

（2）安装管理间子系统的电源有哪些要求？

（3）安装通信跳线架的步骤是怎样的？

（4）如何进行交换机的安装？

（5）如何进行理线环的安装？

（6）如何进行设备间防雷器的安装？

提示：学生可以通过到图书馆查阅相关图书，上网搜索相关资料或询问相关在职人员。

任务描述

　　本任务要求学生在学习、收集相关资料基础上了解机柜、交换机和配线架等设备的安

装方法。任务描述如下表所示。

学习目标	(1) 了解机柜的安装要求； (2) 能进行管理间子系统的电源安装； (3) 掌握通信跳线架安装的步骤； (4) 能安装交换机； (5) 能安装理线环； (6) 能安装设备间防雷器
任务要求	(1) 完成立式机柜的安装； (2) 完成壁挂式机柜的安装； (3) 完成铜缆配线设备的安装
注意事项	(1) 工具仪器按规定摆放； (2) 安装时注意人身安全； (3) 注意实训室的卫生
建议学时	6 学时

第一部分 任务学习引导

13.1 管理间子系统交换机、配线架等设备的安装

1. 机柜安装要求

国家标准 GB50311—2007《综合布线系统工程设计规范》安装工艺要求中，对机柜的安装有如下要求。

在一般情况下，综合布线系统的配线设备和计算机网络设备采用 19 英寸标准机柜安装。机柜尺寸通常为 600mm（宽）×900mm（深）×2 000mm（高），共有 42U 的安装空间。机柜内可安装光纤连接盘、RJ-45（24 口）配线模块、多线对卡接模块（100 对）、理线架、计算机 HUB/SW 设备等。如果按建筑物每层电话和数据信息点各为 200 个考虑配置上述设备，大约需要有 2 个 19 英寸（42U）的机柜空间，以此测算电信间面积至少应为 5m²（2.5m×2.0m）。对于涉及布线系统设置内、外网或专用网时，19 英寸机柜应分别设置，并在保持一定间距的情况下预测电信间的面积。

对于管理间子系统来说，多数情况下采用 6U-12U 壁挂式机柜，一般安装在每个楼层的竖井内或者楼道中间位置。具体安装方法采取三角架或者膨胀螺栓固定机柜。

2. 管理间子系统的电源安装要求

管理间的电源一般安装在网络机柜的旁边，安装 220V（三孔）电源插座。如果是新建建筑，一般要求在土建施工过程中按照弱电施工图上标注的位置安装到位。

3. 通信跳线架的安装

通信跳线架主要是用于语音配线系统。一般采用 110 跳线架，主要是上级程控交换机过来的接线与到桌面终端的语音信息点连接线之间的连接和跳接部分，便于管理、维护、测试。

其安装步骤如下。

（1）取出 110 跳线架和附带的螺钉。

（2）利用十字螺钉旋具把110跳线架用螺钉直接固定在网络机柜的立柱上。

（3）理线。

（4）按打线标准把每个线芯按照顺序压在跳线架下层模块端接口中。

（5）把五对连接模块用力垂直压接在110跳线架上，完成下层端接。

4. 网络配线架的安装

网络配线架安装要求如下。

（1）在机柜内部安装配线架前，首先要进行设备位置规划或按照设计图的规定确定位置，统一考虑机柜内部的跳线架、配线架、理线环、交换机等设备。同时考虑配线架与交换机之间跳线方便。

（2）缆线采用地面出线方式时，一般缆线从机柜底部穿入机柜内部，配线架宜安装在机柜下部。采取桥架出线方式时，一般缆线从机柜顶部穿入机柜内部，配线架宜安装在机柜上部。缆线采取从机柜侧面穿入机柜内部时，配线架宜安装在机柜中部。

（3）配线架应该安装在左右对应的孔中，水平误差不大于2mm，更不允许左右孔错位安装。

网络配线架的安装步骤如下。

第一步，检查配线架和配件完整。

第二步，将配线架安装在机柜设计位置的立柱上。

第三步，理线。

第四步，端接打线。

第五步，做好标记，安装标签条。

安装配线架注意事项。

① 位置：机柜中间偏下方。

② 方向：插水晶头面向外。

③ 注意：水平、固定。

向配线架打线注意事项。

① 注意线序统一（按色块指示等）。

② 打线时注意打线工具与配线架垂直，各线缆之间无交叉。

③ 注意各双绞线的位置。

④ 整理线。

5. 交换机安装

交换机安装前首先检查产品外包装是否完整，然后开箱检查产品，收集和保存配套资料。一般包括交换机，2个支架，4个橡胶脚垫和4个螺钉，一根电源线，一个管理电缆。然后准备安装交换机，一般步骤如下。

（1）从包装箱内取出交换机设备。

（2）给交换机安装两个支架，安装时要注意支架方向。

（3）将交换机放到机柜中提前设计好的位置，用螺钉固定到机柜立柱上，一般交换机上下要留一些空间用于空气流通和设备散热。

（4）将交换机外壳接地，将电源线拿出来插在交换机后面的电源接口。

（5）完成上面几步操作后就可以打开交换机电源了，开启状态下查看交换机是否出现抖动现象，如果出现请检查脚垫高低或机柜上的固定螺钉松紧情况。

注意，拧这些螺钉时不要过紧，否则会让交换机倾斜。也不能过于松垮，否则交换机在运行时会不稳定，工作状态下设备会抖动。

6. 理线环的安装

理线环的安装步骤如下。

（1）取出理线环和所带的配件——螺钉包。

（2）将理线环安装在网络机柜的立柱上。

注意，在机柜内设备之间的安装距离至少留 1U 的空间，便于设备的散热。

7. 编号和标记

管理子系统是综合布线系统的线路管理区域，该区域往往安装了大量的线缆、管理器件及跳线，为了方便以后线路的管理工作，管理子系统的线缆、管理器件及跳线都必须做好标记，以标明位置、用途等信息。完整的标记应包含以下的信息：建筑物名称、位置、区号、起始点和功能。综合布线系统一般常用 3 种标记：电缆标记、场标记和插入标记，其中插入标记用途最广。

（1）电缆标记。

电缆标记主要用来标明电缆来源和去处，在电缆连接设备前电缆的起始端和终端都应做好电缆标记。电缆标记由背面为不干胶的白色材料制成，可以直接贴到各种电缆表面上，其规格尺寸和形状根据需要而定。例如，一根电缆从三楼的 311 房的第 1 个计算机网络信息点拉至楼层管理间，则该电缆的两端应标记上"311-D1"的标记，其中"D"表示数据信息点。

（2）场标记。

场标记又称为区域标记，一般用于设备间、配线间和二级交接间的管理器件之上，以区别管理器件连接线缆的区域范围。场标记也是由背面为不干胶的材料制成，可贴在设备醒目的平整表面上。

（3）插入标记。

插入标记一般管理器件上，如 110 配线架、BIX 安装架等。插入标记是硬纸片，可以插在 1.27cm×20.32cm 的透明塑料夹里，这些塑料夹可安装在两个 110 接线块或两根 BIX 条之间。每个插入标记都用色标来指明所连接电缆的源发地，这些电缆端接于设备间和配线间的管理场。对于插入标记的色标，综合布线系统有较为统一的规定，如表 13-1 所示。

表 13-1　　　　　　　　　　　　　综合布线色标规定

色别	设 备 间	配 线 间	二级交接间
蓝	设备间至工作区或用户终端线路	连接配线间与工作区的线路	自交换间连接工作区线路
橙	网络接口、多路复用器引来的线路	来自配线间多路复用器的输出线路	来自配线间多路复用器的输出线路
绿	来自电信局的输入中继线或网络接口的设备侧	——	——

续表

色别	设 备 间	配 线 间	二级交接间
黄	交换机的用户引出线或辅助装置的连接线路	——	——
灰	——	至二级交接间的连接电缆	来自配线间的连接电缆端接
紫	来自系统公用设备（如程控交换机或网络设备）连接线路	来自系统公用设备（如程控交换机或网络设备）连接线路	来自系统公用设备（如程控交换机或网络设备）连接线路
白	干线电缆和建筑群间连接电缆	来自设备间干线电缆的端接点	来自设备间干线电缆的点到点端接

通过不同色标可以很好地区别各个区域的电缆，方便管理子系统的线路管理工作。

13.2 设备间子系统工程

1. 设备间子系统的标准要求

国家标准 GB50311—2007《综合布线系统工程设计规范》安装工艺要求中，对设备间的设置要求如下。

每幢建筑物内应至少设置 1 个设备间，如果电话交换机与计算机网络设备分别安装在不同的场地或根据安全需要，也可设置 2 个或 2 个以上设备间，以满足不同业务的设备安装需要。

如果一个设备间面积以 $10m^2$ 计，大约能安装 5 个 19 英寸的机柜。在机柜中安装电话大对数电缆多对卡接式模块，数据主干缆线配线设备模块，大约能支持总量为 6 000 个信息点所需（其中电话和数据信息点各占 50%）的建筑物配线设备安装空间。

2. 设备间机柜的安装要求

设备间内机柜的安装要求标准如表 13-2 所示。

表 13-2　　　　　　　　　　　　机柜安装要求标准

项　目	标　准
安装位置	应符合设计要求，机柜应离墙 1m，便于安装和施工。所有安装螺钉不得有松动，保护橡胶垫应安装牢固
底座	安装应牢固，应按设计图的防震要求进行施工
安放	安放应竖直，柜面水平，垂直偏差≤1‰，水平偏差≤3mm，机柜之间缝隙≤1mm
表面	完整，无损伤，螺钉坚固，每平方米表面凹凸度应＜1mm
接线	接线应符合设计要求，接线端子各种标志应齐全，保持良好
配线设备	接地体，保护接地，导线截面，颜色应符合设计要求
接地	应设接地端子，并良好连接接入楼宇接地端排
线缆预留	（1）对于固定安装的机柜，在机柜内不应有预留线长，预留线应预留在可以隐蔽的地方，长度为 1～1.5m （2）对于可移动的机柜，连入机柜的全部线缆在连入机柜的入口处，应至少预留 1m，同时各种线缆的预留长度相互之间的差别应不超过 0.5m
布线	机柜内走线应全部固定，并要求横平竖直

3. 配电要求

设备间供电由大楼市电提供电源进入设备间专用的配电柜。设备间设置设备专用的活动地板下插座，为了便于维护，在墙面上安装维修插座。其他房间根据设备的数量安装相应的维修插座。

配电柜除了满足设备间设备的供电以外，并留出一定的余量，以备以后的扩容。

4. 设备间安装防雷器

（1）防雷基本原理。

所谓雷击防护就是通过合理、有效的手段将雷电的能量尽可能地引入大地，防止其进入被保护的电子设备。防雷是疏导，而不是堵雷或消雷。

国际电工委员会的分区防雷理论：外部和内部的雷电保护已采用面向 EMC 的雷电保护新概念。雷电保护区域的划分是采用标识数字 0~3。0A 保护区域是直接受到雷击的地方，由这里辐射出未衰减的雷击电磁场；其次的 0B 区域是指没有直接受到雷击，但却处于强的电磁场。保护区域 1 已位于建筑物内，直接在外墙的屏蔽措施之后，如混凝土立面的钢护板后面，此处的电磁场要弱的多（一般为 30dB）。在保护区域 2 中的终端电器可采用集中保护，例如，通过保护共用线路而大大减弱电磁场。保护区域 3 是电子设备或装置内部需要保护的范围。

根据国际电工委员会的最新防雷理论，外部和内部的雷电保护已采用面向电磁兼容性（EMC）的雷电保护新概念。对于感应雷的防护，已经同直击雷的防护同等重要。

感应雷的防护就是在被保护设备前端并联一个参数匹配的防雷器。在雷电流的冲击下，防雷器在极短时间内与地网形成通路，使雷电流在到达设备之前，通过防雷器和地网泄放入地。当雷电流脉冲泄放完成后，防雷器自恢复为正常高阻状态，使被保护设备继续工作。

直击雷的防护已经是一个很早就被重视的问题。现在的直击雷防护基本采用有效的避雷针、避雷带或避雷网作为接闪器，通过引下线使直击雷能量泻放入地。

（2）防雷设计。

依据 GB50057—1994 及 GA371—2001 中的有关规定，对计算机网络中心设备间电源系统采用三级防雷设计。

第一、第二级电源防雷：防止从室外窜入的雷电过电压、防止开关操作过电压、感应过电压、反射波效应过电压。一般在设备间总配电处，选用电源防雷器分别在 L-N、N-PE 间进行保护，可最大限度地确保被保护对象不因雷击而损坏，更大限度的保护设备安全。

第三级电源防雷：防止开关操作过电压、感应过电压。主要考虑到设备间的重要设备（服务器、交换机、路由器等）多，必须在其前端安装电源防雷器，如图 13-1 所示。

5. 设备间防静电措施

为了防止静电带来的危害，更好地保护机房设备，更好地利用布线空间，应在中央机房等关键的房间内安装高架防静电地板。

设备间用的防静电地板有钢结构和木结构两大类，其要求是既能提供防火、防水和防静电功能，又要轻、薄并具有较高的强度和适应性，且有微孔通风。防静电地板下面或防静电吊顶板上面的通风道应留有足够余地以作为机房敷设线槽、线缆的空间，这样既保证了大量线槽、线缆便于施工，同时也使机房整洁美观。

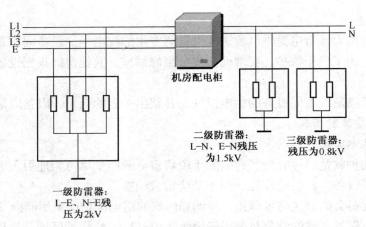

图 13-1　防雷器安装位置

在设备间装修铺设抗静电地板安装时，同时安装静电泄漏系统。铺设静电泄漏地网，通过静电泄漏干线和机房安全保护地的接地端子封在一起，将静电泄漏掉。

中央机房、设备间的高架防静电地板的安装注意事项。

（1）清洁地面。用水冲洗或拖湿地面，必须等到地面完全干了以后才可施工。

（2）画地板网格线和线缆管槽路径标识线，这是确保地板横平竖直的必要步骤。先将每个支架的位置正确标注在地面坐标上，之后应当马上将地板下面集中的大量线槽线缆的出口、安放方向、距离等一同标注在地面上，并准确地画出定位螺钉的孔位，而不能急于安放支架。

（3）敷设线槽线缆。先敷设防静电地板下面的线槽，这些线槽都是金属可锁闭和开启的，因而这一工序是将线槽位置全面固定，并同时安装接地引线，然后布放线缆。

（4）支架及线槽系统的接地保护。这一工序对于网络系统的安全至关重要。特别注意连接在地板支架上的接地铜带作为防静电地板的接地保护。注意一定要等到所有支架安放完成后再统一校准支架高度。

第二部分　学习过程记录

将学生分组，小组成员根据机柜、交换机、配线架等的安装作为学习目标，认真学习相关知识，并将学习过程的内容（要点）进行记录，同时也将学习中存在的问题和意见总结进行记录，填写下面的表单。

学习情境	综合布线系统施工		任务	机柜、交换机和配线架等设备的安装	
班级		组名		组员	
开始时间		计划完成时间		实际完成时间	
管理间子系统的交换机、配线架等的安装					

续表

设备间子系统工程	
存在的问题及反馈意见	

第三部分 工 作 页

1. 立式机柜的安装。

（1）准备实训工具，列出安装工具清单。

（2）确定立式机柜安装位置。立式机柜在管理间、设备间或机房的布置必须考虑远离配电箱，四周保证有 1m 的通道和检修空间。设计一种设备安装图，并且绘制安装图。

（3）实际测量尺寸，准备好需要安装的设备——立式网络机柜，将机柜就位，然后将机柜底部的定位螺栓向下旋转，将 4 个辁辘悬空，保证机柜不能转动。记录安装过程。

（4）总结安装步骤以及安装注意事项。

2. 壁挂式机柜的安装。

（1）准备实训工具，列出安装工具清单。

（2）设计一种机柜内安装设备布局示意图，并且绘制安装图。

（3）按照设计图，核算材料规格和数量，列出材料清单如下：

（4）准备好需要安装的设备，打开设备自带的螺钉包，在设计好的位置安装配线架、理线环等设备，注意保持设备平齐，螺钉固定牢固，并且做好设备编号和标记。记录安装过程。

（5）归纳和总结机柜的安装步骤以及安装注意事项。

3. 铜缆配线设备的安装。

（1）设计机柜内安装设备布局示意图，绘制安装图。

（2）根据设计图，核算材料规格和数量，列出材料清单如下：

（3）确定机柜内需要安装设备和数量，合理安排配线架、理线环的位置。

（4）安装机柜内的布线设备，记录安装过程。

（5）总结配线设备的安装步骤和注意事项。

第四部分　练　习　页

（1）通信跳线架的安装步骤是怎样的？

（2）交换机的安装步骤是怎样的？

（3）如何进行理线环的安装？

第五部分　任　务　评　价

评价项目	项目评价内容	分值	自我评价	小组评价	教师评价	得分
理论知识	① 了解机柜安装要求	5				
	② 管理间子系统的电源安装	5				
	③ 掌握通信跳线架的安装的步骤	5				
	④ 交换机的安装步骤和方法	5				
	⑤ 理线环安装方法和步骤，设备间防雷器的安装方法和要求	5				
实操技能	① 立式机柜的安装	15				
	② 壁挂式机柜的安装	15				
	③ 铜缆配线设备的安装	15				
安全文明生产	① 安全、文明操作	5				
	② 有无违纪与违规现象	5				
	③ 良好的职业操守	5				
学习态度	① 不迟到、不缺课、不早退	5				
	② 学习认真，责任心强	5				
	③ 积极参与完成项目的各个步骤	5				
总　计　得　分						

学习情境 4　综合布线系统测试与验收

任务十四　综合布线系统测试

综合布线系统测试是综合布线系统设计、施工后的一个环节。通过此任务学习，可以了解综合布线测试的类型和方法，并可以进行系统测试。

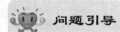 **问题引导**

（1）有哪些综合布线测试？

（2）什么是验证测试？什么是认证测试？

（3）如何进行永久链路测试？测试永久链路中应该注意哪些问题？

（4）如何进行信道测试？信道测试中应该注意哪些问题？

提示：学生可以通过到图书馆查阅相关图书，上网搜索相关资料或询问相关在职人员。

 任务描述

本任务要求学生在学习、收集相关资料基础上了解综合布线测试的类型，能进行永久链路测试和信道测试。任务描述如下表所示。

学习目标	（1）了解综合布线测试的类型； （2）能进行信道测试； （3）能进行永久测试； （4）掌握测试中的注意事项
任务要求	（1）完成一条光缆链路的测试，记录测试结果； （2）完成一条电缆链路的测试，记录测试结果
注意事项	（1）工具仪器按规定摆放； （2）爱护测试仪表； （3）测试时注意人身安全； （4）注意实训室的卫生
建议学时	6 学时

第一部分　任务学习引导

14.1　综合布线测试分类

1. 验证测试

验证测试又称随工测试，即边施工边测试，主要是检测线缆的质量和安装工艺，及时发现并纠正问题，避免整个工程完工后才发现问题，重新返工，耗费不必要的人、财、物。验证测试不需要使用复杂的测试仪，只需要能测试接线通断和线缆长度的测试仪。在工程竣工检查中，短路、反接、线对交叉、链路超长等问题约占整个工程质量问题的80%，这些问题在施工初期通过重新端接、调换线缆、修正布线路由等措施比较容易解决。若等到完工验收阶段，再发现这些问题，解决起来就比较困难。

2. 认证测试

认证测试又称验收测试，是所有测试工作中最重要的环节。通常在工程验收时对综合布线系统的安装、电气特性、传输性能、工程设计、选材以及施工质量全面检验。认证测试依据标准例行对综合布线系统逐项检测，以确保综合布线达到设计要求，包括连接性能测试和电气性能测试。认证测试通常分为自我认证和第三方认证两种类型。

(1) 自我认证测试

这项测试由施工方自行组织，按照设计施工方案对工程所有链路进行测试，确保每一条链路都符合标准要求。如果发现未达标的链路，应该进行整改，直至复测合格。同时编制确切的测试技术档案，写出测试报告，交建设方存档。测试记录应当做到准确、完整、规范，便于查阅。由施工方组织的认证测试，可邀请设计、施工监理多方参与，建设单位也应派遣网管人员参加这项测试工作，以便了解整个测试过程，方便日后的系统管理与维护。

认证测试是设计、施工方对所承担的工程进行的一个总结性质量检验，施工单位承担认证测试工作的人员应当经过测试仪表供应商的技术培训并获得认证资格。

(2) 第三方认证测试

综合布线系统是网络系统的基础性工程，工程质量将直接影响建设方网络能否按设计要求顺利开通运行，能否保障网络系统数据正常传输。随着支持吉比特以太网的超五类以及六类综合布线的推广应用和光纤在综合布线系统中的大量应用，工程施工的工艺要求越来越高。

越来越多的建设方，既要求综合布线施工方提供综合布线系统的自我认证测试，同时也委托第三方对系统进行验收测试，以确保布线施工的质量，这是综合布线验收质量管理的规范。

第三方认证测试目前采用两种做法。

① 对工程要求高，使用器材类别多，投资较大的工程，建设方除要求施工方要做自我认证测试外，还邀请第三方对工程做全面验收测试。

② 建设方在要求施工方做自我认证测试的同时，请第三方对综合布线系统链路做抽样测试。按工程大小确定确定抽样样本数量，一般1 000信息点以上的抽样30%，1 000信息点以下的抽样50%。

衡量、评价综合布线系统工程的质量优劣，唯一科学、有效的途径就是进行全面现场测试。

14.2　电气测试的测试项目

1. 接点图（Wire Map）

接线图的测试是验证线路两端 RJ-45 插头的电缆芯线连接对应关系。在接点方面，一般遵循的是 T-568A 和 T-568B 两种接法，这两种接法在性能上是没有区别的，但工程中要求必须用同一种接法进行施工。接线图故障有开路、短路、交叉、错对及串绕等。

（1）开路。

开路是指 8 芯线缆的端接出现一根及多根芯线连接断开问题，一般解决方法是检查模块及配线架端接、跳线水晶头的压接情况，该问题是工程中最常见的错误，可在端接时避免，跳线尽量采用原装成型跳线，在多信息点的工程中提高实施的效率。

（2）短路。

短路是一根或多根芯线互相连通所导致的线路故障。排除方法可以用测试仪器的时域反射技术定位故障点，根据短路点的位置，然后再确定该问题是出现在连接点还是线缆中间，以能迅速排除故障。

（3）交叉。

该问题一般为打线时疏忽引起的，这种情况在某些品牌的线缆中容易出现，由于这些线缆的芯线副色常为白色，在施工时容易把开对后的白色芯线位置搞混，如果使用的线缆严格按照标准设计，副色芯线全部包含主色条纹，可以减少该问题的发生的几率。

（4）错对。

错对是指线路两边的线对颜色对调了，该问题常出现在一边采用 T-568A，另一边采用 T-568B 的施工错误。需要说明的是在 100Base-TX 网络里，根据线对发送接收的原则，可以用于双机网卡直连，除此之外在工程中不允许出现这种接法。

（5）串绕。

串绕表现为从不同的绕对中组合新的传输线对，导致其中 3 芯、6 芯传输芯线由不同的绕对组合而成，因这种排法破坏了双绞线的平衡，虽用普通通断测试仪连通性测试正常，但 3 芯、6 芯会出现极大近端串绕，导致网络无法连通，该问题常出现在直接手工制作水晶头的连接链路上。

2. 链路长度（Length）

目前综合布线系统所允许的双绞线链路最长的接线长度是 100m，如果长度超过指标则衰减和延迟太大，影响网络传输。而电话系统对于长度要求不限于 100m 以内。影响长度测试的重要因素是 NVP 值，NVP 值是"信号在电缆中传输的速度与真空中光速的百分比"的意思。为了达到实际长度的精确测试，该值需要在测试前取一段该批线缆的实际丈量长度样板对测试仪器进行校正，该样板长度一般为 25m。经过事先校正过的现场测试，其链路长度比较接近于实际的线缆外观尺寸。

3. 衰减（Attenuation）

当信号在电缆上传播时，信号强度随着距离增大逐渐变小。衰减量与线路长度、芯线直径、温度、阻抗、信号频率有关。这里要强调的衰减值在同样测试条件下是比较固定的，影响该项目性能的因素主要跟线缆的制造工艺有关。但是为了达到较好的传输效果，布线工程设计时机房的位置尽量要靠近施工环境的平面中心，使布线的路由最短化。

衰减在不同的布线等级标准里要求是不一致的，但在芯线直径不能大规模增大情况下，不同性能等级之间的衰减值规定并不像串扰那样差别巨大。

4. 特性阻抗（Impedance）

特性阻抗是指电缆无限长时的阻抗。电缆的特性阻抗是一个复杂的特性，是由电缆的各种物理参数如电感、电容、电阻的值决定的。而这些值又取决于导体的形状、同心度、导体之间的距离以及电缆绝缘层的材料。网络的良好运行取决于整个系统中一致的阻抗，阻抗的突变会造成信号的反射，从而使信号传输发生畸变，导致网络错误。特性阻抗的标准值是 $100 \pm 20\Omega$，如果能维持在 $100 \pm 10\Omega$ 以内则比较理想。

5. 直流电阻（Resistence）

直流环路电阻会消耗一部分信号，并将其转变成热量。它是指一对导线电阻的和 ISO/IEC11801 规范里双绞线的直流电阻不得大于 19.2Ω。每对间的差异不能太大（小于 0.1Ω），否则表示接触不良，必须检查连接点。

6. 传输延迟（Propagation delay）和延迟偏离（Delay Skew）

1997 年增加的 TIA/EIA 568A-1 的附录中包含了传输延迟和延迟偏离的规范，根据 IEEE 制定的各种网络传输标准，网络传输的延迟最高值不能超过 570ns，这就要求综合布线链路的测试加入该项目。不管是五类还是六类，标准对传输延迟的规定基本上一致，即延迟 550ns；延迟偏离 50ns。可以说延迟是制约网络铜缆传输距离的最主要因素，所以就算采用增大线径或信号强度来增长传输距离，都没法改变传输延迟的参数，因为它是由导体材质影响的，这也是为什么在回答客户咨询时强调链路存在 100m 限制的原因。

7. 近端串扰（Next）

一条链路中，处于线缆一侧的某发送线对对于同侧的其他相邻（接收）线对通过电磁感应所造成的信号耦合，即近端串扰。定义近端串扰值（dB）和导致该串扰的发送信号（参考值定为 0dB）之差值（dB）为近端串扰损耗。越大的近端串扰值近端串扰损耗越大。由于近端串扰在测量是对信号的拾取是有灵敏度差别的，处于 40m 以外的近端串扰信号是不精确的，所以链路认证测试在该值上要求两端测试。

近端串扰与线缆类别、连接方式、频率值、施工工艺有关。在接点图正常的情况下，该值如果出现负数，一般的原因应该与线缆质量和施工工艺有关。对线缆质量影响很大的因素是在生产过程中产生的，在串连机上包好绝缘层的芯线其同芯度的偏差；对绞工序的密度、均匀度、黏合度；成缆时的综合绞距、4 对芯线平衡性；包外绝缘层过程中对四对缆芯的结构破坏等。一条合格的双绞电缆，其性能要完全达到标准规定的参数要求，生产单位必须在规格设定、原材料采购、生产设备、人员素质等各方面都严格把关。

对于出厂前引起的质量问题，一般在施工前验收就可以排除。而施工工艺才是与广大从业人员最为相关的部分。为了得到更好的工程余量，建议工程实施时尽量以标准为依据，在结构设计、路由配置、机房定位时把可能出问题的因素减少到最小；同时在指导施工时控制工人的拉线力度、弯曲半径、开对长度等。如果验收时出现有信息点近端串扰值为负数的，此时应该从验收测试的链路模型开始考虑，对于 T-568B 及以后的标准，Basic Link 基本链路已经给淘汰了，而替代它的 Permanent Link 永久链路在长度上同样是控制在 90m 以内，超出这一长度的链路的各种参数在测试时很容易就出现负值，此时如果采用 Channel 信道测试则结果可能还处于正常的范围。另一方面，检查配线架及信息模块的端接情况，把对绞开对距离控制在标准许可的范围内（三类 7cm、五类以上 1.3cm），过长的开对距离会使双绞线的平衡结构得到极大的破坏，从而产生近端串扰。

8. 综合功率近端串扰（Psnext）

从超五类布线系统开始，为了支持基于 1000Base-T 的千兆以太网协议，测试参数又多了一个综合功率近端串扰值，该值是考虑在实施四对全双工传输时多对线对一对的近端串扰总和，对于千兆传输来说，该值至关重要，其问题的发生与近端串扰基本一致，同时影响更加明显。

9. 等效远端串扰（Elfext）及远端串扰（Fext）

由发射机在远端传送信号，在相邻线对近端测出的不良信号耦合为远端串扰（Fext）损耗。远端串扰损耗以接收信号电平对应的 dB 表示。按照 ASTMD4566—94 电信电信电缆绝缘和护套电气参数性能的测方法标准，应当测量电缆和布线所有线对组合的等电平远端串扰损耗（Elfext）。此外，由于每一对双工信道会受到一对以上的双工信道的干扰，所以应规定布线和电缆的综合功率等效远端串扰（Pselfext）。

10. 近端串扰衰减比（Acr）

近端串扰衰减比是同一频率下近端串扰和衰减的差值，用公式可表示为：Acr＝衰减的信号−近端串扰的噪声。它不属于 TIA/EIA—568B 标准的内容，但对于表示信号和噪声串扰之间的关系有着重要的价值。为了达到满意的误码率，近段串扰以及信号衰减都要尽可能的小。Acr 是一个数量指数指示器，表明了在接受端的衰减值与串扰值的比值。为了得到较好的性能，Acr 指数需要在几 dB 左右。如果 Acr 不是足够大，那么将会频繁出现错误。在许多情况中，即使是在 Acr 中的一个很小的提高也能有效地降低整个线路中的误码比率。

11. 回波损耗（Return Loss）

回波损耗是布线系统中阻抗不匹配产生的反射能量，回波损耗对使用向同时传输的应用尤其重要，回波损耗以反射信号电平的对应分贝（dB）来表示。标准要求 100Ω的链路系统如果其中的元器件的特性阻抗波动太大，就会产生回波损耗。另一方面，施工中不规范的操作也会引起回波损耗。

12. 外部串扰（Anext）

最新的 IEEE802.3AN 已将 10GBase-T 列为正式标准，该标准规定了用铜缆来传输万兆带宽的各种细节，由于万兆非屏蔽铜缆使用的传输频率非常高（需要 500MHz 以上），因此外部线缆近端串扰（即外来线对串扰，Anext）问题就更为严重，被认为是增加信道容量的最大限制因素。Anext 被定义为线缆中的一对线给相邻的另一对线带来的干扰。在两个相同颜色的线之间的 Anext 干扰最明显，这是由于在这对线中它们的绞距事实上是一样的，更深一层的考虑必须基于综合线外串扰，即 Psanext，因为在所有邻近的线对之间也存在感应噪声干扰，不仅仅是那些相同颜色的线之间。除了线缆之外，配线架相邻的两个端口之间互相也存在着强烈的 Anext 干扰影响。该参数现在尚无成熟可行的现场测试方案。

14.3 测试链路模型

在综合布线工程的测试里主要接触到永久链路测试和信道测试两种测试过程。

1. 永久链路测试

永久链路测试（Permanent Link Test）一般是指从配线架上的跳线插座算起，到工作区墙面板插座位置，对这段链路进行的物理性能测试，如图 14-1 所示。

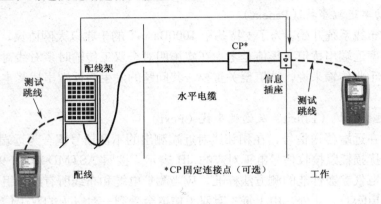

图 14-1　永久链路测试

一般来说，等级越高需要测试的参数种类就越多。但也不总是这样，比如 Cat6A 电缆链路需要测试外部串扰 Anext 等参数，而 Class F（七类）链路就不需要测试外部串扰参数（已屏蔽）。

2. 信道测试

信道测试（Channel Test）又译作通道测试，一般是指从交换机端口上设备跳线的 RJ-45 水晶头算起，到服务器网卡前用户跳线的 RJ-45 水晶头结束，对这段链路进行的物理性能测试，如图 14-2 所示。

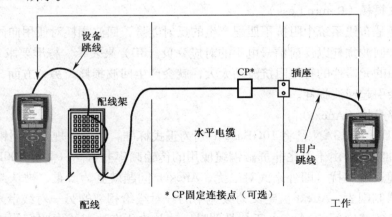

图 14-2　信道测试模型

一条链路中连接的"元器件"越多，链路质量就越差。每增加一个连接器件，比如增加一根跳线或模块，整个链路参数就下降一些。信道是在永久链路的基础上增加两端的设备跳线和用户跳线后构成的真实链路，所以信道的参数"标准"要比永久链路松一些。

通常，用户最终使用的链路都是信道，但在系统刚建成的时候，多数链路还是永久链路而非信道（因为无跳线）。构建信道的方法很简单，只需要在永久链路的基础上增加设备跳线和用户跳线就可以了。如果使用的跳线不合格，即便永久链路合格，也可能导致信道不合格。有趣的是，少数不合格的永久链路在加上高质量的跳线后反而有可能构建成一条合格的信道。所以，需要控制链路质量的用户会格外关注永久链路的质量检查。以后只需要增加合格的跳线，就可以基本上可以保证 100%地构建一条合格的信道。

那么，选用什么链路模型来作为验收测试的标准比较好呢？基本上，对综合布线系统质量要求最高的用户会坚持采用"永久链路+信道测试"的方法来检验最终完成系统的质量。多数用户则只需关注永久链路的质量，开通用户时只要跳线检验合格，就可以构建一个100%合格的综合布线系统，平时只要重点关注少数几条核心链路的信道质量即可。

信道测试与永久链路的测试方法相似，取出数据的方法也完全相同。不同的只是选取的测试模式不一样，使用的测试适配器不同而已。信道测试适配器对于 Cat6A 链路级别以下的形状和参数都相似，但七类链路由于接口是非 RJ-45 结构，所以适配器也是专门的 Tera结构。

14.4 综合布线系统工程的测试

综合布线系统工程的测试主要针对各个子系统（如水平布线子系统、垂直布线子系统等）当中的物理链路进行质量检测。测试的对象有电缆和光缆。在设备开通时部分用户会选择性地进行"信道测试"或者"跳线测试"，以提高链路的可靠性。这些测试对象均可以在测试仪器中选择对应的标准进行测试。

1. 测试电缆跳线

永久链路作为质量验收的必测内容被广泛使用，信道的测试多数在开通用户时有选择性地进行。为了既保证信道质量总能合乎要求，又不进行信道测试，用户只需要重点把握好跳线的质量就可以了。因为只要跳线质量合格，那么合格的永久链路加上合格的跳线就几乎能 100%地保证由此构成的信道合格。为此，需要对准备投入使用的跳线进行质量检测，有时候这种测试还是以批量的方式进行的，使用跳线测试适配器即可轻松地进行。

跳线适配器外观与信道适配器很相像，但上面安装的测试插座是 TIA 标准委员会指定的"SMP 插座"。测试标准在"Setup"菜单中需要对应地选择"Patch Cord（跳线）"标准、跳线等级（比如 Cat5、Cat6 等）和跳线长度。跳线的长度为 0.5～20m，要与被测试的跳线长度对应，否则测试的结果不准确。虽然 TIA 的标准中定义最大的跳线长度为 20m，不过，超过 20m 的"跳线"仍可以使用 20m 作为对应长度，这是因为超过 20m 以后重要参数 NEXT、RL 等受长度变化的影响变得不敏感，通常可以忽略这种误差。

测试结果的存取方式与永久链路和信道的存取方式相同。

说明：Cat6a 电缆由于标准委员会没有指定第三方专用中立型测试适配器，故可以使用通用型的测试适配器（如 LABA/SET）进行测试。测试时除了选择跳线测试标准，还要为跳线选择两个与之最匹配的"非参数中立型"插座。

特别提示，不能用信道测试代替跳线测试——两者的标准、模式、补偿等完全不同。

2. 测试整卷线

整卷线购入后有时需要做进货验收，此时可以使用整卷线测试适配器进行测试。更换测试适配器（如 LABA/MN），将整卷线的 4 个线对剥去外皮（1cm），插入适配器测试连接孔中，选择整卷线测试标准（如 Cat6 spool），按下测试键并保存结果即可。

3. 测试光缆

综合布线系统中使用的光缆以多模光缆为主，骨干链路光缆则多模光缆和单模光缆均占一定比例。

光缆的现场工程测试分一级测试（Tier 1）和二级测试（Tier 2），一级测试是用光源和光功率计测试光缆的衰减值，并依据标准判断是否合格，附带测试光缆的长度，二级测试是"通用型"测试和"应用型"测试。通用型测试在诸如 TIA568B、TIA568C、ISO11801 和 GB50312 等常用标准中都有明确的定义。主要就是测试光缆的衰减值和长度是否符合标准规定的要求，以此判断安装的光缆链路是否合格。在仪器中先安装光缆测试模块，然后开机挑选一个测试标准，随后即可进行正常测试。测试结果存入仪器中或稍后用软件导入计算机中进行保存和处理。仪器会根据选择的标准自动进行判定是否合格。

应用型测试主要诊断具体某种应用进行的测试，比如，计划要上千兆光缆设备，需要测试一根光缆是否能支持 1 000Base-F（千兆以太网光缆链路）这种具体应用。可以在仪器中选择对应标准进行测试，并自动进行合格判定。

进行多标准验收测试固然好，但很难做到。这是因为光缆安装以后在相当长一段时间内并不知道以后会运行何种应用。比如现在计划使用 100Base-F，3 年后可能会转为 1 000Base-F，而 10 年以后可能是 10G Base-F，甚至更高速率的应用。所以，安装完成后一般都进行通用型测试和验收，否则无法完结工程款项的支付。如果工程中某些光缆链路已经被设计来运行某种高速应用，则可以增加此应用的验收测试。

对于没有进行过应用型测试的光缆链路，以后在需要开通新的应用时，可视情况增加应用型测试，以便确定是否能支持新的应用。

需要指出的是，通用型测试和应用型测试的结果有时候看似是相互矛盾的。比如，一段 600m 的多模光缆，通用型测试衰减值是 1.8dB，判定合格，表明施工和安装的质量符合要求。而进行 10G Base-F 应用型测试时，衰减值仍然为 1.8dB，但却被判定为不合格。这是因为，600m 的长度对万兆以太网光缆应用来说太"长"了。

光缆分多模光缆（直径 62.5μm 和 50μm）和单模光缆（直径 8.3μm 和 9μm）两类，测试时要使用两类不同的测试适配器进行测试。由于计算机网络中使用的波长多为 850nm 和 1 300nm 的多模光缆及波长为 1 310nm 和 1 550nm（单模光缆），而同一根光缆链路当中不同工作波长对应的衰减值是不同的，有时候因为安装错误会导致这种差异很大（比如尾纤的盘纤直径过小），所以测试时一般都选择同时进行双波长测试，以避免今后更换到另一个工作波长时误码率不符合要求甚至完全无法连通。另外，计算机网络绝大多数都成对使用光缆（收发信号各用一根），而由于在安装设备和维护设备时可能存在误将收、发光缆交换使用的情况，所以在光缆验收测试时还被要求进行极性测试（即双向衰减测试）。多数光缆的双向衰减值是很接近的，但由于器件质量、安装错误等原因有可能出现较大差异，导致光缆在交换后误码率不符合要求甚至完全无法连通。上述的双波长、双光缆、双向（极性）测试在测试仪器使用时要先设置，然后仪器即可以自动进行上述测试。

　　上面介绍的是用测试光缆衰减值的方法来认证光缆链路质量，这种方法被称为"一类测试"测试（Tier 1）。对于要求高的用户，为了保证光缆链路的各个结构元素都合格（光缆/接头/熔接点/插座等），确保高速应用的质量，需要一类测试的基础上，增加测试 OTDR 曲线，判断链路中的熔接点、连接点等质量是否符合要求。这种测试就称为"二类测试"。

　　二类测试（Tier 2）需要选择具备二类测试功能（OTDR+衰减+长度测试）的测试仪。有的测试仪只有一类测试功能，有的只有 OTDR 测试功能，需要手工将测试结果合并。部分测试仪器则同时具备两种功能（输出一个合并报告），这对验收和维护人员来说是很实用的。

　　需要特别提示的是，有的 OTDR 测试仪仅使用估算的"反射损耗"来替代一类测试的实际衰减值，测试精度有可能存在较大误差，这种测试方法是不被认证标准认可的，但作为平时故障诊断使用还是非常方便和有很好参考意义的。

　　除了一类测试和二类测试外，部分高端用户对光缆链路还有视频检测和链路结构测试的需求。视频检视可以用光纤显微镜来检查跳线插头端面的洁净度、椭圆度、同心度、光洁度、突台等，以此帮助确认跳线的质量水平是否合乎要求，也可以根据 OTDR 曲线指示的位置，检查插座的类似质量指标。链路结构测试则是指利用二类测试"推导出"链路的实际结构，即准确显示链路中有何种器件（接头、跳线、光缆等）及其连接关系，为了方便，有的高端用户会要求将视频检查图和链路结构图合并到一个检验报告中。

　　对于单独的跳线和分光器的衰减检测，依然可以使用高精度的一类测试工具来进行测试，不过测试模式建议最好用"方法 B"，这样可以保证较高精度。

　　4．测试综合布线的接地

　　综合布线系统的接地主要是机架接地和屏蔽电缆接地，机架接地和一般的弱电设备接地方式和接地电阻要求是相同的，一般使用接地电阻测试仪进行测试。

　　屏蔽电缆的接地端一般与机架或者机架接地端相连，对于屏蔽层的直流连通性测试，则标准当中没有数值要求，只要求连通即可。测试方法：在电缆认证测试仪设置菜单中选择测试电缆类型为 FTP，即可在测试电缆参数的同时自动增加对屏蔽层连通性的测试，结果自动合并保留在参数测试报告中。

　　5．测试含防雷器的电缆链路

　　为了防止服务器和交换机端口不被雷击感应电压和浪涌电压损坏，可以在电缆连路中串入防雷器。串入的位置一般在被保护的端口附近，比如服务器一般安装在网卡前，交换机端口则安装在端口前端，防雷器的接地与机架接地或者服务器接地相连。由于防雷器的串入会增加通道链路中的连接点数量，导致电缆链路结构参数（主要是近端串扰 NEXT 和回波损耗 Return Loss）的改变，所以通常会降低链路的质量。对于本身连接点（比如模块）数量少且比较短的链路，由于连接参数本身余量大，接入防雷器的影响会小一些。

　　接入防雷器的链路一般按照通道模式进行测试—多数防雷器产品设计成"跳线"形状。某些特殊的防雷器是按照固定安装模式接入链路的，这种防雷器则可以纳入永久链路的测试模式。建议用户先对无防雷器的链路进行测试，然后再对加装防雷器的链路进行测试，测试参数合并或并列到验收测试报告中，以便比较。

第二部分　学习过程记录

　　将学生分组，小组成员根据综合布线系统测试的学习目标，认真学习相关知识，并将学习过程的内容（要点）进行记录，同时也将学习中存在的问题和意见总结进行记录，填写下面的表单。

学习情境	综合布线系统测试与验收		任务	综合布线系统测试		
班级		组名		组员		
开始时间		计划完成时间		实际完成时间		
综合布线的测试分类						
电气测试的测试项目						
测试链路模型						
综合布线系统工程的测试						
存在的问题及反馈意见						

第三部分 工 作 页

1. 对一个已经安装的双绞线链路进行测试。

（1）完成接线图（开路/短路/错对/串绕）测试，记录测试结果如下：

（2）进行长度测试，记录结果如下：

（3）进行衰减测试，记录结果如下：

（4）进行近端串扰测试，记录结果如下：

（5）回波损耗测试，结果如下：

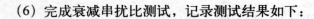

（6）完成衰减串扰比测试，记录测试结果如下：

（7）完成传输时延测试，记录结果如下：

（8）时延差测试，记录如下：

（9）进行综合近端串扰测试，记录结果如下：

（10）进行等效远端串扰测试，记录如下：

（11）进行综合等效远端串扰测试，记录如下：

2. 对实训室的一条光缆链路进行测试。

（1）进行光缆衰减测试，记录测试方法和测试结果如下：

（2）完成光插入损耗测试，记录测试方法和测试结果如下：

（3）完成光回波损耗测试，记录测试方法和测试结果如下：

（4）测量最大传输时延，记录测试方法和测试结果如下：

（5）带宽测试，记录测试结果和测试方法如下：

（6）完成长度测试。

第四部分 练 习 页

（1）综合布线系统工程测试的主要内容？

（2）如何测试电缆跳线？

（3）如何测试含防雷器的电缆链路？

（4）测试永久链路应该注意什么问题？

（5）简述认证测试的内容及其作用。

（6）6类布线系统认证测试需要测试哪些参数？

（7）常用的验证测试仪表有哪些？你用过什么验证测试仪表？

（8）现场测试有何环境要求，环境对测试结果有何影响？

（9）衰减是信号能量沿基本链路或通道损耗的量度，随＿＿＿＿、＿＿＿＿、和＿＿＿＿增加而增大，其单位是分贝（dB）。

（10）引起衰减测试未通过的主要原因是＿＿＿＿和＿＿＿＿。

（11）近端串扰又称为＿＿＿＿。近端串扰必须进行＿＿＿＿，有12个测试结果。

（12）回波损耗是指信号在电缆中传输时被反射回来的信号能量的强度。引起回波损耗的主要原因是：＿＿＿＿＿＿＿＿＿＿＿＿＿＿＿＿＿＿＿＿＿＿。

第五部分 任 务 评 价

评价项目	项目评价内容	分值	自我评价	小组评价	教师评价	得分
理论知识	① 综合布线测试分类	5				
	② 电气测试的测试项目	5				
	③ 测试链路模型	5				
	④ 综合布线系统工程的测试	10				
实操技能	① 双绞线链路测试	25				
	② 光缆链路测试	20				
安全文明生产	① 安全、文明操作	5				
	② 有无违纪与违规现象	5				
	③ 良好的职业操守	5				
学习态度	① 不迟到、不缺课、不早退	5				
	② 学习认真，责任心强	5				
	③ 积极参与完成项目的各个步骤	5				
总 计 得 分						

任务十五　综合布线系统验收

综合布线系统验收是综合布线系统施工期间和施工结束后的一个重要环节。通过此任务学习，可以了解工程验收的相关标准、竣工验收技术文件的主要要求、验收内容、验收要求等。

问题引导

（1）可以参照哪些标准进行综合布线系统的验收？

（2）综合布线系统物理验收的内容有哪些？

（3）综合布线系统文档验收的内容有哪些？

提示：学生可以通过到图书馆查阅相关图书，上网搜索相关资料或询问相关在职人员。

任务描述

本任务要求学生在学习、收集相关资料基础上了解综合布线系统验收的标准和验收的内容，能对综合布线系统项目进行验收。任务描述如下表所示。

学习目标	（1）了解工程验收的相关标准； （2）了解综合布线系统验收的基本概念； （3）掌握物理验收的内容和方法； （4）掌握文档验收的内容和方法； （5）掌握系统测试验收的内容
任务要求	以校园综合布线系统为例，如下所示。 （1）完成物理验收并掌握验收方法； （2）完成文档的验收，掌握验收方法
注意事项	（1）工具仪器按规定摆放； （2）参观综合布线系统注意安全； （3）注意实训室的卫生
建议学时	6学时

第一部分　任务学习引导

15.1　工程验收相关标准

工程验收主要以综合布线工程验收规范（GB50312—2007）作为技术验收标准，按照该规范中描述的项目和测试过程进行。同时，由于综合布线工程是一项系统工程，不同的项目会涉及其他一些技术标准。

《大楼综合布线总规范》（YD/T926—1—3（2000））

《综合布线系统电气特性通用测试方法》（YD/T1013—1999）

《数字通信用实心聚烯烃绝缘水平对绞电缆》（YD/T1019—2000）

《本地网通信线路工程验收规范》（YD5051—1997）

《通信管道工程施工及验收技术规范（修订本）》（YDJ39—1997）

在实际的综合布线系统的施工和验收中，如遇到上述各种规范未包括的技术标准和技术要求，为了保证验收的进行，可按照其他设计规范和设计文件的要求进行。

15.2　综合布线系统验收

对综合布线系统验收是施工方向用户方移交的正式手续，也是用户对工程的认可。验收是用户方对综合布线系统施工工作的认可，检查工程施工是否符合设计要求和符合有关施工规范。用户方要确认；工程是否达到了原来的设计目标？质量是否符合要求？有没有不符合原设计的有关施工规范的地方？

由于智能小区的综合布线系统既有屋内的建筑物主干布线系统和水平布线系统，又有屋外的建筑群主干布线子系统。因此，对于综合布线系统工程的验收，除应符合《建筑与建筑群综合布线系统工程验收规范》外，还应符合国家现行的《大楼综合布线总规范》、《综合布线系统电气特性通用测试方法》、《数字通信用实心聚烯烃绝缘水平对绞电缆》、《本地网通信线路工程验收规范》、《通信管道工程施工及验收技术规范（修订本）》等。

综合布线系统工程的验收可分两部分进行，第一部分是物理验收，第二部分是文档验收。

15.3 物理验收

1. 环境验收

环境验收是指对管理间、设备间、工作区的建筑和环境条件进行检查。检查内容包括：

（1）管理间、设备间、工作区的土建工程是否已全部竣工；房屋地面是否平整、光洁，门的高度和宽度是否妨碍设备和器材的搬运；门锁和钥匙是否齐全。

（2）房屋预埋地槽、暗管及孔洞和竖井的位置、数量、尺寸是否均符合设计要求。

（3）铺设活动地板的场所、活动地板防静电措施中的接地是否符合设计要求。

（4）管理间、设备间是否提供了 220V 单相带地电源插座。

（5）管理间、设备间是否提供了可靠的接地装置，设置接地体时，检查接地电阻值及接地装置是否符合设计要求。

（6）管理间、设备间的面积，通风及环境温度、湿度是否符合设计要求。

（7）地面、墙面、天花板内、电源插座、信息模块座和接地装置等要素的设计与要求。

2. 器材检查

器材检查主要指对各种布线材料的检查，包括各种缆线、接插件、管材及辅助配件。

（1）器件的检查要求。

① 对于工程所用缆线器材的型号、规格、数量和质量在施工前应进行检查，无出厂检验证明的材料不得在工程中使用。

② 经检查的器材应做好记录，对不合格的器件应单独存放，以备核查与处理。

③ 工程中使用的缆线、器材应与订货合同的要求相符，或与封存的产品在规格、型号、等级上相符。

④ 备品、备件及各类资料应齐全。

（2）型材、管材与铁件的检查要求。

① 各种型材的材质、规格、型号应符合设计文件的规定，表面应光滑、平整，不得变形、断裂。

② 管材采用钢管、硬质聚氯乙烯管时，管身应光滑、无伤痕，管孔无变形，孔径、壁厚应符合设计要求。

③ 管道采用水泥管时，应按通信管道工程施工及验收中的相关规定进行检查。

④ 各种铁件的材质、规格均应符合质量标准，不得有歪斜、扭曲、飞刺、断裂或破损

等现象。

　　⑤ 铁件的表面处理和镀层应均匀、完整，表面光洁，无脱落、气泡等缺陷。

　　（3）缆线的检查要求。

　　① 工程使用的双绞线电缆和光缆类型、规格应符合设计的规定和合同要求。

　　② 电缆所附标志、标签的内容应齐全、清晰。

　　③ 电缆外护套需完整无损，电缆应附有出厂质量检验合格证。

　　④ 电缆的电气性能抽验应从本批量电缆中的任意 3 盘中各截出 100m 的长度，并对工程中所选用的接插件进行抽样测试，并做测试记录。

　　⑤ 光缆开盘后应先检查光缆外表有无损伤，光缆端头封装是否良好。

　　⑥ 综合布线系统工程采用光缆时，应检查光缆合格证及其检验测试数据。

　　⑦ 检查光纤接插软线（光跳线）时应符合下列规定。

　　⑧ 光缆接插软线两端的活动连接器（活接头）端面应装配有合适的保护盖帽。

　　⑨ 每根光缆接插软线中光缆的类型应有明显的标记，选用光缆接插软线时应符合设计要求。

　　（4）接插件的检查要求。

　　① 配线模块和信息插座及其他接插件的部件应完整，检查塑料材质应满足设计要求。

　　② 保安单元过压、过流保护的各项指标应符合有关规定。

　　③ 光纤插座的连接器的使用形式、数量和位置应与设计相符。

　　（5）配线设备的使用规定。

　　① 光缆、电缆交接设备的型号、规格应符合设计要求。

　　② 光缆、电缆交接设备的编排及标志名称应与设计相符。各类标志应统一，标志位置正确、清晰。

　　3. 设备安装检查

　　（1）机柜、机架的安装要求。

　　① 机柜、机架安装完毕后，垂直偏差度应不大于 3mm。机柜、机架安装位置应符合设计要求。

　　② 机柜、机架上的各种零件不得脱落或碰坏，漆面如有脱落应予以补漆，各种标志应完整、清晰。

　　③ 机柜、机架的安装应牢固，如有抗震要求时，应按施工图的抗震设计进行加固。

　　（2）各类配线部件的安装要求。

　　① 各部件应完整，安装就位，标志齐全。

　　② 安装螺钉必须拧紧，面板应保持在一个平面上。

　　（3）8 位模块式通用插座的安装要求。

　　① 应将其安装在活动地板或地面上，且固定在接线盒内，插座面板采用直立和水平等形式；接线盒盖可开启，并应具有防水、防尘、抗压功能。接线盒盖面应与地面齐平。

　　② 8 位模块式通用插座、多用户信息插座或集合点配线模快的安装位置应符合设计要求。

　　③ 8 位模块式通用插座底座盒的固定方法应按施工现场条件而定，宜采用预置扩张螺

钉固定等方式。

④ 固定螺钉需拧紧，不应产生松动现象。

⑤ 各种插座面板应有标识，以颜色、图形、文字表示所接终端设备类型。

（4）电缆桥架及线槽的安装要求。

① 桥架及线槽的安装位置应符合施工图规定，左右偏差不应超过 50mm。

② 桥架及线槽水平度每米偏差不应超过 2mm。

③ 垂直桥架及线槽应与地面保持垂直，并且无倾斜现象，垂直度偏差不应超过 3mm。

④ 线槽截断处及两线槽拼接处应平滑、无毛刺。

⑤ 吊架和支架安装应保持垂直，整齐牢固，无歪斜现象。

⑥ 金属桥架及线槽节与节间应接触良好，安装牢固。

（5）安装机柜、机架、配线设备屏蔽层及金属钢管、线槽使用的接地体应符合设计要求，就近接地，并应保持良好的电气连接。

4. 缆线的敷设与保护方式检查

（1）缆线敷设的规定。

① 缆线的型号、规格应与设计规定相符。

② 缆线的布放应自然平直，不得产生扭绞、打圈、接头等现象，不应受外力的挤压和损伤。

③ 缆线两端应贴有标签，应标明编号，标签书写应清晰、端正、正确，标签应选用不易损坏的材料。

④ 缆线终接后应有余量。交接间、设备间对绞电缆预留长度宜为 0.5～1.0m，工作区宜为 10～30mm；光缆布放宜留长度为 3～5m，有特殊要求的应按设计要求预留长度。

⑤ 缆线的弯曲半径应符合下列规定。

a. 非屏蔽 4 对双绞线电缆的弯曲半径应至少为电缆外径的 4 倍。

b. 屏蔽 4 对双绞线电缆的弯曲半径应至少为电缆外径的 6～10 倍。

c. 主干对绞电缆的弯曲半径应至少为电缆外径的 10 倍。

d. 光缆的弯曲半径应至少为光缆外径的 15 倍。

• 电源线、综合布线系统缆线应分隔布放，缆线间的最小净距应符合设计要求，并应符合规定。

• 建筑物内电缆、光缆暗管的敷设与其他管线的最小净距应符合规定。

• 在暗管或线槽中缆线敷设完毕后，应在信道两端口的出口处用填充材料进行封堵。

（2）预埋线槽和暗管敷设缆线的规定。

① 敷设线槽的两端应用标志表示出编号和长度等内容。

② 敷设暗管时应采用钢管或阻燃硬质 PVC 管。

（3）设置电缆桥架和线槽敷设缆线的规定。

① 电缆线槽、桥架宜高出地面 2.2m 以上；线槽和桥架顶部距楼板不宜小于 30mm；在过梁或其他障碍物处不宜小于 50mm。

② 槽内缆线布放应顺直，尽量不交叉，在缆线进出线槽部位及转弯处应绑扎固定，其水平部分缆线可以不绑扎。

③ 电缆桥架内缆线垂直敷设时，缆线的上端和每隔 1.5m 应固定在桥架的支架上；水平敷设时，在缆线的首、尾、转弯及每隔 5~10m 进行一次固定。

④ 在水平、垂直桥架和垂直线槽中敷设缆线时，应对缆线进行绑扎。

⑤ 楼内光缆宜在金属线槽中敷设，在桥架敷设时应在绑扎固定段加装垫套。

（4）采用吊顶支撑柱作为线槽在顶棚内敷设缆线时，每根支撑柱所辖范围内的缆线可以不设置线槽进行布放，但应分束绑扎。缆线护套应阻燃，缆线选用应符合设计要求。

（5）建筑群子系统采用架空、管道、直埋、墙壁及暗管敷设电缆、光缆的施工技术，应按照本地网通信线路工程验收的相关规定执行。

（6）水平子系统缆线的敷设保护要求。

① 预埋金属线槽的保护要求如下。

a．在建筑物中预埋线槽宜按单层设置，每一路由预埋线槽不应超过 3 根，线槽截面高度不宜超过 25mm，总宽度不宜超过 300mm。

b．线槽直埋长度超过 30m 或在线槽路由有交叉、转弯时，宜设置过线盒，以便于布放缆线和维修。

c．过线盒盖能开启，并与地面齐平，盒盖处应具有防水功能。

d．过线盒和接线盒盒盖应能抗压。

e．从金属线槽至信息插座接线盒间的缆线宜采用金属软管敷设。

② 预埋暗管的保护要求如下。

a．预埋在墙体中的最大管径不宜超过 50mm，楼板中暗管的最大管径不宜超过 25mm。

b．直线布管每 30m 处应设置过线盒装置。

c．暗管的转弯角度应大于 90°，在路径上每根暗管的转弯角度不得多于 2 个，并不应有 S 弯出现。

d．暗管转弯的曲率半径不应小于该管外径的 6 倍。

e．暗管管口应光滑，并加有护口保护，管口伸出部位宜为 25~50mm。

③ 网络地板缆线的敷设保护要求如下。

a．线槽之间应沟通。

b．线槽盖板应可开启，并采用金属材料。

c．主线槽的宽度由网络地板盖板的宽度而定，一般宜在 200mm 左右；支线槽宽不宜小于 70mm。

d．地板块应抗压，抗冲击和阻燃。

④ 设置缆线桥架和缆线线槽的保护要求如下。

a．桥架水平敷设时，支撑间距一般为 1.5~3m；垂直敷设时，固定在建筑物体上的间距宜小于 2m，距地 1.8m 以下部分应加金属盖板保护。

b．金属线槽敷设时，在线槽接头处每间距 3m，离线槽两端出口 0.5m 和转弯处设置支架或吊架。

c．塑料线槽槽底固定点间距一般宜为 1m。

⑤ 敷设缆线时，如果使用活动地板，活动地板内净空应为 150~300mm。

⑥ 采用公用立柱作为顶棚支撑柱时，可在立柱中布放缆线。

⑦ 金属线槽接地应符合设计要求。

⑧ 金属线槽、缆线桥架穿过墙体或楼板时，应有防火措施。

（7）干线子系统缆线的敷设保护要求如下。

① 缆线不得布放在电梯或供水、供气、供暖管道竖井中，亦不得布放在强电竖井中。

② 干线通道间应沟通。

（8）建筑群子系统缆线的敷设保护方式应符合设计的要求。

5. 缆线终接检查

（1）缆线终接应符合下列要求。

① 缆线在终接前必须核对缆线标识内容是否正确。

② 缆线中间不允许有接头。

③ 缆线终接处必须牢固，接触良好。

④ 缆线终接应符合设计和施工操作规程。

⑤ 进行双绞线电缆与插接件连接时应认准线号、线位色标，不得颠倒和错接。

（2）双绞线电缆芯线的终接应符合下列要求。

终接时，每对双绞线应保持扭绞状态，扭绞松开长度对于五类线不应大于 13mm。

（3）光缆芯线的终接应符合下列要求。

① 应采用光缆连接盒对光缆进行连接、保护，连接盒中光缆的弯曲半径应符合安装工艺的要求。

② 光缆熔接处应加以保护和固定，使用连接器以便于光缆的跳接。

③ 光缆连接盒面板应有标志。

④ 光缆连接损耗值应符合规定。

（4）各类跳线的终接应符合下列要求。

① 各类跳线缆线和接插件间接触应良好，接线无误，标志齐全。跳线选用类型应符合系统设计要求。

② 各类跳线长度应符合设计要求，一般对绞电缆跳线不应超过 5m，光缆跳线不应超过 10m。

15.4 文档验收

常规的综合布线工程验收时应出具以下文件。

（1）设备、材料进场报验单及证明文件：由监理工程师签收的设备、材料进场验收文件以及证明文件（合格证、认证文件、制造商证明文件，进口设备需报关单复印件等）。

（2）施工记录文件：施工期间对施工现场发生事件、施工进度、施工内容的记录文件。

（3）施工组织设计文件：由监理工程师签字认可。

（4）技术交底文件：由监理工程师签字认可。

（5）隐蔽工程验收文件：由监理工程师签字认可的相关隐蔽工程验收记录。

（6）测试记录文件：由监理工程师签字认可的测试报告。

（7）竣工验收申请文件。

（8）合同复印件。

（9）施工单位资质文件：施工单位的公司营业执照、从事相关专业的资质文件。

（10）设计变更、洽商文件：设计单位、建设单位的变更、洽商文件，应由设计单位、监理工程师签字认可。

文档验收主要是检查乙方是否按协议或合同规定的要求，交付所需要的文档。综合布线系统工程的竣工技术资料文件要保证质量，做到外观整洁，内容齐全，数据准确，主要包括以下内容。

（1）综合布线系统工程的主要安装工程量，如主干布线的缆线规格和长度、装设楼层配线架的规格和数量等。

（2）在安装施工中，一些重要部位或关键段落的施工说明，如建筑群配线架和建筑物配线架合用时，连接端子的分区和容量等。

（3）设备、机架和主要部件的数量明细表，即将整个工程中所用的设备、机架和主要部件分别统计，清晰地列出其型号、规格、程式和数量。

（4）当对施工有少量修改时，可利用原工程设计图更改补充，不需再重作竣工图。但在施工中改动较大时，则应另作竣工图。

（5）综合布线系统工程中各项技术指标和技术要求的测试记录，如缆线的主要电气性能、光缆的光学传输特性等测试数据。

（6）直埋电缆或地下电缆管道等隐蔽工程经工程监理人员认可的签证，以及设备安装和缆线敷设工序告一段落时，经常驻工地代表或工程监理人员随工检查后的证明等原始记录。

（7）综合布线系统工程中如采用微机辅助设计，应提供程序设计说明和有关数据，以及操作说明、用户手册等文件资料。

（8）在施工过程中，由于各种客观因素，部分变更或修改原有设计或采取相关技术措施时，应提供建设、设计和施工等单位之间对于这些变动情况的协商记录，以及在施工中的检查记录等基础资料。

15.5 系统测试验收

系统测试验收就是由甲方组织的专家组对信息点进行有选择的测试，检验测试结果。

对于测试的内容主要有以下几方面。

（1）电缆的性能测试。

五类线要求：接线图、长度、衰减和近端串扰要符合规范；超五类线要求：接线图、长度、衰减、近端串扰、时延和时延差要符合规范；

六类线要求：接线图、长度、衰减、近端串扰、时延、时延差、综合近端串扰、回波损耗、等效远端串扰和综合远端串扰要符合规范。

（2）光纤的性能测试。类型（单模/多模、根数等）是否正确；衰减；反射。

（3）系统接地要求小于 4Ω。

第二部分　学习过程记录

将学生分组，小组成员根据综合布线系统验收的学习目标，认真学习相关知识，并将学习过程的内容（要点）进行记录，同时也将学习中存在的问题和意见总结进行记录，填写下面的表单。

学习情境	综合布线系统测试与验收		任务	综合布线系统验收	
班级		组名		组员	
开始时间		计划完成时间		实际完成时间	
工程验收的相关标准					
综合布线系统验收					
物理验收					
文档验收					
系统测试验收					
存在的问题及反馈意见					

第三部分　工　作　页

1. 完成综合布线系统的物理验收。

以校园综合布线系统为例，完成综合布线系统的物理验收，并填写下列各表。

（1）机架安装验收。

完成机架安装验收，并填写下表。

验 收 内 容	检 查 结 论
机架安放位置是否符合图纸和设计要求	
机架安放完毕后整体是否牢固	
机架安放完毕后是否清理现场，是否有遗留工具和杂物	
机架内是否清洁，是否遗留有杂物	
整机表面是否干净整洁，外部漆饰是否完好，各种标志是否正确、清晰、齐全	
机架内及各单板内是否有多余或非正规的标签	
各空挡板及各空单板条是否安装完整	
机架内各设备及空挡板的固定螺钉是否紧固，是否齐全，螺钉型号是否统一	
各单板的面板螺钉是否松紧适度，弹簧钢丝是否完好	
各设备的承重托盘是否水平，与前面板的固定螺钉是否配合良好	
走线挡板及上走线窗是否安装线圈，安装是否稳妥	

验收结论：

日　期：

参加验收人员签字	施工单位：
	监理单位：
	建设单位：

（2）线缆工艺验收。

完成线缆工艺验收，并填写下表。

验 收 内 容	检 查 结 论
线缆的实际施工是否与设计相符	
线缆的布放是否便于维护和将来扩容	
线缆是否松紧适度	
线缆两端是否标志清晰	
多余线缆是否盘放有序	
线缆布放是否整齐、美观、无交叉	
线缆绑扎工艺是否良好	
线缆有无明显破损、断裂	
暂时不用的光缆是否头部加有护套	
线缆头及转接头是否卡接牢靠	
现场做头是否规范、美观	

验收结论：

日　期：

参加验收人员签字	施工单位：
	监理单位：
	建设单位：

（3）供电系统验收。

完成供电系统验收，并填写下表。

验 收 内 容	检 查 结 论
电源线（及地线）是否与信号线分开布放	
电源线及地线是否采用整段线料	
机架内电源插座是否固定稳妥	
电源模块是否都能正常供电	
接地方式是否符合规定	
各电源插座是否尽量不串接	

验收结论：

日　期：

参加验收人员签字：	施工单位：
	监理单位：
	建设单位：

（4）终端设备的安装验收。

完成终端设备的安装验收，并填写下表。

验 收 内 容	检 查 结 论
各终端设备摆放是否符合设计要求	
机架后线缆是否捆绑整齐、合理	
各终端设备的外壳是否安装、螺钉是否全部拧紧	
表面是否完好（无破损）、漆饰完好	
各终端设备是否配置齐全、标志齐全	
通电运行是否正常，计算机基本操作是否正常	
光驱读写是否正常	
键盘、鼠标是否使用正常	
显示器是否正常	
终端病毒检查，是否存在病毒	

续表

验收结论：

日　期：

	施工单位：
参加验收人员签字：	监理单位：
	建设单位：

2．完成综合布线系统的文档的验收。

以校园综合布线系统为例，完成综合布线系统的文档的验收，并记录验收情况如下：

第四部分　练　习　页

（1）综合布线验收的技术标准是什么？

（2）综合布线验收一般有哪几个阶段？

（3）综合布线验收时，环境检查内容有哪些？

（4）电缆桥架及线槽的安装要求有哪几项？

（5）对绞电缆芯线终接的要求是什么？

（6）如何组织一次竣工验收？

（7）竣工验收中竣工技术文档有哪些内容？

第五部分 任 务 评 价

评价项目	项目评价内容	分值	自我评价	小组评价	教师评价	得分
理论知识	① 综合布线工程验收的基本概念	5				
	② 综合布线系统验收相关标准	5				
	③ 物理验收内容和方法	5				
	④ 文档验收的内容和方法	5				
	⑤ 系统测试验收的内容	5				
实操技能	① 物理验收	30				
	② 文档验收	15				
安全文明生产	① 安全、文明操作	5				
	② 有无违纪与违规现象	5				
	③ 良好的职业操守	5				
学习态度	① 不迟到、不缺课、不早退	5				
	② 学习认真，责任心强	5				
	③ 积极参与完成项目的各个步骤	5				
总 计 得 分						

附录一 《综合布线系统工程设计规范》

（参照中华人民共和国国家标准 GB50311—2007）

第1章 总 则

1.0.1 为了配合现代化城镇信息通信网向数字化方向发展，规范建筑与建筑群的语音、数据、图像及多媒体业务综合网络建设，特制定本规范。

1.0.2 本规范适用于新建、扩建、改建建筑与建筑群综合布线系统工程设计。

1.0.3 综合布线系统设施及管线的建设，应纳入建筑与建筑群相应的规划设计之中。工程设计时，应根据工程项目的性质、功能、环境条件和近、远期用户需求进行设计，并应考虑施工和维护方便，确保综合布线系统工程的质量和安全，做到技术先进、经济合理。

1.0.4 综合布线系统应与信息设施系统、信息化应用系统、公共安全系统、建筑设备管理系统等统筹规划，相互协调，并按照各系统信息的传输要求优化设计。

1.0.5 综合布线系统作为建筑物的公用通信配套设施，在工程设计中应满足为多家电信业务经营者提供业务的需求。

1.0.6 综合布线系统的设备应选用经过国家认可的产品质量检验机构鉴定合格的、符合国家有关技术标准的定型产品。

1.0.7 综合布线系统的工程设计，除应符合本规范外，还应符合国家现行有关标准的规定。

第2章 术语和符号

2.1 术 语

2.1.1 布线（Cabling）
能够支持信息电子设备相连的各种缆线、跳线、接插软线和连接器件组成的系统。

2.1.2 建筑群子系统（Campus Subsystem）
由配线设备、建筑物之间的干线电缆或光缆、设备缆线、跳线等组成的系统。

2.1.3 电信间（Telecommunications Room）
放置电信设备、电缆和光缆终端配线设备并进行缆线交接的专用空间。

2.1.4 工作区（Work Area）
需要设置终端设备的独立区域。

2.1.5 信道（Channel）
连接两个应用设备的端到端的传输通道。信道包括设备电缆、设备光缆和工作区电缆、工作区光缆。

2.1.6 链路（Link）

一个 CP 链路或是一个永久链路。

2.1.7 永久链路（Permanent Link）

信息点与楼层配线设备之间的传输线路。它不包括工作区缆线和连接楼层配线设备的设备缆线、跳线，但可以包括一个 CP 链路。

2.1.8 集合点（Consolidation Point）

楼层配线设备与工作区信息点之间水平缆线路由中的连接点。

2.1.9 CP 链路（CP Link）

楼层配线设备与集合点（CP）之间，包括各端的连接器件在内的永久性的链路。

2.1.10 建筑群配线设备（Campus Distributor）

终接建筑群主干缆线的配线设备。

2.1.11 建筑物配线设备（Building Distributor）

为建筑物主干缆线或建筑群主干缆线终接的配线设备。

2.1.12 楼层配线设备（Floor Distributor）

终接水平电缆和其他布线子系统缆线的配线设备。

2.1.13 建筑物入口设施（Building Entrance Facility）

提供符合相关规范机械与电气特性的连接器件，使得外部网络电缆和光缆引入建筑物内。

2.1.14 连接器件（Connecting Hardware）

用于连接电缆线对和光纤的一个器件或一组器件。

2.1.15 光纤适配器（Optical Fibre Connector）

将两对或一对光纤连接器件进行连接的器件。

2.1.16 建筑群主干电缆、建筑群主干光缆（Campus Backbone Cable）

用于在建筑群内连接建筑群配线架与建筑物配线架的电缆、光缆。

2.1.17 建筑物主干缆线（Building Backbone Cable）

连接建筑物配线设备至楼层配线设备及建筑物内楼层配线设备之间相连接的缆线。建筑物主干缆线可为主干电缆和主干光缆。

2.1.18 水平缆线（Horizontal Cable）

楼层配线设备到信息点之间的连接缆线。

2.1.19 永久水平缆线（Fixed Herizontal Cable）

楼层配线设备到 CP 的连接缆线，如果链路中不存在 CP 点，为直接连至信息点的连接缆线。

2.1.20 CP 缆线（CP Cable）

连接集合点（CP）至工作区信息点的缆线。

2.1.21 信息点（Telecommunications Outlet）

各类电缆或光缆终接的信息插座模块。

2.1.22 设备电缆、设备光缆（Equipment Cable）

通信设备连接到配线设备的电缆、光缆。

2.1.23　跳线（Jumper）

不带连接器件或带连接器件的电缆线对与带连接器件的光纤，用于配线设备之间进行连接。

2.1.24　缆线（包括电缆、光缆）（Cable）

在一个总的护套里，由一个或多个同一类型的缆线线对组成，并可包括一个总的屏蔽物。

2.1.25　光缆（Optical Cable）

由单芯或多芯光纤构成的缆线。

2.1.26　电缆、光缆单元（Cable Unit）

型号和类别相同的电缆线对或光纤的组合。电缆线对可有屏蔽物。

2.1.27　线对（Pair）

一个平衡传输线路的两个导体，一般指一个对绞线对。

2.1.28　平衡电缆（Balanced Cable）

由一个或多个金属导体线对组成的对称电缆。

2.1.29　屏蔽平衡电缆（Screened Balanced Cable）

带有总屏蔽和/或每线对均有屏蔽物的平衡电缆。

2.1.30　非屏蔽平衡电缆（Unscreened Balanced Cable）

不带有任何屏蔽物的平衡电缆。

2.1.31　接插软线（Patch Calld）

一端或两端带有连接器件的软电缆或软光缆。

2.1.32　多用户信息插座（Muiti-user Telecommunications Outlet）

在某一地点，若干信息插座模块的组合。

2.1.33　交接（交叉连接）（Cross-Connect）

配线设备和信息通信设备之间采用接插软线或跳线上的连接器件相连的一种连接方式。

2.1.34　互连（Interconnect）

不用接插软线或跳线，使用连接器件把一端的电缆、光缆与另一端的电缆、光缆直接相连的一种连接方式。

2.2　符号与缩略词

英 文 缩 写	英 文 名 称	中文名称或解释
ACR	Attenuation to Crosstalk Ratio	衰减串音比
BD	Building Distributor	建筑物配线设备
CD	Campus Distributor	建筑群配线设备
CP	Consolidation Point	集合点
dB	Decibel	电信传输单元：分贝
D.C.	Direct Current	直流
EIA	Electronic Industries Association	美国电子工业协会
ELFEXT	Equal level Far end crosstalk attenuation（loss）	等电平远端串音衰减

续表

英 文 缩 写	英 文 名 称	中文名称或解释
FD	Floor Distributor	楼层配线设备
FEXT	Far end crosstalk attenuation（loss）	远端串音衰减（损耗）
IEC	International Electrotechnical Commission	国际电工技术委员会
IEEE	The Institute of Electrical and Electronics Engineers	美国电气及电子工程师学会
IL	Insertion loss	插入损耗
IP	Internet Protocol	因特网协议
ISDN	Integrated Services Digital Network	综合业务数字网
ISO	International Organization for Standardization	国际标准化组织
LCL	Longitudinal to differential Conversion loss	纵向对差分转换损耗
OF	Optical Fibre	光缆
PSNEXT	Power Sum NEXT Attenuation（loss）	近端串音功率和
PSACR	Power Sum ACR	ACR 功率和
PS ELFEXT	Power Sum ELFFXT Attenuation（loss）	ELFEXT 衰减功率和
RL	Return loss	回波损耗
SC	Subscriber Connector（optical fibre connector）	用户连接器（光缆连接器）
SFF	Small Form Factor connector	小型连接器
TCL	Transverse Conversion loss	横向转换损耗
TE	Terminal Equipment	终端设备
TIA	Telecommunications Industry Association	美国电信工业协会
UL	Underwriters Laboratories	美国保险商实验所安全标准
Vr·m·s	Vroot·mean·square	电压有效值

第3章 系 统 设 计

3.1 系 统 构 成

3.1.1 综合布线系统应为开放式网络拓扑结构，应能支持语音、数据、图像、多媒体业务等信息的传递。

3.1.2 综合布线系统工程宜按下列 7 个部分进行设计。

（1）工作区：一个独立的需要设置终端设备（TE）的区域宜划分为一个工作区。工作区应由配线子系统的信息插座模块（TO）延伸到终端设备处的连接缆线及适配器组成。

（2）配线子系统：配线子系统应由工作区的信息插座模块、信息插座模块至电信间配线设备（FD）的配线电缆和光缆、电信间的配线设备及设备缆线和跳线等组成。

（3）干线子系统：干线子系统应由设备间至电信间的干线电缆和光缆，安装在设备间

215

的建筑物配线设备（BD）及设备缆线和跳线组成。

（4）建筑群子系统：建筑群子系统应由连接多个建筑物之间的主干电缆和光缆、建筑群配线设备（CD）及设备缆线和跳线组成。

（5）设备间：设备间是在每幢建筑物的适当地点进行网络管理和信息交换的场地。对于综合布线系统工程设计，设备间主要安装建筑物配线设备。电话交换机、计算机主机设备及入口设施也可与配线设备安装在一起。

（6）进线间：进线间是建筑物外部通信和信息管线的入口部位，并可作为入口设施和建筑群配线设备的安装场地。

（7）管理：管理应对工作区、电信间、设备间、进线间的配线设备、缆线、信息插座模块等设施按一定的模式进行标识和记录。

3.1.3　综合布线系统的构成应符合以下要求。

（1）综合布线系统基本构成应符合图 3.1.1 的要求。

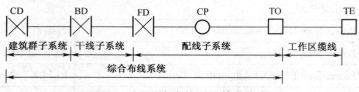

图 3.1.1　综合布线系统基本构成

注：配线子系统中可以设置集合点（CP 点），也可不设置集合点。

（2）综合布线子系统构成应符合图 3.1.2 的要求。

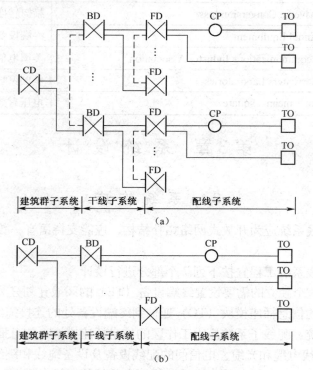

图 3.1.2　综合布线子系统构成

注：图中的虚线表示 BD 与 BD 之间，FD 与 FD 之间可以设置主干缆线；建筑物 FD 可以经过主干缆线直接连至 CD，TO 也可以经过水平缆线直接连至 BD。

（3）综合布线系统入口设施及引入缆线构成应符合图 3.1.3 的要求。

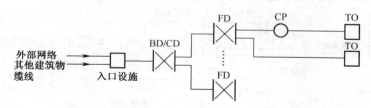

图 3.1.3　综合布线系统引入部分构成

注：对设置了设备间的建筑物，设备间所在楼层的 FD 可以和设备中的 BD/CD 及入口设施安装在同一场地。

3.2　系统分级与组成

3.2.1　综合布线铜缆系统的分级与类别划分应符合表 3.2.1 的要求。

表 3.2.1 铜缆布线系统的分级与类别

系 统 分 级	支持带宽（Hz）	支持应用器件	
		电　缆	连 接 硬 件
A	100k	—	—
B	1M	—	—
C	16M	三类	三类
D	100M	五/超五类	五/超五类
E	250M	六类	六类
F	600M	七类	七类

注：三类、五类、五类（超五类）、六类、七类布线系统应能支持向下兼容的应用。

3.2.2　光缆信道分为 OF-300、OF-500 和 OF-2000 三个等级，各等级光缆信道应支持的应用长度不应小于 300m、500m 及 2 000m。

3.2.3　综合布线系统信道应由最长 90m 水平缆线、最长 10m 的跳线和设备缆线及最多 4 个连接器件组成，永久链路则由 90m 水平缆线及 3 个连接器件组成。连接方式如图 3.2.1 所示。

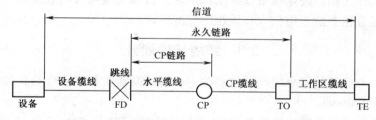

图 3.2.1　布线系统信道、永久链路、CP 链路构成

3.2.4 光缆信道构成方式应符合以下要求。

（1）水平光缆和主干光缆至楼层电信间的光纤配线设备应经光缆跳线连接构成（见图3.2.2）。

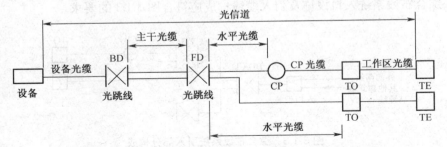

图 3.2.2 光缆信道构成（一）（光缆经电信间 FD 光跳线连接）

（2）水平光缆和主干光缆在楼层电信间应经端接（熔接或机械连接）构成（见图3.2.3）。

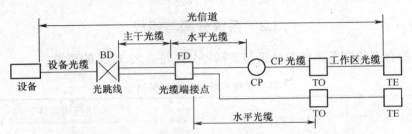

图 3.2.3 光缆信道构成（二）（光缆在电信间 FD 做端接）

注：FD 只设光缆之间的连接点。

（3）水平光缆经过电信间直接连至大楼设备间光配线设备构成（见图3.2.4）。

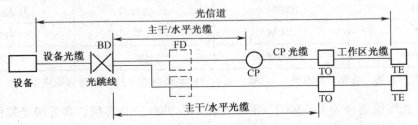

图 3.2.4 光缆信道构成（三）（光缆经过电信间 FD 直接连接至设备间 BD）

注：FD 安装于电信间，只作为光缆路径的场合。

3.2.5 当工作区用户终端设备或某区域网络设备需直接与公用数据网进行互通时，宜将光缆从工作区直接布放至电信入口设施的光配线设备。

3.3 缆线长度划分

3.3.1 综合布线系统水平缆线与建筑物主干缆线及建筑群主干缆线之和所构成信道的总长度不应大于 2 000m。

3.3.2 建筑物或建筑群配线设备之间（FD 与 BD、FD 与 CD、BD 与 BD、BD 与 CD

之间）组成的信道出现 4 个连接器件时，主干缆线的长度不应小于 15m。

3.3.3　配线子系统各缆线长度应符合图 3.3.1 的划分并应符合下列要求。

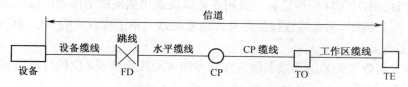

图 3.3.1　配线子系统缆线划分

（1）配线子系统信道的最大长度不应大于 100m。

（2）工作区设备缆线、电信间配线设备的跳线和设备缆线之和不应大于 10m，当大于 10m 时，水平缆线长度（90m）应适当减少。

（3）楼层配线设备（FD）跳线、设备缆线及工作区设备缆线各自的长度不应大于 5m。

3.4　系统应用

3.4.1　同一布线信道及链路的缆线和连接器件应保持系统等级与阻抗的一致性。

3.4.2　综合布线系统工程的产品类别及链路、信道等级确定应综合考虑建筑物的功能、应用网络、业务终端类型、业务的需求及发展、性能价格、现场安装条件等因素，应符合表 3.4.1 要求。

表 3.4.1　布线系统等级与类别的选用

业务种类	配线子系统		干线子系统		建筑群子系统	
	等　级	类　别	等　级	类　别	等　级	类　别
语音	D/E	超五类/六类	C	3（大对数）	C	3（室外大对数）
数据	D/E/F	超五类/六类/七类	D/E/F	超五类/六类/七类（4 对）		
	光纤（多模或单模）	62.5μm 多模/50μm 多模/<10μm 单模	光纤	62.5μm 多模/50μm 多模/<10μm 单模	光纤	62.5μm 多模/50μm 多模/<10μm 单模
其他应用	可采用超五类/六类 4 对对绞电缆和 62.5μm 多模/50μm 多模/<10μm 多模、单模光缆					

注：其他应用指数字监控摄像头、楼宇自控现场控制器（DDC）、门禁系统等采用网络端口传送数字信息时的应用。

3.4.3　综合布线系统光纤信道应采用标称波长为 850nm 和 1 300nm 的多模光纤及标称波长为 1 310nm 和 1 550nm 的单模光纤。

3.4.4　单模和多模光纤的选用应符合网络的构成方式、业务的互通互连方式及光缆在网络中的应用传输距离。楼内宜采用多模光缆，建筑物之间宜采用多模或单模光缆，需直接与电信业务经营者相连时宜采用单模光缆。

3.4.5　为保证传输质量,配线设备连接的跳线宜选用产业化制造的电缆、光缆各类跳线，在电话应用时宜选用双芯对绞电缆。

3.4.6　工作区信息点为电端口时，应采用 8 位模块通用插座（RJ45），光端口宜采用 SFF 小型光缆连接器件及适配器。

3.4.7　FD、BD、CD 配线设备应采用 8 位模块通用插座或卡接式配线模块（多对、25 对及回线型卡接模块）和光缆连接器件及光缆适配器（单工或双工的 ST、SC 或 SFF 光缆连接器件及适配器）。

3.4.8　CP 集合点安装的连接器件应选用卡接式配线模块或 8 位模块通用插座或各类光缆连接器件和适配器。

3.5　屏蔽布线系统

3.5.1　综合布线区域内存在的电磁干扰场强高于 3V/m 时，宜采用屏蔽布线系统进行防护。

3.5.2　用户对电磁兼容性有较高的要求（电磁干扰和防信息泄漏）时，或网络安全保密的需要，宜采用屏蔽布线系统。

3.5.3　采用非屏蔽布线系统无法满足安装现场条件对缆线的间距要求时，宜采用屏蔽布线系统。

3.5.4　屏蔽布线系统采用的电缆、连接器件、跳线、设备电缆都应是屏蔽的，并应保持屏蔽层的连续性。

3.6　开放型办公室布线系统

3.6.1　对于办公楼、综合楼等商用建筑物或公共区域大开间的场地，由于其使用对象数量的不确定性和流动性等因素，宜按开放办公室综合布线系统要求进行设计，并应符合下列规定。

（1）采用多用户信息插座时，每一个多用户插座包括适当的备用量在内，宜能支持 12 个工作区所需的 8 位模块通用插座；各段缆线长度可按表 3.6.1 选用，也可按下式计算。

$$C=(102-H)/1.2$$
$$W=C-5$$

式中，$C=W+D$——工作区电缆、电信间跳线和设备电缆的长度之和；

　　　　D——电信间跳线和设备电缆的总长度；

　　　　W——工作区电缆的最大长度，且 $W \leqslant 22\text{m}$；

　　　　H——水平电缆的长度。

表 3.6.1　　　　　　　　　　各段缆线长度限值

电缆总长度 C（m）	水平布线电缆 H（m）	工作区电缆 W（m）	电信间跳线和设备电缆 D（m）
100	90	5	5
99	85	9	5
98	80	13	5
97	75	17	5
97	70	22	5

（2）采用集合点时，集合点配线设备与 FD 之间水平线缆的长度应大于 15m。集合点配线设备容量宜以满足 12 个工作区信息点需求设置。同一个水平电缆路由不允许超过一个集合点（CP）。从集合点引出的 CP 线缆应终接于工作区的信息插座或多用户信息插座上。

3.6.2 多用户信息插座和集合点的配线设备应安装于墙体或柱子等建筑物固定的位置。

3.7 工业级布线系统

3.7.1 工业级布线系统应能支持语音、数据、图像、视频、控制等信息的传递，并能应用于高温、潮湿、电磁干扰、撞击、振动、腐蚀气体、灰尘等恶劣环境中。

3.7.2 工业布线应用于工业环境中具有良好环境条件的办公区、控制室和生产区之间的交界场所、生产区的信息点，工业级连接器件也可应用于室外环境中。

3.7.3 在工业设备较为集中的区域应设置现场配线设备。

3.7.4 工业级布线系统宜采用星形网络拓扑结构。

3.7.5 工业级配线设备应根据环境条件确定 IP 的防护等级。

第 4 章 系统配置设计

4.1 工作区

4.1.1 工作区适配器的选用宜符合下列规定。

（1）设备的连接插座应与连接电缆的插头匹配，不同的插座与插头之间应加装适配器。

（2）在连接使用信号的数模转换，光电转换，数据传输速率转换等相应的装置时，采用适配器。

（3）对于网络规程的兼容，采用协议转换适配器。

（4）各种不同的终端设备或适配器均安装在工作区的适当位置，并应考虑现场的电源与接地。

4.1.2 每个工作区的服务面积，应按不同的应用功能确定。

4.2 配线子系统

4.2.1 根据工程提出的近期和远期终端设备的设置要求，用户性质、网络构成及实际需要确定建筑物各层需要安装信息插座模块的数量及其位置，配线应留有扩展余地。

4.2.2 配线子系统缆线应采用非屏蔽或屏蔽 4 对对绞电缆，在需要时也可采用室内多模或单模光缆。

4.2.3 电信间 FD 与电话交换配线及计算机网络设备之间的连接方式应符合以下要求。

（1）电话交换配线的连接方式应符合图 4.2.1 要求。

（2）计算机网络设备连接方式。

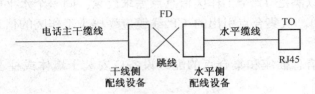

图 4.2.1　电话系统连接方式

① 经跳线连接应符合图 4.2.2 要求。

图 4.2.2　数据系统连接方式（经跳线连接）

② 经设备缆线连接方式应符合图 4.2.3 要求。

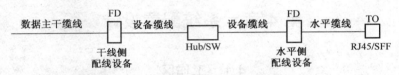

图 4.2.3　数据系统连接方式（经设备缆线连接）

4.2.4　每一个工作区信息插座模块（电、光）数量不宜少于 2 个，并满足各种业务的需求。

4.2.5　底盒数量应以插座盒面板设置的开口数确定，每一个底盒支持安装的信息点数量不宜大于 2 个。

4.2.6　光纤信息插座模块安装的底盒大小应充分考虑到水平光缆（2 芯或 4 芯）终接处的光缆盘留空间和满足光缆对弯曲半径的要求。

4.2.7　工作区的信息插座模块应支持不同的终端设备接入，每一个 8 位模块通用插座应连接 t 根 4 对对绞电缆；对每一个双工或 2 个单工光纤连接器件及适配器连接 1 根 2 芯光缆。

4.2.8　从电信间至每一个工作区水平光缆宜按 2 芯光缆配置。光缆至工作区域满足用户群或大客户使用时，光缆芯数至少应有 2 芯备份，按 4 芯水平光缆配置。

4.2.9　连接至电信间的每一根水平电缆/光缆应终接于相应的配线模块，配线模块与缆线容量相适应。

4.2.10　电信间 FD 主干侧各类配线模块应按电话交换机、计算机网络的构成及主干电缆/光缆的所需容量要求及模块类型和规格的选用进行配置。

4.2.11　电信间 FD 采用的设备缆线和各类跳线宜按计算机网络设备的使用端口容量和电话交换机的实装容量、业务的实际需求或信息点总数的比例进行配置，比例范围为

25%～50%。

4.3 干线子系统

4.3.1 干线子系统所需要的电缆总对数和光缆总芯数，应满足工程的实际需求，并留有适当的备份容量。主干缆线宜设置电缆与光缆，并互相作为备份路由。

4.3.2 干线子系统主干缆线应选择较短的安全的路由。主干电缆宜采用点对点终接，也可采用分支递减终接。

4.3.3 如果电话交换机和计算机主机设置在建筑物内不同的设备间，宜采用不同的主干缆线来分别满足语音和数据的需要。

· 4.3.4 在同一层若干电信间之间宜设置干线路由。

4.3.5 主干电缆和光缆所需的容量要求及配置应符合以下规定。

（1）对语音业务，大对数主干电缆的对数应按每一个电话 8 位模块通用插座配置 1 对线，并在总需求线对的基础上至少预留约 10%的备用线对。

（2）对于数据业务应以集线器（Hub）或交换机（SW）群（按 4 个 Hub 或 SW 组成一个群）；或以每个 Hub 或 SW 设备设置一个主干端口配置。每一群网络设备或每 4 个网络设备宜考虑一个备份端口。主干端口为电端口时，应按 4 对线容量，为光端口时则按 2 芯光缆容量配置。

（3）当工作区至电信间的水平光缆延伸至设备间的光配线设备（BD/CD）时，主干光缆的容量应包括所延伸的水平光缆的容量在内。

（4）建筑物与建筑群配线设备处各类设备缆线和跳线的配备宜符合第 4.2.11 条的规定。

4.4 建筑群子系统

4.4.1 CD 宜安装在进线间或设备间，并可与入口设施或 BD 合用场地。

4.4.2 CD 配线设备内、外侧的容量应与建筑物内连接 BD 配线设备的建筑群主干缆线容量及建筑物外部引入的建筑群主干缆线容量相一致。

4.5 设 备 间

4.5.1 在设备间内安装的 BD 配线设备干线侧容量应与主干缆线的容量相一致。设备侧的容量应与设备端口容量相一致或与干线侧配线设备容量相同。

4.5.2 BD 配线设备与电话交换机及计算机网络设备的连接方式亦应符合第 4.2.3 条的规定。

4.6 进 线 间

4.6.1 建筑群主干电缆和光缆、公用网和专用网电缆、光缆及天线馈线等室外缆线进入建筑物时，应在进线间成端转换成室内电缆、光缆，并在缆线的终端处可由多家电信业务经营者设置入口设施，入口设施中的配线设备应按引入的电、光缆容量配置。

4.6.2 电信业务经营者在进线间设置安装的入口配线设备应与 BD 或 CD 之间敷设相

应的连接电缆、光缆，实现路由互通。缆线类型与容量应与配线设备相一致。

4.6.3　在进线间缆线入口处的管孔数量应满足建筑物之间、外部接入业务及多家电信业务经营者缆线接入的需求，并应留有 2～4 个孔的余量。

4.7　管　理

4.7.1　对设备间、电信间、进线间和工作区的配线设备、缆线、信息点等设施应按一定的模式进行标识和记录，并宜符合下列规定。

（1）综合布线系统工程宜采用计算机进行文档记录与保存，简单且规模较小的综合布线系统工程可按图纸资料等纸质文档进行管理，并做到记录准确、及时更新、便于查阅；文档资料应实现汉化。

（2）综合布线的电缆、光缆、配线设备、端接点、接地装置、敷设管线等组成部分均应给定唯一的标识符，并设置标签。标识符应采用相同数量的字母和数字等标明。

（3）电缆和光缆的两端均应标明相同的标识符。

（4）设备间、电信间、进线间的配线设备宜采用统一的色标区别各类业务与用途的配线区。

4.7.2　所有标签应保持清晰、完整，并满足使用环境要求。

4.7.3　对于规模较大的布线系统工程，为提高布线工程维护水平与网络安全，宜采用电子配线设备对信息点或配线设备进行管理，以显示与记录配线设备的连接、使用及变更状况。

4.7.4　综合布线系统相关设施的工作状态信息应包括：设备和缆线的用途、使用部门、组成局域网的拓扑结构、传输信息速率、终端设备配置状况、占用器件编号、色标、链路与信道的功能和各项主要指标参数及完好状况、故障记录等，还应包括设备位置和缆线走向等内容。

第 5 章　系 统 指 标

5.0.1　综合布线系统产品技术指标在工程的安装设计中应考虑机械性能指标（如缆线结构、直径、材料、承受拉力、弯曲半径等）。

5.0.2　相应等级的布线系统信道及永久链路、CP 链路的具体指标项目，应包括下列内容。

（1）三类、五类布线系统应考虑指标项目为衰减、近端串音（NEXT）。

（2）超五类、六类、七类布线系统，应考虑指标项目为插入损耗（IL）、近端串音、衰减串音比（ACR）、等电平远端串音（ELFEXT）、近端串音功率和（PS NEXT）、衰减串音比功率和（PS ACR）、等电平远端串音功率和（PS ELEFXT）、回波损耗（RL）、时延、时延偏差等。

（3）屏蔽的布线系统还应考虑非平衡衰减、传输阻抗、耦合衰减及屏蔽衰减。

5.0.3　综合布线系统工程设计中，系统信道的各项指标值应符合以下要求。

（1）回波损耗（RL）只在布线系统中的 C、D、E、F 级采用，在布线的两端均应符合回波损耗值的要求，布线系统信道的最小回波损耗值应符合表 5.0.1 的规定。

表 5.0.1 信道回波损耗值

频率（MHz）	最小回波损耗（dB）			
	C 级	D 级	E 级	F 级
1	15.0	17.0	19.0	19.0
16	15.0	17.0	18.0	18.0
100	—	10.0	12.0	12.0
250	—	—	8.0	8.0
600	—	—	—	8.0

（2）布线系统信道的插入损耗（IL）值应符合表 5.0.2 的规定。

表 5.0.2 信道插入损耗值

频率（MHz）	最大插入损耗（dB）					
	A 级	B 级	C 级	D 级	E 级	F 级
0.1	16.0	5.5	—	—	—	—
1	—	5.8	4.2	4.0	4.0	4.0
16	—	—	14.4	9.1	8.3	8.1
100	—	—	—	24.0	21.7	20.8
250	—	—	—	—	35.9	33.8
600	—	—	—	—	—	54.6

（3）线对与线对之间的近端串音（NEXT）在布线的两端均应符合 NEXT 值的要求，布线系统信道的近端串音值应符合表 5.0.3 的规定。

表 5.0.3 信道近端串音值

频率（MHz）	最小近端串音（dB）					
	A 级	B 级	C 级	D 级	E 级	F 级
0.1	27.0	40.0	—	—	—	—
1	—	25.0	39.1	60.0	65.0	65.0
16	—	—	19.4	43.6	53.2	65.0
100	—	—	—	30.1	39.9	62.9
250	—	—	—	—	33.1	56.9
600	—	—	—	—	—	51.2

（4）近端串音功率和（PS NEXT）只应用于布线系统的 D、E、F 级，在布线的两端均

应符合 PS NEXT 值要求，布线系统信道的 PS NEXT 值应符合表 5.0.4 的规定。

表 5.0.4　　　　　　　　　信道近端串音功率和值

频率 （MHz）	最小近端串音功率和（dB）		
	D 级	E 级	F 级
1	57.0	62.0	62.0
16	40.6	50.6	62.0
100	27.1	37.1	59.9
250	—	30.2	53.9
600	—	—	48.2

（5）线对与线对之间的衰减串音比（ACR）只应用于布线系统的 D、E、F 级，ACR 值是 NEXT 与插入损耗分贝值之间的差值，在布线的两端均应符合 ACR 值要求。布线系统信道的 ACR 值应符合表 5.0.5 的规定。

表 5.0.5　　　　　　　　　信道衰减串音比值

频率 （MHz）	最小衰减串音比（dB）		
	D 级	E 级	F 级
1	56.0	61.0	61.0
16	34.5	44.9	56.9
100	6.1	18.2	42.1
250	—	−2.8	23.1
600	—	—	−3.4

（6）ACR 功率和（PS ACR）为表 5.0.4 近端串音功率和值与表 5.0.2 插入损耗值之间的差值。布线系统信道的 PS ACR 值应符合表 5.0.6 规定。

表 5.0.6　　　　　　　　　信道 ACR 功率和值

频率 （MHz）	最小 ACR 功率和（dB）		
	D 级	E 级	F 级
1	53.0	58.0	58.0
16	31.5	42.3	53.9
100	3.1	15.4	39.1
250	—	−5.8	20.1
600	—	—	−6.4

（7）线对与线对之间等电平远端串音（ELFEXT）对于布线系统信道的数值应符合表 5.0.7 的规定。

表 5.0.7　　　　　　　　　　　信道等电平远端串音值

频率 （MHz）	最小等电平远端串音（dB）		
	D 级	E 级	F 级
1	57.4	63.3	65.0
16	33.3	39.2	57.5
100	17.4	23.3	44.4
250	—	15.3	37.8
600	—	—	31.3

（8）等电平远端串音功率 NI（PS ELFEXT）对于布线系统信道的数值应符合表 5.0.8 的规定。

表 5.0.8　　　　　　　　　　　信道等电平远端串音功率和值

频率 （MHz）	等电平远端串音功率和（dB）		
	D 级	E 级	F 级
1	54.4	60.3	62.0
16	30.3	36.2	54.5
100	14.4	20.3	41.4
250	—	12.3	34.8
600	—	—	28.3

（9）布线系统信道的直流环路电阻（d.c.）应符合表 5.0.9 的规定。

表 5.0.9　　　　　　　　　　　信道直流环路电阻

最大直流环路电阻（Ω）					
A 级	B 级	C 级	D 级	E 级	F 级
560	170	40	25	25	25

（10）布线系统信道的传播时延应符合表 5.0.10 的规定。

表 5.0.10　　　　　　　　　　　信道传播时延

频率 （MHz）	最大传播时延（μs）					
	A 级	B 级	C 级	D 级	E 级	F 级
0.1	20.000	5.000	—	—	—	—
1	—	5.000	0.580	0.580	0.580	0.580
16	—		0.553	0.553	0.553	0.553
100	—	—	—	0.548	0.548	0.548
250	—	—	—	—	0.546	0.546
600						0.545

（11）布线系统信道的传播时延偏差应符合表 5.0.11 的规定。

表 5.0.11   信道传播时延偏差

等　级	频率（MHz）	最大时延偏差（μs）
A	$f=0.1$	—
B	$0.1 \leqslant f \leqslant 1$	—
C	$1 \leqslant f \leqslant 16$	0.050①
D	$1 \leqslant f \leqslant 100$	0.050①
E	$14 \leqslant f \leqslant 250$	0.050①
F	$14 \leqslant f < 600$	0.030②

注：①0.050 为 0.045+4×0.001 25 的计算结果。②0.030 为 0.025+4×0.001 25 的计算结果。

（12）一个信道的非平衡衰减[纵向对差分转换损耗（LCL）或横向转换损耗（TCL）]应符合表 5.0.12 的规定。在布线的两端均应符合不平衡衰减的要求。

表 5.0.12   信道非平衡衰减

等　级	频率（MHz）	最大不平衡衰减（dB）
A	$f=0.1$	30
B	$f=0.1$ 或 1	在 0.1MHz 时为 45；1MHz 时为 20
C	$1 \leqslant f \leqslant 16$	$30 \sim 5\lg(f) f.f.s.$
D	$1 \leqslant f \leqslant 100$	$40 \sim 10\lg(f) f.f.s.$
E	$1 \leqslant f \leqslant 250$	$40 \sim 10\lg(f) f.f.s.$
F	$1 \leqslant f \leqslant 600$	$40 \sim 10\lg(f) f.f.s.$

5.0.4　对于信道的电缆导体的指标要求应符合以下规定。

（1）在信道每一线对中两个导体之间的不平衡直流电阻对各等级布线系统不应超过 3%。

（2）在各种温度条件下，布线系统 D、E、F 级信道线对每一导体最小的传送直流电流应为 0.175A。

（3）在各种温度条件下，布线系统 D、E、F 级信道的任何导体之间应支持 72V 直流工作电压，每一线对的输入功率应为 10W。

5.0.5　综合布线系统工程设计中，永久链路的各项指标参数值应符合表 5.0.13～表 5.0.23 的规定。

表 5.0.13   永久链路最小回波损耗值

频率（MHz）	最小回波损耗（dB）			
	C 级	D 级	E 级	F 级
1	15.0	19.0	21.0	21.0
16	15.0	19.0	20.0	20.0

续表

频率 （MHz）	最小回波损耗（dB）			
	C 级	D 级	E 级	F 级
100	—	12.0	14.0	14.0
250	—	—	10.0	10.0
600	—	—	—	10.0

（1）布线系统永久链路的最小回波损耗值应符合表 5.0.13 的规定。

（2）布线系统永久链路的最大插入损耗值应符合表 5.0.14 的规定。

表 5.0.14　　　　　　　　　　　永久链路最大插入损耗值

频率 （MHz）	最大插入损耗（dB）					
	A 级	B 级	C 级	D 级	E 级	F 级
0.1	16.0	5.5	—	—	—	—
1	—	5.8	4.0	4.0	4.0	4.0
16	—	—	12.2	7.7	7.1	6.9
100	—	—	—	20.4	18.5	17.7
250	—	—	—	—	30.7	28.8
600	—	—	—	—	—	46.6

（3）布线系统永久链路的最小近端串音值应符合表 5.0.15 的规定。

表 5.0.15　　　　　　　　　　　永久链路最小近端串音值

频率 （MHz）	最小 NEXT（dB）					
	A 级	B 级	C 级	D 级	E 级	F 级
0.1	27.0	40.0	—	—	—	—
1	—	25.0	40.1	60.0	65.0	65.0
16	—	—	21.1	45.2	54.6	65.0
100	—	—	—	32.3	41.8	65.0
250	—	—	—	—	35.3	60.4
600	—	—	—	—	—	54.7

（4）布线系统永久链路的最小近端串音功率和值应符合表 5.0.16 的规定。

表 5.0.16　　　　　　　　　　　永久链路最小近端串音功率和值

频率 （MHz）	最小 PSNEXT（dB）		
	D 级	E 级	F 级
1	57.0	62.0	62.0
16	42.2	52.2	62.0

续表

频率 （MHz）	最小 PSNEXT （dB）		
	D 级	E 级	F 级
100	29.3	39.3	62.0
250	—	32.7	57.4
600	—	—	51.7

（5）布线系统永久链路的最小 ACR 值应符合表 5.0.17 的规定。

表 5.0.17　　　　　　　　　永久链路最小 ACR 值

频率 （MHz）	最小 ACR （dB）		
	D 级	E 级	F 级
1	56.0	61.0	61.0
16	37.5	47.5	58.1
100	11.9	23.3	47.3
250	—	4.7	31.6
600	—	—	8.1

（6）布线系统永久链路的最小 PSACR 值应符合表 5.0.18 的规定。

表 5.0.18　　　　　　　　　永久链路最小 PS ACR 值

频率 （MHz）	最小 PS ACR （dB）		
	D 级	E 级	F 级
1	53.0	58.0	58.0
16	34.5	45.1	55.1
100	8.9	20.8	44.3
250	—	2.0	28.6
600	—	—	5.1

（7）布线系统永久链路的最小等电平远端串音值应符合表 5.0.19 的规定。

表 5.0.19　　　　　　　　　永久链路最小等电平远端串音值

频率 （MHz）	最小等电平远端串音值 （dB）		
	D 级	E 级	F 级
1	58.6	64.2	65.0
16	34.5	40.1	59.3
100	18.6	24.2	46.0
250	—	16.2	39.2
600	—	—	32.6

（8）布线系统永久链路的最小 PS ELFEXT 值应符合表 5.0.20 规定。

表 5.0.20　　　　　　　　　　永久链路最小 PS ELFEXT 值

频率 （MHz）	最小 PS ELFEXT（dB）		
	D 级	E 级	F 级
1	55.6	61.2	62.0
16	31.5	37.1	56.3
100	15.6	21.2	43.0
250	—	13.2	36.2
600			29.6

（9）布线系统永久链路的最大直流环路电阻应符合表 5.0.21 的规定。

表 5.0.21　　　　　　　　　　永久链路最大直流环路电阻（Q）

A 级	B 级	C 级	D 级	E 级	F 级
530	140	34	21	21	21

（10）布线系统永久链路的最大传播时延应符合表 5.0.22 的规定。

表 5.0.22　　　　　　　　　　永久链路最大传播时延值

频率 （MHz）	最大传播时延（μs）					
	A 级	B 级	C 级	D 级	E 级	F 级
0.1	19.400	4.400	—			
1	—	4.400	0.521	0.521	0.521	0.521
16		—	0.496	0.496	0.496	0.496
100		—		0.491	0.491	0.491
250					0.490	0.490
600		—			—	0.489

（11）布线系统永久链路的最大传播时延偏差应符合表 5.0.23 的规定。

表 5.0.23　　　　　　　　　　永久链路传播时延偏差

等　级	频率（MHz）	最大时延偏差（μs）
A	f=0.1	—
B	$0.1 \leqslant f < 1$	—
C	$1 \leqslant f \leqslant 16$	0.044[1]
D	$1 \leqslant f \leqslant 100$	0.044[1]
E	$1 \leqslant f \leqslant 250$	0.044[1]
F	$1 \leqslant f \leqslant 600$	0.026[2]

注：① 0.044 为 0.9×0.045+3×0.001 25 的计算结果；

② 0.026 为 0.9×0.025+3×0.001 25 的计算结果。

5.0.6 各等级的光缆信道衰减值应符合表 5.0.24 的规定。

表 5.0.24　　　　　　　　　信道衰减值（dB）

信　　道	多　　模		单　　模	
	850nm	1 300nm	1 310nm	1 550nm
OF 300	2.55	1.95	1.80	1.80
OF-500	3.25	2.25	2.00	2.00
OF_2000	8.50	4.50	3.50	3.50

5.0.7 光缆标称的波长，每千米的最大衰减值应符合表 5.0.25 的规定。

表 5.0.25　　　　　　　　最大光缆衰减值（dB/km）

项　　目	OM1、OM2 及 OM3 多模		OS1 单模	
波长	850nm	1 300nm	1 310nm	1 550nm
衰减	3.5	1.5	1.0	1.0

5.0.8 多模光缆的最小模式带宽应符合表 5.0.26 的规定。

表 5.0.26　　　　　　　　　多模光缆模式带宽

光缆类型	光缆直径（μm）	最小模式带宽（MHz·km）		有效光发射带宽
		过量发射带宽		
		波　　长		
		850nm	1 300nm	850nm
OM1	50 或 62.5	200	500	—
OM2	50 或 62.5	500	500	—
OM3	50	1 500	500	2 000

第 6 章　安装工艺要求

6.1　工　作　区

6.1.1 工作区信息插座的安装宜符合下列规定。

（1）安装在地面上的接线盒应防水和抗压。

（2）安装在墙面或柱子上的信息插座底盒、多用户信息插座盒及集合点配线箱体的底部离地面的高度宜为 300mm。

6.1.2 工作区的电源应符合下列规定。

（1）每一个工作区至少应配置一个 220V 交流电源插座。

（2）工作区的电源插座应选用带保护接地的单相电源插座，保护接地与零线应严格分开。

6.2 电 信 间

6.2.1　电信间的数量应按所服务的楼层范围及工作区面积来确定。如果该层信息点数量不大于 400 个，水平缆线长度在 90m 范围以内，宜设置一个电信间；当超出这一范围时宜设两个或多个电信间；每层的信息点数量数较少，且水平缆线长度不大于 90m 的情况下，宜几个楼层合设一个电信间。

6.2.2　电信间应与强电间分开设置，电信间内或其紧邻处应设置缆线竖井。

6.2.3　电信间的使用面积不应小于 $5m^2$，也可根据工程中配线设备和网络设备的容量进行调整。

6.2.4　电信间的设备安装和电源要求，应符合本规范第 6.3.8 条和第 6.3.9 条的规定。

6.2.5　电信间应采用外开丙级防火门，门宽大于 0.7m。电信间内温度应为 10～35℃，相对湿度宜为 20%～80%。如果安装信息网络设备时，应符合相应的设计要求。

6.3 设 备 间

6.3.1　设备间位置应根据设备的数量、规模、网络构成等因素，综合考虑确定。

6.3.2　每幢建筑物内应至少设置一个设备间，如果电话交换机与计算机网络设备分别安装在不同的场地或根据安全需要，也可设置 2 个或 2 个以上设备间，以满足不同业务的设备安装需要。

6.3.3　建筑物综合布线系统与外部配线网连接时，应遵循相应的接口标准要求。

6.3.4　设备间的设计应符合下列规定。

（1）设备间宜处于干线子系统的中间位置，并考虑主干缆线的传输距离与数量。

（2）设备间宜尽可能靠近建筑物线缆竖井位置，有利于主干缆线的引入。

（3）设备间的位置宜便于设备接地。

（4）设备间应尽量远离高低压变配电、电机、X 射线、无线电发射等有干扰源存在的场地。

（5）设备间室温度应为 10～35℃，相对湿度应为 20%～80%，并应有良好的通风。

（6）设备间内应有足够的设备安装空间，其使用面积不应小于 $10m^2$，该面积不包括程控用户交换机、计算机网络设备等设施所需的面积在内。

（7）设备间梁下净高不应小于 2.5m，采用外开双扇门，门宽不应小于 1.5m。

6.3.5　设备间应防止有害气体（如氯、碳水化合物、硫化氢、氮氧化物、二氧化碳等）侵入，并应有良好的防尘措施，尘埃含量限值宜符合表 6.3.1 的规定。

表 6.3.1　　　　　　　　　　　　　尘埃限值

尘埃颗粒的最大直径（μm）	0.5	1	3	5
灰尘颗粒的最大浓度(粒子数/m^3)	$1.4×10^7$	$7×10^5$	$2.4×10^5$	$1.3×10^5$

6.3.6　在地震区的区域内，设备安装应按规定进行抗震加固。

6.3.7　设备安装宜符合下列规定。

（1）机架或机柜前面的净空不应小于 800mm，后面的净空不应小于 600mm。

（2）壁挂式配线设备底部离地面的高度不宜小于 300mm。

6.3.8　设备间应提供不少于两个 220V 带保护接地的单相电源插座，但不作为设备供电电源。

6.3.9　设备间如果安装电信设备或其他信息网络设备时，设备供电应符合相应的设计要求。

6.4　进　线　间

6.4.1　进线间应设置管道入口。

6.4.2　进线间应满足缆线的敷设路由、成端位置及数量、光缆的盘长空间和缆线的弯曲半径、充气维护设备、配线设备安装所需要的场地空间和面积。

6.4.3　进线间的大小应按进线间的进局管道最终容量及入口设施的最终容量设计。同时应考虑满足多家电信业务经营者安装入口设施等设备的面积。

6.4.4　进线间宜靠近外墙和在地下设置，以便于缆线引入。进线间设计应符合下列规定。

（1）进线间应防止渗水，宜设有抽排水装置。

（2）进线间应与布线系统垂直竖井沟通。

（3）进线间应采用相应防火级别的防火门，门向外开，宽度不小于 1 000mm。

（4）进线间应设置防有害气体措施和通风装置，排风量按每小时不小于 5 次容积计算。

6.4.5　与进线间无关的管道不宜通过。

6.4.6　进线间入口管道口所有布放缆线和空闲的管孔应采取防火材料封堵，做好防水处理。

6.4.7　进线间如安装配线设备和信息通信设施时，应符合设备安装设计的要求。

6.5　缆　线　布　放

6.5.1　配线子系统缆线宜采用在吊顶、墙体内穿管或设置金属密封线槽及开放式（电缆桥架，吊挂环等）敷设，当缆线在地面布放时，应根据环境条件选用地板下线槽、网络地板、高架（活动）地板布线等安装方式。

6.5.2　干线子系统垂直通道穿过楼板时宜采用电缆竖井方式。也可采用电缆孔、管槽的方式，电缆竖井的位置应上、下对齐。

6.5.3　建筑群之间的缆线宜采用地下管道或电缆沟敷设方式，并应符合相关规范的规定。

6.5.4　缆线应远离高温和电磁干扰的场地。

6.5.5　管线的弯曲半径应符合表 6.5.1 的要求。

表 6.5.1　　　　　　　　　　　　　管线敷设弯曲半径

缆 线 类 型	弯曲半径（mm）/倍
2 芯或 4 芯水平光缆	＞25mm
其他芯数和主干光缆	不小于光缆外径的 10 倍
4 对非屏蔽电缆	不小于电缆外径的 4 倍

续表

缆 线 类 型	弯曲半径（mm）/倍
4 对屏蔽电缆	不小于电缆外径的 8 倍
大对数主干电缆	不小于电缆外径的 10 倍
室外光缆、电缆	不小于缆线外径的 10 倍

注：当缆线采用电缆桥架布放时，桥架内侧的弯曲半径不应小于 300mm。

6.5.6　缆线布放在管与线槽内的管径与截面利用率，应根据不同类型的缆线做不同的选择。管内穿放大对数电缆或 4 芯以上光缆时，直线管路的管径利用率应为 50%～60%，弯管路的管径利用率应为 40%～50%。管内穿放 4 对对绞电缆或 4 芯光缆时，截面利用率应为 25%～30%。布放缆线在线槽内的截面利用率应为 30%～50%。

第 7 章　电气防护及接地

7.0.1　综合布线电缆与附近可能产生高电平电磁干扰的电动机、电力变压器、射频应用设备等电器设备之间应保持必要的间距，并应符合下列规定。

（1）综合布线电缆与电力电缆的间距应符合表 7.0.1 的规定。

表 7.0.1　　　　　　　　综合布线电缆与电力电缆的间距

类　　别	与综合布线接近状况	最小间距（mm）
380V 电力电缆＜2kV·A	与缆线平行敷设	130
	有一方在接地的金属线槽或钢管中	70
	双方都在接地的金属线槽或钢管中①	10①
380V 电力电缆 2～5kV·A	与缆线平行敷设	300
	有一方在接地的金属线槽或钢管中	150
	双方都在接地的金属线槽或钢管中②	80
380V 电力电缆＞5kV·A	与缆线平行敷设	600
	有一方在接地的金属线槽或钢管中	300
	双方都在接地的金属线槽或钢管中②	150

注：① 当 380V 电力电缆＜2kV·A，双方都在接地的线槽中，且平行长度≤10m 时，最小间距可为 10mm。
　　② 双方都在接地的线槽中，系指两个不同的线槽，也可在同一线槽中用金属板隔开。

（2）综合布线系统缆线与配电箱、变电室、电梯机房、空调机房之间的最小净距宜符合表 7.0.2 的规定。

表 7.0.2　　　　　　　　综合布线缆线与电气设备的最小净距

名　　称	最小净距（m）	名　　称	最小净距（m）
配电箱	1	电梯机房	2
变电室	2	空调机房	2

（3）墙上敷设的综合布线缆线及管线与其他管线的间距应符合表 7.0.3 的规定。当墙壁电缆敷设高度超过 6 000mm 时，与避雷引下线的交叉间距应按下式计算：

$$S \geqslant 0.05L$$

式中，S——交叉间距（mm）；L——交叉处避雷引下线距地面的高度（mm）。

表 7.0.3　　　　　　　　　　综合布线缆线及管线与其他管线的间距

其 他 管 线	平行净距（mm）	垂直交叉净距（mm）
避雷引下线	1 000	300
保护地线	50	20
给水管	150	20
压缩空气管	150	20
热力管（不包封）	500	500
热力管（包封）	300	300
煤气管	300	20

7.0.2　综合布线系统应根据环境条件选用相应的缆线和配线设备，或采取防护措施，并应符合下列规定。

（1）当综合布线区域内存在的电磁干扰场强低于 3V/m 时，宜采用非屏蔽电缆和非屏蔽配线设备。

（2）当综合布线区域内存在的电磁干扰场强高于 3V/m 时，或用户对电磁兼容性有较高要求时，可采用屏蔽布线系统和光缆布线系统。

（3）当综合布线路由上存在干扰源，且不能满足最小净距要求时，宜采用金属管线进行屏蔽，或采用屏蔽布线系统及光缆布线系统。

7.0.3　在电信间、设备间及进线间应设置楼层或局部等电位接地端子板。

7.0.4　综合布线系统应采用共用接地的接地系统，如单独设置接地体时，接地电阻不应大于 4Ω。如布线系统的接地系统中存在两个不同的接地体时，其接地电位差不应大于 1Vr · m · s。

7.0.5　楼层安装的各个配线柜（架、箱）应采用适当截面的绝缘铜导线单独布线至就近的等电位接地装置，也可采用竖井内等电位接地铜排引到建筑物共用接地装置，铜导线的截面应符合设计要求。

7.0.6　缆线在雷电防护区交界处，屏蔽电缆屏蔽层的两端应做等电位连接并接地。

7.0.7　综合布线的电缆采用金属线槽或钢管敷设时，线槽或钢管应保持连续的电气连接，并应有不少于两点的良好接地。

7.0.8　当缆线从建筑物外面进入建筑物时，电缆和光缆的金属护套或金属件应在入口处就近与等电位接地端子板连接。

7.0.9　当电缆从建筑物外面进入建筑物时，应选用适配的信号线路浪涌保护器，信号线路浪涌保护器应符合设计要求。

第8章　防　火

8.0.1　根据建筑物的防火等级和对材料的耐火要求，综合布线系统的缆线选用和布放方式及安装的场地应采取相应的措施。

8.0.2　综合布线工程设计选用的电缆、光缆应从建筑物的高度、面积、功能、重要性等方面加以综合考虑，选用相应等级的防火缆线。

附录二　《综合布线系统工程设计规范》相关条文说明

第1章　总　则

1.0.1　随着城市建设及信息通信事业的发展，现代化的商住楼、办公楼、综合楼及园区等各类民用建筑及工业建筑对信息的要求已成为城市建设的发展趋势。在过去设计大楼内的语音及数据业务线路时，常使用各种不同的传输线、配线插座以及连接器件等。例如：用户电话交换机通常使用对绞电话线，而局域网络（LAN）则可能使用对绞线或同轴电缆，这些不同的设备使用不同的传输线来构成各自的网络；同时，连接这些不同布线的插头、插座及配线架均无法互相兼容，相互之间达不到共用的目的。

现在将所有语音、数据、图像及多媒体业务的设备的布线网络组合在一套标准的布线系统上，并且将各种设备终端插头插入标准的插座内已属可能之事。在综合布线系统中，当终端设备的位置需要变动时，只需做一些简单的跳线，这项工作就完成了，而不需要再布放新的电缆以及安装新的插座。

综合布线系统使用一套由共用配件所组成的配线系统，将各个不同制造厂家的各类设备综合在一起同时工作，均可相兼容。其开放的结构可以作为各种不同工业产品标准的基准，使得配线系统将具有更大的适用性、灵活性，而且可以利用最低的成本在最小的干扰下对设于工作地点的终端设备重新安排与规划。大楼智能化建设中的建筑设备、监控、出入口控制等系统的设备在提供满足 TCP/IP 接口时，也可使用综合布线系统作为信息的传输介质，为大楼的集中监测、控制与管理打下了良好的基础。

综合布线系统以一套单一的配线系统，综合通信网络、信息网络及控制网络，可以使相互间的信号实现互联互通。

城市数字化建设，需要综合布线系统为之服务，它有着及其广阔的使用前景。

1.0.3　在确定建筑物或建筑群的功能与需求以后，规划能适应智能化发展要求的相应的综合布线系统设施和预埋管线，防止今后增设或改造时造成工程的复杂性和费用的浪费。

1.0.5　综合布线系统作为建筑的公共电信配套设施在建设期应考虑一次性投资建设，能适应多家电信业务经营者提供通信与信息业务服务的需求，保证电信业务在建筑区域内的接入、开通和使用；使得用户可以根据自己的需要，通过对入口设施的管理选择电信业务经营者，避免造成将来建筑物内管线的重复建设而影响到建筑物的安全与环境。因此，在管道与设施安装场地等方面，工程设计中应充分满足电信业务市场竞争机制的要求。

第3章 系 统 设 计

3.1 系 统 构 成

3.1.2 进线间一般提供给多家电信业务经营者使用，通常设于地下一层。进线间主要作为室外电缆和光缆引入楼内的成端与分支及光缆的盘长空间位置。对于光缆至大楼（FTTB）、至用户（FTTH）、至桌面（FTTO）的应用及容量日益增多，进线间就显得尤为重要。由于许多的商用建筑物地下一层环境条件已大大改善，也可以安装配线架设备及通信设施。在不具备设置单独进线间或入楼电缆和光缆数量及入口设施容量较小时，建筑物也可以在入口处采用挖地沟或使用较小的空间完成缆线的成端与盘长，入口设施则可安装在设备间，但宜单独地设置场地，以便功能分区。

3.1.3 设计综合布线系统应采用开放式星形拓扑结构，该结构下的每个分支子系统都是相对独立的单元，对每个分支单元系统改动都不影响其他子系统。只要改变结点连接就可使网络在星型、总线、环形等各种类型间进行转换。综合布线配线设备的典型设置与功能组合见图 3.1.1 所示。

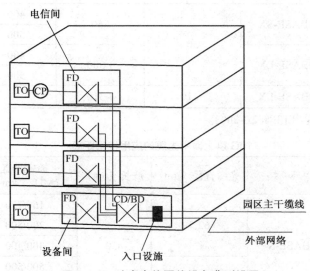

图 3.1.1 综合布线配线设备典型设置

3.2 系统分级与组成

3.2.1 在《商业建筑电信布线标准》TIA/EIA 568 A 标准中，对于 D 级布线系统，支持应用的器件为五类，但在 TIA/EIA 568 B.2—1 中仅提出超五类与六类的布线系统，并确定六类布线支持带宽为 250MHz。在 TIA/EIA 568 B.2—10 标准中又规定了超六类布线系统支持的传输带宽为 500MHz。目前，三类与五类的布线系统只应用于语音主干布线的大对数电缆及相关配线设备。

3.2.3 F级的永久链路仅包括90m水平缆线和2个连接器件（不包括CP连接器件）。

3.3 缆线长度划分

本节按照《用户建筑综合布线》ISO/IEC 11801 2002—09 5.7 与 7.2 条款与 TIA/EIA 568 B.1 标准的规定，列出了综合布线系统主干缆线及水平缆线等的长度限值。但是综合布线系统在网络的应用中，可选择不同类型的电缆和光缆，因此，在相应的网络中所能支持的传输距离是不相同的。在 IEEE 802.3 an 标准中，综合布线系统六类布线系统在 10G 以太网中所支持的长度应不大于 55m，但超六类和七类布线系统支持长度仍可达到 100m。为了更好地执行本规范，现将相关标准对于布线系统在网络中的应用情况，在表 3.3.1 和表 3.3.2 中分别列出光缆在 100M、1G、10G 以太网中支持的传输距离，仅供设计者参考。

表 3.3.1　　　　　　　　100M、1G 以太网中光缆的应用传输距离

光 缆 类 型	应 用 网 络	光缆直径（μm）	波长（nm）	带宽（MHz）	应用距离（m）
多模	100BASE-FX	—	—	—	2 000
	1000BASB-SX	62.5	850	160	220
				200	275
	1000BASE LX			500	550
	1000BASE-SX	50	850	400	500
				500	550
	1000BASE-LX		1 300	400	550
				500	550
单模	1000BASE-LX	<10	1 310		5 000

注：上述数据可参见 IEEE 802.3-2002。

表 3.3.2　　　　　　　　10G 以太网中光缆的应用传输距离

光 纤 类 型	应 用 网 络	光缆直径（μm）	波长（nm）	模式带宽（MHz·km）	应用范围（m）
多模	10GBASE-S	62.5	850	160/150	26
				200/500	33
				400/400	66
		50		500/500	82
				2 000	300
	10GBASE-LX4	62.5	1 300	500/500	300
		50		400/400	240
				500/500	300
单模	10GBASE-L		1 310	—	1 000
	10GBASE-E	<10	1 550	—	30 000～40 000
	10GBASE-LX4		1 300	—	1 000

注：上述数据可参见 IEEE 802.3ac-2002。

3.3.1 在条款中列出了 ISO/IEC 11801 2002—09 版中对水平缆线与主干缆线之和的长度的规定。为了使工程设计者了解布线系统各部分缆线长度的关系及要求，特依据 TIA/EIA 568 B.1 标准列出表 3.3.3 和图 3.3.1，以供工程设计中应用。

表 3.3.3

缆 线 类 型	各线段长度限值（m）		
	A	B	C
100Ω对绞电缆	800	300	500
62.5m 多模光缆	2 000	300	1 700
50m 多模光缆	2 000	300	1 700
单模光缆	3 000	300	2 700

注：① 如 B 距离小于最大值时，C 为对绞电缆的距离可相应增加，但 A 的总长度不能大于800m。

② 表中 100Ω对绞电缆作为语音的传输介质。

③ 单模光纤的传输距离在主干链路时允许达 60km，但被认可至本规定以外范围的内容。

④ 对于电信业务经营者在主干链路中接入电信设施能满足的传输距离不在本规定之内。

⑤ 在总距离中可以包括入口设施至 CD 之间的缆线长度。

⑥ 建筑群与建筑物配线设备所设置的跳线长度不应大于 20m，如超过 20m 时，主干长度应相应减少。

⑦ 建筑群与建筑物配线设备连至设备的缆线不应大于 30m，如超过 30m 时，主干长度则相应减少。

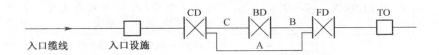

图 3.3.1 综合布线系统主干缆线组成

3.4 系 统 应 用

综合布线系统工程设计应按照近期和远期的通信业务、计算机网络拓扑结构等需要，选用合适的布线器件与设施。选用产品的各项指标应高于系统指标，才能保证系统指标得以满足和具有发展的余地，同时也应考虑工程造价及工程要求，还要对系统产品选用恰如其分。

3.4.1 对于综合布线系统，电缆和接插件之间的连接应考虑阻抗匹配和平衡与非平衡的转换适配。在工程（D 级至 F 级）中特性阻抗应符合 100Ω 标准。在系统设计时，应保证布线信道和链路在支持相应等级应用中的传输性能，如果选用六类布线产品，则缆线、连接硬件、跳线等都应达到六类，才能保证系统为六类。如果采用屏蔽布线系统，则所有部件都应选用带屏蔽的硬件。

3.4.2 在表 3.4.2 中，其他应用一栏应根据系统对网络的构成、传输缆线的规格、传输距离等要求选用相应等级的综合布线产品。

3.4.5 跳线两端的插头，IDC 指 4 对或多对的扁平模块，主要连接多端子配线模块；

RJ-45 指 8 位插头，可与 8 位模块通用插座相连；跳线两端如为 ST、SC、SFF 光缆连接器件，则与相应的光缆适配器配套相连。

3.4.6　信息点电端口如为七类布线系统时，采用 RJ-45 或非对 45 型的屏蔽 8 位模块通用插座。

3.4.7　在 ISO/IEC 11801 2002—09 标准中，提出除了维持 SC 光缆连接器件用于工作区信息点以外，同时建议在设备间、电信间、集合点等区域使用 SFF 小型光缆连接器件及适配器。小型光缆连接器件与传统的 ST、SC 光缆连接器件相比体积较小，可以灵活地使用于多种场合。目前被布线市场认可的 SFF 小型光缆连接器件主要有 LC、MT-RJ、VF-45、MU 和 FJ。

电信间和设备间安装的配线设备的选用应与所连接的缆线相适应，具体可参照表 3.4.1 内容。

表 3.4.1　　　　　　　　　　配线模块产品选用

类　别	产品类型	配线模块安装场地和连接缆线类型			
	配线设备类型	容量与规格	FD（电信间）	BD（设备间）	CD（设备间/进线间）
电缆配线设备	大对数卡接模块	采用 4 对卡接模块	4 对水平电缆/4 对主干电缆	4 对主干电缆	4 对主干电缆
		采用 5 对卡接模块	大对数主干电缆	大对数主干电缆	大对数主干电缆
电缆配线设备	25 对卡接模块	25 对	4 对水平电缆/4 对主干电缆/大对数主干电缆	4 对主干电缆/大对数主干电缆	4 对主干电缆大对数主干电缆
	回线型卡接模块	8 回线	4 对水平电缆/4 对主干电缆	大对数主干电缆	大对数主干电缆
		10 回线	大对数主干电缆	大对数主干电缆	大对数主干电缆
	RJ45 配线模块	一般为 24 口或 48 口	4 对水平电缆/4 对主干电缆	4 对主干电缆	4 对主干电缆
光缆配线设备	ST 光缆连接盘	单工/双工，一般为 24 口	水平/主干光缆	主干光缆	主干光缆
	SC 光缆连接盘	单工/双工，一般为 24 口	水平/主干光缆	主干光缆	主干光缆
	SFF 小型光缆连接盘	单工/双工一般为 24 口、48 口	水平/主干光缆	主干光缆	主干光缆

3.4.8　当集合点（CP）配线设备为 8 位模块通用插座时，CP 电缆宜采用带有单端 RJ-45 插头的产业化产品，以保证布线链路的传输性能。

3.5　屏蔽布线系统

3.5.1　根据电磁兼容通用标准《居住、商业的轻工业环境中的抗扰度试验》GB/T

177991—1999 与国际标准草案 77/181/FDIS 及 IEEE 802.3—2002 标准中都认可 3V/m 的指标值，本规范做出相应的规定。

在具体的工程项目的勘察设计过程中，如用户提出要求或现场环境中存在磁场的干扰，则可以采用电磁骚扰测量接收机测试，或使用现场布线测试仪配备相应的测试模块对模拟的布线链路做测试，取得了相应的数据后，进行分析，作为工程实施依据。具体测试方法应符合测试仪表技术内容的要求。

3.5.4 屏蔽布线系统电缆的命名可以按照《用户建筑综合布线》ISO/IEC 11801 中推荐的方法统一命名。

对于屏蔽电缆根据防护的要求，可分为 F/UTP（电缆金属箔屏蔽）、U/FTP（线对金属箔屏蔽）、SF/UTP（电缆金属编织丝网加金属箔屏蔽）、S/FTP（电缆金属箔编织网屏蔽加上线对金属箔屏蔽）几种结构。

不同的屏蔽电缆会产生不同的屏蔽效果。一般认可金属箔对高频、金属编织丝网对低频的电磁屏蔽效果为佳。如果采用双重绝缘（SF/UTP 和 S/FTP）则屏蔽效果更为理想，可以同时抵御线对之间和来自外部的电磁辐射干扰，减少线对之间及线对对外部的电磁辐射干扰。因此，屏蔽布线工程有多种形式的电缆可以选择，但为保证良好屏蔽，电缆的屏蔽层与屏蔽连接器件之间必须做好 360° 的连接。

铜缆命名方法见图 3.5.1。

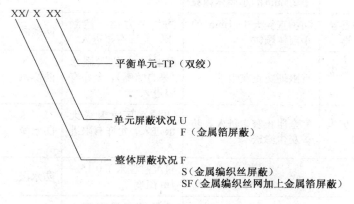

XX/ X XX

—— 平衡单元–TP（双绞）

—— 单元屏蔽状况 U
　　　　　　　F（金属箔屏蔽）

—— 整体屏蔽状况 F
　　　　　　　S（金属编织丝屏蔽）
　　　　　　　SF（金属编织丝网加上金属箔屏蔽）

图 3.5.1 铜缆命名方法

3.6 开放型办公室布线系统

3.6.1 开放型办公室布线系统对配线设备的选用及缆线的长度有不同的要求。

（1）计算公式 "$C=(102-H)/1.2$" 是针对 24 号线规{24AWG}的非屏蔽和屏蔽布线而言，如应用于 26 号线规{26AWG}的屏蔽布线系统，公式应为 "$C=(102-H)/1.5$"。工作区设备电缆的最大长度要求，《用户建筑综合布线》ISO/IEC 11801 2002 中为 20m，但在《商业建筑电信布线标准》TIA/EIA 568 B.1 6.4.1.4 中为 22m，本规范以 TAI/EIA 568 B.1 规范内容列出。

（2）CP 点由无跳线的连接器件组成，在电缆与光缆的永久链路中都可以存在。

集合点配线箱目前没有定型的产品，但箱体的大小应考虑至少满足 12 个工作区所配置的信息点所连接 4 对对绞电缆的进、出箱体的布线空间和 CP 卡接模块的安装空间。

3.7 工业级布线系统

3.7.5 工业级布线系统产品选用应符合 IP 标准所提出的保护要求，国际防护（IP）定级如表 3.7.1 所示内容要求。

表 3.7.1　　　　　　　　　　　　　国际防护（IP）定级

级别编号	IP 编号定义（2 位数）				级别编号
	保护级别		保护级别		
0	没有保护	对于意外接触没有保护，对异物没有防护	对水没有防护	没有防护	0
1	防护大颗粒异物	防止大面积人手接触，防护直径大于 50mm 的大固体颗粒	防护垂直下降水滴	防水滴	1
2	防护中等颗粒异物	防止手指接触，防护直径大于 12mm 的中固体颗粒	防止水滴溅射进入（最大 15°）	防水滴	2
3	防护小颗粒异物	防止工具、导线或类似物体接触，防护直径大于 2.5mm 的小固体颗粒	防止水滴(最大 60°)	防喷溅	3
4	防护谷粒状异物	防护直径大于 1mm 的小固体颗粒	防护全方位、泼溅水，允许有限进入	防喷溅	4
5	防护灰尘积垢	有限地防止灰尘	防护全方位泼溅水（来自喷嘴），允许有限进入	防浇水	5
6	防护灰尘吸入	完全阻止灰尘进入，防护灰尘渗透	防护高压喷射或大浪进入，允许有限进入	防水淹	6
			可沉浸在水下 0.15～1m 深度	防水浸	7
			可长期沉浸在压力较大的水下	密封防水	8

注：① 2 位数用来区别防护等级，第 1 位针对固体物质，第 2 位针对液体。
　　② 如 IP67 级别就等同于防护灰尘吸人和可沉浸在水下 0.15～1m 深度。

第4章　系统配置设计

　　综合布线系统在进行系统配置设计时，应充分考虑用户近期与远期的实际需要与发展，使之具有通用性和灵活性，尽量避免布线系统投入正常使用以后，较短的时间又要进行扩建与改建，造成资金浪费。一般来说，布线系统的水平配线应以远期需要为主，垂直干线应以近期实用为主。

为了说明问题，以一个工程实例来进行设备与缆线的配置。例如，建筑物的某一层共设置了 200 个信息点，计算机网络与电话各占 50%，即各为 100 个信息点。

1. 电话部分

（1）FD 水平侧配线模块按连接 100 根 4 对的水平电缆配置。

（2）语音主干的总对数按水平电缆总对数的 25% 计，为 100 对线的需求；如考虑 10% 的备份线对，则语音主干电缆总对数需求量为 110 对。

（3）FD 干线侧配线模块可按卡接大对数主干电缆 110 对端子容量配置。

2. 数据部分

（1）FD 水平侧配线模块按连接 100 根 4 对的水平电缆配置。

（2）数据主干缆线。

① 最少量配置：以每个 Hub/SW 为 24 个端口计，100 个数据信息点需设置 5 个 Hub/SW；以每 4 个 Hub/SW 为一个群（96 个端口），组成了 2 个 Hub/SW 群；现以每个 Hub/SW 群设置一个主干端口，并考虑一个备份端 VI，则 2 个 Hub/SW 群需设 4 个主干端 1∶1。如主干缆线采用对绞电缆，每个主干端口需设 4 对线，则线对的总需求量为 16 对；如主干缆线采用光缆，每个主干光端口按 2 芯光缆考虑，则光缆的需求量为 8 芯。

② 最大量配置：同样以每个 Hub/SW 为 24 端口计，100 个数据信息点需设置 5 个 Hub/SW；以每一个 Hub/SW（24 个端口）设置一个主干端口，每 4 个 Hub/SW 考虑一个备份端口，共需设置 7 个主干端口。如主干缆线采用对绞电缆，以每个主干电端口需要 4 对线，则线对的需求量为 28 对；如主干缆线采用光缆，每个主干光端口按 2 芯光缆考虑，则光缆的需求量为 14 芯。

（3）FD 干线侧配线模块可根据主干电缆或主干光缆的总容量加以配置。

配置数量计算得出以后，再根据电缆、光缆、配线模块的类型、规格加以选用，做出合理配置。

上述配置的基本思路，用于计算机网络的主干缆线，可采用光缆；用于电话的主干缆线则采用大对数对绞电缆，并考虑适当的备份，以保证网络安全。由于工程的实际情况比较复杂，不可能按一种模式，设计时还应结合工程的特点和需求加以调整应用。

4.1 工 作 区

4.1.2 目前建筑物的功能类型较多，大体上可以分为商业、文化、媒体、体育、医院、学校、交通、住宅、通用工业等类型，因此，对工作区面积的划分应根据应用的场合做具体的分析后确定，工作区面积需求可参照表 4.1.1 所示内容。

表 4.1.1 工作区面积划分表

建筑物类型及功能	工作区面积（m^2）
网管中心、呼叫中心、信息中心等终端设备较为密集的场地	3～5
办公区	5～10
会议、会展	10～60

续表

建筑物类型及功能	工作区面积（m²）
商场、生产机房、娱乐场所	20～60
体育场馆、候机室、公共设施区	20～100
工业生产区	60～200

注：① 对于应用场合，如终端设备的安装位置和数量无法确定时或使用场地为大客户租用并考虑自设置计算机网络时，工作区面积可按区域（租用场地）面积确定。

② 对于 IDC 机房（为数据通信托管业务机房或数据中心机房）可按生产机房每个配线架的设置区域考虑工作区面积。对于此类项目，涉及数据通信设备的安装工程，应单独考虑实施方案。

4.2 配线子系统

4.2.4 每一个工作区信息点数量的确定范围比较大，从现有的工程情况分析，从设置1个至10个信息点的现象都存在，并预留了电缆和光缆备份的信息插座模块。因为建筑物用户性质不一样，功能要求和实际需求不一样，信息点数量不能仅按办公楼的模式确定，尤其是对于专用建筑（如电信、金融、体育场馆、博物馆等建筑）及计算机网络存在内、外网等多个网络时，更应加强需求分析，做出合理的配置。

每个工作区信息点数量可按用户的性质、网络构成和需求来确定。表 4.2.1 做了一些分类，仅提供设计者参考。

表 4.2.1 信息点数量配置

建筑物功能区	信息点数量（每一工作区）			备　注
	电　话	数　据	光缆（双工端口）	
办公区（一般）	1个	1个	—	—
办公区（重要）	1个	2个	1个	对数据信息有较大的需求
出租或大客户区域	2个或2个以上	2个或2个以上	1或1个以上	指整个区域的配置量
办公区（政务工程）	2～5个	2～5个	1或1个以上	涉及内、外网络时

注：大客户区域也可以为公共实施的场地，如商场、会议中心、会展中心等。

4.2.7 一根 4 对对绞电缆应全部固定终接在一个 8 位模块通用插座上。不允许将一根 4 对对绞电缆终接在 2 个或 2 个以上 8 位模块通用插座。

4.2.9、4.2.10 根据现有产品情况配线模块可按以下原则选择。

（1）多线对端子配线模块可以选用 4 对或 5 对卡接模块，每个卡接模块应卡接一根 4 对对绞电缆。一般 100 对卡接端子容量的模块可卡接 24 根（采用 4 对卡接模块）或卡接 20 根（采用 5 对卡接模块）4 对对绞电缆。

（2）25 对端子配线模块可卡接一根 25 对大对数电缆或 6 根 4 对对绞电缆。

（3）回线式配线模块（8 回线或 10 回线）可卡接 2 根 4 对对绞电缆或 8/10 回线。回线式配线模块的每一根回线可以卡接一对入线和一对出线。回线式配线模块的卡接端子可以为连通型、断开型和可插入型 3 类不同的功能。一般在 CP 处可选用连通型，在需要加装过压过流保护器时采用断开型，可插入型主要使用于断开电路做检修的情况下，布线工程中无此种应用。

（4）RJ-45 配线模块（由 24 或 48 个 8 位模块通用插座组成）每一个 RJ-45 插座应可卡接一根 4 对对绞电缆。

（5）光缆连接器件每个单工端口应支持单芯光缆的连接，双工端口则支持 2 芯光缆的连接。

4.2.11 各配线设备跳线可按以下原则选择与配置。

（1）电话跳线宜按每根一对或 2 对对绞电缆容量配置，跳线两端连接插头采用 IDC 或 RJ-45 型。

（2）数据跳线宜按每根 4 对对绞电缆配置，跳线两端连接插头采用 IDC 或 RJ-45 型。

（3）光纤跳线宜按每根单芯或 2 芯光缆配置，光跳线连接器件采用 ST、SC 或 SFF 型。

4.3 干线子系统

4.3.2 点对点端接是最简单、最直接的配线方法，电信间的每根干线电缆直接从设备间延伸到指定的楼层电信间。分支递减终接是用一根大对数干线电缆来支持若干个电信间的通信容量，经过电缆接头保护箱分出若干根小电缆，它们分别延伸到相应的电信间，并终接于目的地的配线设备。

4.3.5 如语音信息点 8 位模块通用插座连接 ISDN 用户终端设备，并采用 S 接口（4 线接口）时，相应的主干电缆则应按 2 对线配置。

4.7 管 理

4.7.1 管理是针对设备间、电信间和工作区的配线设备、缆线等设施，按一定的模式进行标识和记录的规定。内容包括管理方式、标识、色标、连接等。这些内容的实施，将给今后维护和管理带来很大的方便，有利于提高管理水平和工作效率。特别是较为复杂的综合布线系统，如采用计算机进行管理，其效果将十分明显。目前，市场上已有商用的管理软件可供选用。

综合布线的各种配线设备，应用色标区分干线电缆、配线电缆或设备端点，同时，还应采用标签表明端接区域、物理位置、编号、容量、规格等，以便维护人员在现场一目了然地加以识别。

4.7.2 在每个配线区实现线路管理的方式是在各色标区域之间按应用的要求，采用跳线连接。色标用来区分配线设备的性质，分别由按性质划分的配线模块组成，且按垂直或水平结构进行排列。

综合布线系统使用的标签可采用粘贴型和插入型。电缆和光缆的两端应采用不易脱落且不易磨损的不干胶条标明相同的编号。目前，市场上已有配套的打印机和标签纸供应。

4.7.3 电子配线设备目前应用的技术有多种，在工程设计中应考虑到电子配线设备的功能，在管理范围、组网方式、管理软件、工程投资等方面，合理地加以选用。

第5章 系统指标

5.0.1 综合布线系统的机械性能指标以生产厂家提供的产品资料为依据，它将对布线工程的安装设计，尤其是管线设计产生较大的影响，应引起重视。

本规范列出布线系统信道和链路的指标参数，但超六类、七类布线系统在应用时，工程中除了已列出的各项指标参数以外，还应考虑信道电缆（6 根对 1 根 4 对对绞电缆）的外部串音功率和（PSANEXT）和 2 根相邻 4 对对绞电缆间的外部串音（ANEXT）。

目前只在 TIA/EIA 568 B.2—10 标准中列出了超六类布线从 1~500MHz 带宽的范围内信道的插入损耗、NEXT、PS NEXT、FEXT、ELFEXT、PS ELFEXT、回波损耗、ANEXT、PS ANEXT、PS AELFEXT 等指标参数值。在工程设计时，可以参照使用。

布线系统各项指标值均在环境温度为 20℃时的数据。根据 TIA/EIA 568.B.2—1 中列表分析，当温度从 20~60℃的变化范围内，温度每上升 5℃，90m 的永久链路长度将减短 1~2m，在 89~75m（非屏蔽链路）及 89.5~83m（屏蔽链路）的范围之内变化。

5.0.3 按照 ISO/IEC 11801 2002—09 标准列出的布线系统信道指标值，提出了需执行和建议的两种表格内容。对需要执行的指标参数在其表格内容中列出了在某一频率范围的计算公式，但在建议的表格中仅列出在指定的频率时的具体数值，本规范以建议的表格列出各项指标参数要求，供设计者在对布线产品选择时参考使用。信道的构成可见图 3.2.1。

指标项目中衰减串音比（ACR）、非平衡衰减和耦合衰减的参数中仍保持使用"衰减"这一术语，但在计算 ACR、PS ACR、ELFEXT、PS ELFEXT 值时，使用相应的插入损耗值。衰减这一术语在电缆工业生产中被广泛采用，但由于布线系统在较高的频率时阻抗的失配，此特性采用插入损耗来表示。与衰减不同，插入损耗不涉及长度的线性关系。

5.0.5 本条款内容是按照 ISO/IEC 11801 2002—09 的附录 A 所列出的永久链路和 CP 链路的指标参数值提出的，但在附录 A 中是以需执行的和建议的两种表格列出。在需执行的表格中针对永久链路和 CP 链路列出指标计算公式，在建议表格中只是针对永久链路某一指定的频率指标而言。本规范以建议表格内容列出永久链路各项指标参数要求。永久链路和 CP 链路的构成可见图 3.2.1。

对于等级为 F 的信道和永久链路（包括 5.0.3 条中的），只存在两个连接器件时（无 CP 点）的最小 ACR 值和 PS ACR 值应符合表 5.0.1 要求，具体连接方式如图 5.0.1 所示。

表 5.0.1　信道和永久链路为 F 级（包括 2 个连接点）时，ACR 与 PS ACR 值

频率（MHz）	信　道		永久链路	
	最小 ACR（dB）	最小 PSACR（dB）	最小 ACR（dB）	最小 PSACR（dB）
1	61.0	58.0	61.0	58.0
16	57.1	54.1	58.2	55.2
100	44.6	41.6	47.5	44.5
250	27.3	24.3	31.9	28.9
600	1.1	11.9	8.6	5.6

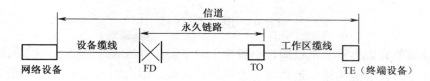

图 5.0.1　两个连接器件的信道与永久链路

第6章　安装工艺要求

6.2　电　信　间

6.2.1　电信间主要为楼层安装配线设备（为机柜、机架、机箱等安装方式）和楼层计算机网络设备（Hub 或 SW）的场地，并可考虑在该场地设置缆线竖井、等电位接地体、电源插座、UPS 配电箱等设施。在场地面积满足的情况下，也可设置建筑物诸如安防、消防、建筑设备监控系统、无线信号覆盖等系统的布缆线槽和功能模块的安装。如果综合布线系统与弱电系统设备合设于同一场地，从建筑的角度出发，称为弱电间。

6.2.3　一般情况下，综合布线系统的配线设备和计算机网络设备采用 19 英寸标准机柜安装。机柜尺寸通常为 600mm（宽）×900mm（深）×2 000mm（高），共有 42U 的安装空间。机柜内可安装光缆连接盘、RJ-45（24 口）配线模块、多线对卡接模块（100 对）、理线架、计算机 Hub/SW 设备等。如果按建筑物每层电话和数据信息点各为 200 个考虑配置上述设备，大约需要有 2 个 19 英寸（42U）的机柜空间，以此测算电信间面积至少应为 5m^2（2.5m×2.0m）。对于涉及布线系统设置内、外网或专用网时，19 英寸机柜应分别设置，并在保持一定间距的情况下预测电信间的面积。

6.2.5　电信间温度、湿度按配线设备要求提供，例如，在机柜中安装计算机网络设备（Hub/SW）时的环境应满足设备提出的要求，温度、湿度的保证措施由空调负责解决。

本条与 6.3.4 条（见附录一）所述的安装工艺要求，均以总配线设备所需的环境要求为主，适当考虑安装少量计算机网络等设备制定的规定，如果与程控电话交换机、计算机网络等主机和配套设备合装在一起，则安装工艺要求应执行相关规范的规定。

6.3　设　备　间

6.3.2　设备间是大楼的电话交换机设备和计算机网络设备，以及建筑物配线设备（BD）安装的地点，也是进行网络管理的场所。对综合布线工程设计而言，设备间主要安装总配线设备。当信息通信设施与配线设备分别设置时考虑到设备电缆有长度限制的要求，安装总配线架的设备间与安装电话交换机及计算机主机的设备间之间的距离不宜太远。

如果一个设备间以 10m^2 计，大约能安装 5 个 19 英寸的机柜。在机柜中安装电话大对数电缆多对卡接式模块，数据主干缆线配线设备模块，大约能支持总量为 6 000 个信息点所需（其中电话和数据信息点各占 50%）的建筑物配线设备安装空间。

6.4 进 线 间

一个建筑物宜设置一个进线间，一般位于地下层，外线宜从两个不同的路由引入进线间，有利于与外部管道沟通。进线间与建筑物红外线范围内的人孔或手孔采用管道或通道的方式互连。进线间因涉及因素较多，难以统一提出具体所需面积，可根据建筑物实际情况，并参照通信行业和国家的现行标准要求进行设计，本规范只提出原则要求。

6.5 缆 线 布 放

6.5.2 干线子系统垂直通道有下列 3 种方式可供选择。

（1）电缆孔方式，通常用一根或数根外径 63～102mm 的金属管预埋在楼板内，金属管高出地面 25～50mm，也可直接在楼板上预留一个大小适当的长方形孔洞；孔洞一般不小于 600mm×400mm（也可根据工程实际情况确定）。

（2）管道方式，包括明管或暗管敷设。

（3）电缆竖井方式，在新建工程中，推荐使用电缆竖井的方式。

6.5.6 某些结构（如"+"型等）的六类电缆在布放时为减少对绞电缆之间串音对传输信号的影响，不要求完全做到平直和均匀，甚至可以不绑扎，因此，对布线系统管线的利用率提出了较高要求。

对于综合布线管线可以采用管径利用率和截面利用率的公式加以计算，得出管道缆线的布放根数。

（1）管径利用率=d/D。d 为缆线外径；D 为管道内径。

（2）截面利用率=$A1/A$。$A1$ 为穿在管内的缆线总截面积；A 为管子的内截面积。

缆线的类型包括大对数屏蔽与非屏蔽电缆（25 对、50 对、100 对），4 对对绞屏蔽与非屏蔽中缆（超五类、六类、七类）及光缆（2 芯至 24 芯）等。尤其是六类与屏蔽缆线因构成的方式较复杂，众多缆线的直径与硬度有较大的差异，在设计管线时应引起足够的重视。

为了保证水平电缆的传输性能及成束缆线在电缆线槽中或弯角处布放不会产生溢出的现象，故提出了线槽利用率在 30%～50%的范围。

第 7 章 电气防护及接地

7.0.1 随着各种类型的电子信息系统在建筑物内的大量设置，各种干扰源将会影响到综合布线电缆的传输质量与安全。表 7.0.1 列出的射频应用设备又称为 ISM 设备，我国目前常用的 ISM 设备大致有 15 种。

表 7.0.1　　　　　　　CISPR 推荐设备及我国常见 ISM 设备一览表

序　号	CISPR 推荐设备	我国常见 ISM 设备
1	塑料缝焊机	介质加热设备，如热合机等
2	微波加热器	微波炉
3	超声波焊接与洗涤设备	超声波焊接与洗涤设备

续表

序 号	CISPR 推荐设备	我国常见 ISM 设备
4	非金属干燥器	计算机及数控设备
5	木材胶合干燥器	电子仪器，如信号发生器
6	塑料预热器	超声波探测仪器
7	微波烹饪设备	高频感应加热设备，如高频熔炼炉等
8	医用射频设备	射频溅射设备、医用射频设备
9	超声波医疗器械	超声波医疗器械，如超声波诊断仪等
10	电灼器械、透热疗设备	透热疗设备，如超短波理疗机等
11	电火花设备	电火花设备
12	射频引弧弧焊机	射频引弧弧焊机
13	火花透热疗法设备	高频手术刀
14	摄谱仪	摄谱仪用等离子电源
15	塑料表面腐蚀设备	高频电火花真空检漏仪

注：国际无线电干扰特别委员会称 CISPR。

7.0.2　本条中第（1）和第（2）条综合布线系统选择缆线和配线设备时，应根据用户要求，并结合建筑物的环境状况进行考虑。

（1）当建筑物在建或已建成但尚未投入使用时，为确定综合布线系统的选型，应测定建筑物周围环境的干扰场强度。对系统与其他干扰源之间的距离是否符合规范要求进行摸底，根据取得的数据和资料，用规范中规定的各项指标要求进行衡量，选择合适的器件和采取相应的措施。

（2）光缆布线具有最佳的防电磁干扰性能，既能防电磁泄漏，也不受外界电磁干扰影响，在电磁干扰较严重的情况下，是比较理想的防电磁干扰布线系统。本着技术先进、经济合理、安全适用的设计原则在满足电气防护各项指标的前提下，应首选屏蔽缆线和屏蔽配线设备或采用必要的屏蔽措施进行布线，待光缆和光电转换设备价格下降后，也可采用光缆布线。总之应根据工程的具体情况，合理配置。

（3）如果局部地段与电力线等平行敷设，或接近电动机、电力变压器等干扰源，且不能满足最小净距要求时，可采用钢管或金属线槽等局部措施加以屏蔽处理。

7.0.5　综合布线系统接地导线截面积可参考表 7.0.2 确定。

表 7.0.2　　　　　　　　　　　　接地导线选择表

名 称	楼层配线设备至大楼总接地体的距离	
	30m	100m
信息点的数量（个）	75	75～450
选用绝缘铜导线的截面（mm^2）	6～16	16～50

7.0.6　对于屏蔽布线系统的接地做法，一般在配线设备（FD、BD、CD）的安装机柜

（机架）内设有接地端子，接地端子与屏蔽模块的屏蔽罩相连通，机柜（机架）接地端子则经过接地导体连至大楼等电位接地体。为了保证全程屏蔽效果，终端设备的屏蔽金属罩可通过相应的方式与 TN-S 系统的 PE 线接地，但不属于综合布线系统接地的设计范围。

第8章 防 火

8.0.2 对于防火缆线的应用分级，国际、欧盟、北美相应标准中主要以缆线受火的燃烧程度及着火以后，火焰在缆线上蔓延的距离、燃烧的时间、热量与烟雾的释放、释放气体的毒性等指标，并通过实验室模拟缆线燃烧的现场状况实测取得。表 8.0.1～表 8.0.3 分别列出缆线防火等级与测试标准，仅供参考。

表 8.0.1　　　　　　　　　　通信缆线国际测试标准

IEC 标准（自高向低排列）	
测 试 标 准	缆 线 分 级
IEC 60332—3C	—
IEC 60332—1	

注：参考现行 IEC 标准。

表 8.0.2　　　　　　　　　　通信缆线欧盟测试标准及分级表

欧盟标准（草案）（自高向低排列）	
测 试 标 准	缆 线 分 级
prEN 50399—2—2 和 EN 50265—2—1	B1
prEN 50399—2—1 和 EN 50265 2—1	B2
	C
	D
EN 50265-2-1	E

注：欧盟 EU CPD 草案。

表 8.0.3　　　　　　　　　　通信缆线北美测试标准及分级表

测 试 标 准	NEC 标准（自高向低排列）	
	电 缆 分 级	光 缆 分 级
UL910（NFPA262）	CMP（阻燃级）	OFNP 或 OFCP
UL1666	CMR（主干级）	OFNR 或 OFCR
UL1581	CM、CMG（通用级）	OFN（G）或 OFC（G）
VW—1	CMX（住宅级）	

注：参考现行 NEC 2002 版。

对国际、欧盟、北美的缆线测试标准进行同等比较以后，建筑物的缆线在不同的场合与安装敷设方式时，建议选用符合相应防火等级的缆线，并按以下几种情况分别列出。

（1）在通风空间内（如吊顶内及高架地板下等）采用敞开方式敷设缆线时，可选用 CMP 级（光缆为 OFNP 或 OFCP）或 B1 级。

（2）在缆线竖井内的主干缆线采用敞开的方式敷设时，可选用 CMR 级（光缆为 OFNR 或 OFCR）或 B2、C 级。

（3）在使用密封的金属管槽做防火保护的敷设条件下，缆线可选用 CM 级（光缆为 OFN 或 OFC）或 D 级。

附录三 《综合布线工程验收规范》

参照中华人民共和国国家标准（GB50312—2007）

第1章 总 则

1.0.1 为统一建筑与建筑群综合布线系统工程施工质量检查、随工检验和竣工验收等工作的技术要求，特制定本规范。

1.0.2 本规范适用于新建、扩建和改建建筑与建筑群综合布线系统工程的验收。

1.0.3 综合布线系统工程实施中采用的工程技术文件、承包合同文件对工程质量验收的要求不得低于本规范规定。

1.0.4 在施工过程中，施工单位必须执行本规范有关施工质量检查的规定。建设单位应通过工地代表或工程监理人员加强工地的随工质量检查，及时组织隐蔽工程的检验和验收。

1.0.5 综合布线系统工程应符合设计要求，工程验收前应进行自检测试、竣工验收测试工作。

1.0.6 综合布线系统工程的验收，除应符合本规范外，还应符合国家现行有关技术标准、规范的规定。

第2章 环 境 检 查

2.0.1 工作区、电信间、设备间的检查应包括下列内容。

（1）工作区、电信间、设备间土建工程已全部竣工。房屋地面平整、光洁，门的高度和宽度应符合设计要求。

（2）房屋预埋线槽、暗管、孔洞和竖井的位置、数量、尺寸均应符合设计要求。

（3）铺设活动地板的场所，活动地板防静电措施及接地应符合设计要求。

（4）电信间、设备间应提供220V带保护接地的单相电源插座。

（5）电信间、设备间应提供可靠的接地装置，接地电阻值及接地装置的设置应符合设计要求。

（6）电信间、设备间的位置、面积、高度、通风、防火及环境温、湿度等应符合设计要求。

2.0.2 建筑物进线间及入口设施的检查应包括下列内容。

（1）引入管道与其他设施如电气、水、煤气、下水道等的位置间距应符合设计要求。

（2）引入缆线采用的敷设方法应符合设计要求。

（3）管线入口部位的处理应符合设计要求，并应检查采取排水及防止气、水、虫等进入的措施。

（4）进线间的位置、面积、高度、照明、电源、接地、防火、防水等应符合设计要求。

2.0.3 有关设施的安装方式应符合设计文件规定的抗震要求。

第3章 器材及测试仪表工具检查

3.0.1 器材检验应符合下列要求。

（1）工程所用缆线和器材的品牌、型号、规格、数量、质量应在施工前进行检查，应符合设计要求并具备相应的质量文件或证书，原出厂检验证明材料、质量文件或与设计不符者不得在工程中使用。

（2）进口设备和材料应具有产地证明和商检证明。

（3）经检验的器材应做好记录，对不合格的器件应单独存放，以备核查与处理。

（4）工程中使用的缆线、器材应与订货合同或封存的产品在规格、型号、等级上相符。

（5）备品、备件及各类文件资料应齐全。

3.0.2 配套型材、管材与铁件的检查应符合下列要求。

（1）各种型材的材质、规格、型号应符合设计文件的规定，表面应光滑、平整，不得变形、断裂。预埋金属线槽、过线盒、接线盒及桥架等表面涂覆或镀层应均匀、完整，不得变形、损坏。

（2）室内管材采用金属管或塑料管时，其管身应光滑、无伤痕，管孔无变形，孔径、壁厚应符合设计要求。

金属管槽应根据工程环境要求做镀锌或其他防腐处理。塑料管槽必须采用阻燃管槽，外壁应具有阻燃标记。

（3）室外管道应按通信管道工程验收的相关规定进行检验。

（4）各种铁件的材质、规格均应符合相应质量标准，不得有歪斜、扭曲、飞刺、断裂或破损。

（5）铁件的表面处理和镀层应均匀、完整，表面光洁，无脱落、气泡等缺陷。

3.0.3 缆线的检验应符合下列要求。

（1）工程使用的电缆和光缆型号、规格及缆线的防火等级应符合设计要求。

（2）缆线所附标志、标签内容应齐全、清晰，外包装应注明型号和规格。

（3）缆线外包装和外护套需完整无损，当外包装损坏严重时，应测试合格后再在工程中使用。

（4）电缆应附有本批量的电气性能检验报告，施工前应进行链路或信道的电气性能及缆线长度的抽验，并做测试记录。

（5）光缆开盘后应先检查光缆端头封装是否良好。光缆外包装或光缆护套如有损伤，应对该盘光缆进行光纤性能指标测试，如有断缆，应进行处理，待检查合格才允许使用。光缆检测完毕，光缆端头应密封固定，恢复外包装。

（6）光缆接插软线或光跳线检验应符合下列规定。

① 两端的光缆连接器件端面应装配合适的保护盖帽。

② 光缆类型应符合设计要求，并应有明显的标记。

3.0.4 连接器件的检验应符合下列要求。

（1）配线模块、信息插座模块及其他连接器件的部件应完整，电气和机械性能等指标符合相应产品生产的质量标准。塑料材质应具有阻燃性能，并应满足设计要求。

（2）信号线路浪涌保护器各项指标应符合有关规定。

（3）光缆连接器件及适配器使用型号和数量、位置应与设计相符。

3.0.5 配线设备的使用应符合下列规定。

（1）光缆、电缆配线设备的型式、规格应符合设计要求。

（2）光缆、电缆配线设备的编排及标志名称应与设计相符。各类标志名称应统一，标志位置正确、清晰。

3.0.6 测试仪表和工具的检验应符合下列要求。

（1）应事先对工程中需要使用的仪表和工具进行测试或检查，缆线测试仪表应附有相应检测机构的证明文件。

（2）综合布线系统的测试仪表应能测试相应类别工程的各种电气性能及传输特性，其精度符合相应要求。测试仪表的精度应按相应的鉴定规程和校准方法进行定期检查和校准，经过相应计量部门校验取得合格证后，方可在有效期内使用。

（3）施工工具，必须对电缆或光缆的接续工具（剥线器、光缆切断器、光纤熔接机、光纤磨光机、卡接工具等）进行检查，合格后方可在工程中使用。

3.0.7 现场尚无检测手段取得屏蔽布线系统所需的相关技术参数时，可将认证检测机构或生产厂家附有的技术报告作为检查依据。

3.0.8 对绞电缆电气性能、机械特性、光缆传输性能及连接器件的具体技术指标和要求，应符合设计要求。经过测试与检查，性能指标不符合设计要求的设备和材料不得在工程中使用。

第4章 设备安装检验

4.0.1 机柜、机架安装应符合下列要求。

（1）机柜、机架安装位置应符合设计要求，垂直偏差度不应大于3mm。

（2）机柜、机架上的各种零件不得脱落或碰坏，漆面不应有脱落及划痕，各种标志应完整、清晰。

（3）机柜、机架、配线设备箱体、电缆桥架及线槽等设备的安装应牢固，如有抗震要求，应按抗震设计进行加固。

4.0.2 各类配线部件安装应符合下列要求。

（1）各部件应完整，安装就位，标志齐全。

（2）安装螺丝必须拧紧，面板应保持在一个平面上。

4.0.3 信息插座模块安装应符合下列要求。

（1）信息插座模块、多用户信息插座、集合点配线模块安装位置和高度应符合设计要求。

（2）安装在活动地板内或地面上时，应固定在接线盒内，插座面板采用直立和水平等形式；接线盒盖可开启，并应具有防水、防尘、抗压功能。接线盒盖面应与地面齐平。

（3）信息插座底盒同时安装信息插座模块和电源插座时，间距及采取的防护措施应符合设计要求。

（4）信息插座模块明装底盒的固定方法根据施工现场条件而定。

（5）固定螺钉需拧紧，不应产生松动现象。

（6）各种插座面板应有标识，以颜色、图形、文字表示所接终端设备业务类型。

（7）工作区内终接光缆的光缆连接器件及适配器安装底盒应具有足够的空间，并应符合设计要求。

4.0.4　电缆桥架及线槽的安装应符合下列要求。

（1）桥架及线槽的安装位置应符合施工图要求，左右偏差不应超过 50mm。

（2）桥架及线槽水平度每米偏差不应超过 2mm。

（3）垂直桥架及线槽应与地面保持垂直，垂直度偏差不应超过 3mm。

（4）线槽截断处及两线槽拼接处应平滑、无毛刺。

（5）吊架和支架安装应保持垂直，整齐牢固，无歪斜现象。

（6）金属桥架、线槽及金属管各段之间应保持连接良好，安装牢固。

（7）采用吊顶支撑柱布放缆线时，支撑点宜避开地面沟槽和线槽位置，支撑应牢固。

4.0.5　安装机柜、机架、配线设备屏蔽层及金属管、线槽、桥架使用的接地体应符合设计要求，就近接地，并应保持良好的电气连接。

第5章　缆线的敷设和保护方式检验

5.1　缆线的敷设

5.1.1　缆线敷设应满足下列要求。

（1）缆线的型号、规格应与设计规定相符。

（2）缆线在各种环境中的敷设方式、布放间距均应符合设计要求。

（3）缆线的布放应自然平直，不得产生扭绞、打圈、接头等现象，不应受外力的挤压和损伤。

（4）缆线两端应贴有标签，应标明编号，标签书写应清晰、端正和正确。标签应选用不易损坏的材料。

（5）缆线应有余量以适应终接、检测和变更。对绞电缆预留长度的要求：在工作区宜为 3～6cm，电信间宜为 0.5～2m，设备间宜为 3～5m；光缆布放路由宜盘留，预留长度宜为 3～5m，有特殊要求的应按设计要求预留长度。

（6）缆线的弯曲半径应符合下列规定。

①　非屏蔽 4 对对绞电缆的弯曲半径应至少为电缆外径的 4 倍。

②　屏蔽 4 对对绞电缆的弯曲半径应至少为电缆外径的 8 倍。

③ 主干对绞电缆的弯曲半径应至少为电缆外径的 10 倍。

④ 2 芯或 4 芯水平光缆的弯曲半径应大于 25mm；其他芯数的水平光缆、主干光缆和室外光缆的弯曲半径应至少为光缆外径的 10 倍。

（7）缆线间的最小净距应符合设计要求。

① 电源线、综合布线系统缆线应分隔布放，并应符合表 5.1.1 的规定。

表 5.1.1　　　　　　　　　　对绞电缆与电力电缆最小净距

条　　件	最小净距（mm）		
	380V<2kV·A	380V2～5kV·A	380V>5kV·A
对绞电缆与电力电缆平行敷设	130	300	600
有一方在接地的金属槽道或钢管中	70	150	300
双方均在接地的金属槽道或钢管中②	10①	80	150

注：① 当 380V 电力电缆<2kV·A，双方都在接地的线槽中，且平行长度≤10m 时，最小间距可为 10mm。

　　② 双方都在接地的线槽中，系指两个不同的线槽，也可在同一线槽中用金属板隔开。

② 综合布线与配电箱、变电室、电梯机房、空调机房之间最小净距宜符合表 5.1.2 的规定。

表 5.1.2　　　　　　　　　　综合布线电缆与其他机房最小净距

名　　称	最小净距（m）	名　　称	最小净距（m）
配电箱	1	电梯机房	2
变电室	2	空调机房	2

③ 建筑物内电缆、光缆暗管敷设与其他管线最小净距见表 5.1.3 的规定。

表 5.1.3　　　　　　　　　　综合布线缆线及管线与其他管线的间距

管线种类	平行净距（mm）	垂直交叉净距（mm）
避雷引下线	1 000	300
保护地线	50	20
热力管（不包封）	500	500
热力管（包封）	300	300
给水管	150	20
煤气管	300	20
压缩空气管	150	20

④ 综合布线缆线宜单独敷设，与其他弱电系统各子系统缆线间距应符合设计要求。

⑤ 对于有安全保密要求的工程，综合布线缆线与信号线、电力线、接地线的间距应符合相应的保密规定。对于具有安全保密要求的缆线应采取独立的金属管或金属线槽敷设。

（8）屏蔽电缆的屏蔽层端到端应保持完好的导通性。

5.1.2　预埋线槽和暗管敷设缆线应符合下列规定。

（1）敷设线槽和暗管的两端宜用标志表示出编号等内容。

（2）预埋线槽宜采用金属线槽，预埋或密封线槽的截面利用率应为 30%～50%。

（3）敷设暗管宜采用钢管或阻燃聚氯乙烯硬质管。布放大对数主干电缆及 4 芯以上光缆时，直线管道的管径利用率应为 50%～60%，弯管道应为 40%～50%。暗管布放 4 对对绞电缆或 4 芯及以下光缆时，管道的截面利用率应为 25%～30%。

5.1.3　设置缆线桥架和线槽敷设缆线应符合下列规定。

（1）密封线槽内缆线布放应顺直，尽量不交叉，在缆线进出线槽部位、转弯处应绑扎固定。

（2）缆线桥架内缆线垂直敷设时，在缆线的上端和每间隔 1.5m 处应固定在桥架的支架上；水平敷设时，在缆线的首、尾、转弯及每间隔 5～10m 处进行固定。

（3）在水平、垂直桥架中敷设缆线时，应对缆线进行绑扎。对绞电缆、光缆及其他信号电缆应根据缆线的类别、数量、缆径、缆线芯数分束绑扎。绑扎间距不宜大于 1.5m，间距应均匀，不宜绑扎过紧或使缆线受到挤压。

（4）楼内光缆在桥架敞开敷设时应在绑扎固定段加装垫套。

5.1.4　采用吊顶支撑柱作为线槽在顶棚内敷设缆线时，每根支撑柱所辖范围内的缆线可以不设置密封线槽进行布放，但应分束绑扎，缆线应阻燃，缆线选用应符合设计要求。

5.1.5　建筑群子系统采用架空、管道、直埋、墙壁及暗管敷设电缆、光缆的施工技术要求应按照本地网通信线路工程验收的相关规定执行。

5.2　保护措施

5.2.1　配线子系统缆线敷设保护应符合下列要求。

（1）预埋金属线槽保护要求。

①　在建筑物中预埋线槽，宜按单层设置，每一路由进出同一过路盒的预埋线槽均不应超过 3 根，线槽截面高度不宜超过 25mm，总宽度不宜超过 300mm。线槽路由中若包括过线盒和出线盒，截面高度宜在 70～100mm。

②　线槽直埋长度超过 30m 或在线槽路由交叉、转弯时，宜设置过线盒，以便于布放缆线和维修。

③　过线盒盖能开启，并与地面齐平，盒盖处应具有防灰与防水功能。

④　过线盒和接线盒盖盖应能抗压。

⑤　从金属线槽至信息插座模块接线盒间或金属线槽与金属钢管之间相连接时的缆线宜采用金属软管敷设。

（2）预埋暗管保护要求。

①　预埋在墙体中间暗管的最大管外径不宜超过 50 mm，楼板中暗管的最大管外径不宜超过 25mm，室外管道进入建筑物的最大管外径不宜超过 100mm。

②　直线布管每 30m 处应设置过线盒装置。

③　暗管的转弯角度应大于 90°，在路径上每根暗管的转弯角不得多于 2 个，并不应有

S 弯出现，有转弯的管段长度超过 20m 时，应设置管线过线盒装置；有 2 个弯时，不超过 15m 应设置过线盒。

④ 暗管管口应光滑，并加有护口保护，管口伸出部位宜为 25～50mm。

⑤ 至楼层电信间暗管的管口应排列有序，便于识别与布放缆线。

⑥ 暗管内应安置牵引线或拉线。

⑦ 金属管明敷时，在距接线盒 300mm 处，弯头处的两端，每隔 3m 处应采用管卡固定。

⑧ 管路转弯的曲半径不应小于所穿入缆线的最小允许弯曲半径，并且不应小于该管外径的 6 倍，如暗管外径大于 50mm 时，不应小于 10 倍。

（3）设置缆线桥架和线槽保护要求。

① 缆线桥架底部应高于地面 2.2m 及以上，顶部距建筑物楼板不宜小于 300mm，与梁及其他障碍物交叉处间的距离不宜小于 50mm。

② 缆线桥架水平敷设时，支撑间距宜为 1.5～3m。垂直敷设时固定在建筑物结构体上的间距宜小于 2m，距地 1.8m 以下部分应加金属盖板保护，或采用金属走线柜包封，门应可开启。

③ 直线段缆线桥架每超过 15～30m 或跨越建筑物变形缝时，应设置伸缩补偿装置。

④ 金属线槽敷设时，在下列情况下应设置支架或吊架：线槽接头处、每间距 3m 处、离开线槽两端出口 0.5m 处以及转弯处。

⑤ 塑料线槽槽底固定点间距宜为 1m。

⑥ 缆线桥架和缆线线槽转弯半径不应小于槽内线缆的最小允许弯曲半径，线槽直角弯处最小弯曲半径不应小于槽内最粗缆线外径的 10 倍。

⑦ 桥架和线槽穿过防火墙体或楼板时，缆线布放完成后应采取防火封堵措施。

（4）网络地板缆线敷设保护要求。

① 线槽之间应沟通。

② 线槽盖板应可开启。

③ 主线槽的宽度宜在 200～400mm，支线槽宽度不宜小于 70mm。

④ 可开启的线槽盖板与明装插座底盒间应采用金属软管连接。

⑤ 地板块与线槽盖板应抗压、抗冲击和阻燃。

⑥ 当网络地板具有防静电功能时，地板整体应接地。

⑦ 网络地板板块间的金属线槽段与段之间应保持良好导通并接地。

（5）在架空活动地板下敷设缆线时，地板内净空应为 150～300mm。若空调采用下送风方式，则地板内净高应为 300～500mm。

（6）吊顶支撑柱中电力线和综合布线缆线合一布放时，中间应有金属板隔开，间距应符合设计要求。

5.2.2 当综合布线缆线与大楼弱电系统缆线采用同一线槽或桥架敷设时，子系统之间应采用金属板隔开，间距应符合设计要求。

5.2.3 干线子系统缆线敷设保护方式应符合下列要求。

（1）缆线不得布放在电梯或供水、供气、供暖管道竖井中，缆线不应布放在强电竖井中。

（2）电信间、设备间、进线间之间干线通道应沟通。

5.2.4 建筑群子系统缆线敷设保护方式应符合设计要求。

5.2.5 当电缆从建筑物外面进入建筑物时，应选用适配的信号线路浪涌保护器，信号线路浪涌保护器应符合设计要求。

第6章 缆 线 终 接

6.0.1 缆线终接应符合下列要求。

（1）缆线在终接前，必须核对缆线标识内容是否正确。

（2）缆线中间不应有接头。

（3）缆线终接处必须牢固、接触良好。

（4）对绞电缆与连接器件连接应认准线号、线位色标，不得颠倒或错接。

6.0.2 对绞电缆的终接应符合下列要求。

（1）终接时，每对对绞线应保持扭绞状态，扭绞松开长度对于三类电缆不应大于75mm；对于五类电缆不应大于13mm；对于六类电缆应尽量保持扭绞状态，减小扭绞松开长度。

（2）对绞线与8位模块式通用插座相连时，必须按色标和线对顺序进行卡接。插座类型、色标和编号应符合图6.0.1的规定。两种连接方式均可采用，但在同一布线工程中两种连接方式不应混合使用。

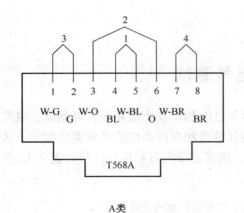
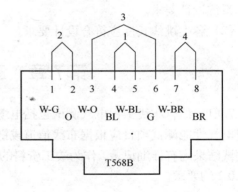

图 6.0.1 8位模块式通用插座连接

G（Green）—绿；BL（Blue）—蓝；BR（Brown）—棕；W（White）—白；O（Orange）—橙。

（3）七类布线系统采用非RJ-45方式终接时，连接图应符合相关标准规定。

（4）屏蔽对绞电缆的屏蔽层与连接器件终接处屏蔽罩应通过紧固器件可靠接触，缆线屏蔽层应与连接器件屏蔽罩360°圆周接触，接触长度不宜小于10mm。屏蔽层不应用于受力的场合。

（5）对不同的屏蔽对绞线或屏蔽电缆，屏蔽层应采用不同的端接方法。应对编织层或金属箔与汇流导线进行有效的端接。

（6）每个2口86面板底盒宜终接2条对绞电缆或1根2芯/4芯光缆，不宜兼做过路盒使用。

6.0.3 光缆终接与接续应采用下列方式。

（1）光缆与连接器件连接可采用尾缆熔接、现场研磨和机械连接方式。

（2）光缆与光缆接续可采用熔接和光连接子（机械）连接方式。

6.0.4 光缆芯线终接应符合下列要求。

（1）采用光缆连接盘对光缆进行连接、保护，在连接盘中光缆的弯曲半径应符合安装工艺要求。

（2）光缆熔接处应加以保护和固定。

（3）光缆连接盘面板应有标志。

（4）光缆连接损耗值，应符合表6.0.1的规定。

表6.0.1　　　　　　　　　　　　　光缆连接损耗值（dB）

连 接 类 别	多　模		单　模	
	平 均 值	最 大 值	平 均 值	最 大 值
熔接	0.15	0.3	0.15	0.3
机械连接	——	0.3	——	0.3

6.0.5 各类跳线的终接应符合下列规定。

（1）各类跳线缆线和连接器件间接触应良好，接线无误，标志齐全。跳线选用类型应符合系统设计要求。

（2）各类跳线长度应符合设计要求。

第7章　工程电气测试

7.0.1 综合布线工程电气测试包括电缆系统电气性能测试及光缆系统性能测试。电缆系统电气性能测试项目应根据布线信道或链路的设计等级和布线系统的类别要求制定。各项测试结果应有详细记录，作为竣工资料的一部分。测试记录内容和形式应符合表7.0.1和表7.0.2的要求。

表7.0.1　　　　综合布线系统工程电缆（链路/信道）性能指标测试记录

序号	工程项目名称			内　容							备注
	编　号			电 缆 系 统							
	地址号	缆线号	设备号	长度	接线图	衰减	近端串音	…	电缆屏蔽层连通情况	其他项目	

续表

序号	工程项目名称			内 容							备注
	编 号			电 缆 系 统							
	地址号	缆线号	设备号	长度	接线图	衰减	近端串音	…	电缆屏蔽层连通情况	其他项目	
测试日期、人员及测试仪表型号 测试仪表精度											
处理情况											

表 7.0.2　　　　　综合布线系统工程光缆（链路/信道）性能指标测试记录

序号	工程项名称			光 缆 系 统								备注
	编 号			多 模				单 模				
				850nm		1 300nm		1 310nm		1 550nm		
	地址号	缆线号	设备号	衰减（插入损耗）	长度	衰减（插入损耗）	长度	衰减（插入损耗）	长度	衰减（插入损耗）	长度	
测试日期、人员及测试仪表型号 测试仪表精度												
处理情况												

7.0.2　对绞电缆及光缆布线系统的现场测试仪应符合下列要求。

（1）应能测试信道与链路的性能指标。

（2）应具有针对不同布线系统等级的相应精度，应考虑测试仪的功能、电源、使用方法等因素。

（3）测试仪精度应定期检测，每次现场测试前应出示仪表厂家测试仪的精度和有效期限证明。

7.0.3　测试仪表应具有测试结果的保存功能并提供输出端口，将所有存储的测试数据输出至计算机和打印机，测试数据必须不能被修改，并进行维护和文档管理。测试仪表应提供所有测试项目、概要和详细的报告。测试仪表宜提供汉化的通用人机界面。

第 8 章　管理系统验收

8.0.1　综合布线管理系统宜满足下列要求。

（1）管理系统级别的选择应符合设计要求。

（2）需要管理的每个组成部分均设置标签，并由唯一的标识符来表示，标识符与标签的设置应符合设计要求。

（3）管理系统的记录文档应详细完整并汉化，包括每个标识符相关信息、记录、报告、图纸等。

（4）不同级别的管理系统可采用通用电子表格、专用管理软件或电子配线设备等进行维护管理。

8.0.2 综合布线管理系统的标识符与标签的设置应符合下列要求。

（1）标识符应包括安装场地、缆线终端位置、缆线管道、水平链路、主干缆线、连接器件、接地等类型的专用标识，系统中每一组件应指定一个唯一标识符。

（2）电信间、设备间、进线间所设置配线设备及信息点处均应设置标签。

（3）每根缆线应指定专用标识符，标在缆线的护套上或在距每一端护套300mm内设置标签，缆线的终接点应设置标签标记指定的专用标识符。

（4）接地体和接地导线应指定专用标识符，标签应设置在靠近导线和接地体的连接处的明显部位。

（5）根据设置的部位不同，可使用粘贴型、插入型或其他类型标签。标签表示内容应清晰，材质应符合工程应用环境要求，具有耐磨、抗恶劣环境、附着力强等性能。

（6）终接色标应符合缆线的布放要求，缆线两端终接点的色标颜色应一致。

8.0.3 综合布线系统各个组成部分的管理信息记录和报告，应包括如下内容。

（1）记录应包括管道、缆线、连接器件及连接位置、接地等内容，各部分记录中应包括相应的标识符、类型、状态、位置等信息。

（2）报告应包括管道、安装场地、缆线、接地系统等内容，各部分报告中应包括相应的记录。

8.0.4 综合布线系统工程如采用布线工程管理软件和电子配线设备组成的系统进行管理和维护工作，应按专项系统工程进行验收。

第9章 工程验收

9.0.1 竣工技术文件应按下列要求进行编制。

（1）工程竣工后，施工单位应在工程验收以前，将工程竣工技术资料交给建设单位。

（2）综合布线系统工程的竣工技术资料应包括以下内容。

① 安装工程量。

② 工程说明。

③ 设备、器材明细表。

④ 竣工图纸。

⑤ 测试记录（宜采用中文表示）。

⑥ 工程变更、检查记录及施工过程中，需更改设计或采取相关措施，建设、设计、施工等单位之间的双方洽商记录。

⑦ 随工验收记录。.

⑧ 隐蔽工程签证。

⑨ 工程决算。

(3) 竣工技术文件要保证质量，做到外观整洁，内容齐全，数据准确。

9.0.2 综合布线系统工程，应按表 9.0.1 所列项目、内容进行检验。检测结论作为工程竣工资料的组成部分及工程验收的依据之一。

表 9.0.1 综合布线系统工程检验项目及内容

阶　段	验收项目	验收内容	验收方式
施工前检查	1. 环境要求	(1) 土建施工情况：地面、墙面、门、电源插座及接地装置；(2) 土建工艺：机房面积、预留孔洞；(3) 施工电源；(4) 地板铺设；(5) 建筑物入口设施检查	施工前检查
	2. 器材检验	(1) 外观检查；(2) 型式、规格、数量；(3) 电缆及连接器件电气性能测试；(4) 光缆及连接器件特性测试；(5) 测试仪表和工具的检验	
	3. 安全、防火要求	(1) 消防器材；(2) 危险物的堆放；(3) 预留孔洞防火措施	
设备安装	1. 电信间、设备间、设备机柜、机架	(1) 规格、外观；(2) 安装垂直、水平度；(3) 油漆不得脱落标志完整齐全；(4) 各种螺钉必须紧固；(5) 抗震加固措施；(6) 接地措施	随工检验
	2. 配线模块及 8 位模块式通用插座	(1) 规格、位置、质量；(2) 各种螺钉必须拧紧；(3) 标志齐全；(4) 安装符合工艺要求；(5) 屏蔽层可靠连接	
电、光缆布放（楼内）	1. 电缆桥架及线槽布放	(1) 安装位置正确；(2) 安装符合工艺要求；(3) 符合布放缆线工艺要求；(4) 接地	隐蔽工程签证
	2. 缆线暗敷（包括暗管、线槽、地板下等方式）	(1) 缆线规格、路由、位置；(2) 符合布放缆线工艺要求；(3) 接地	
电、光缆布放（楼间）	1. 架空缆线	(1) 吊线规格、架设位置、装设规格；(2) 吊线垂度；(3) 缆线规格；(4) 卡、挂间隔；(5) 缆线的引入符合工艺要求	随工检验
	2. 管道缆线	(1) 使用管孔孔位；(2) 缆线规格；(3) 缆线走向；(4) 缆线的防护设施的设置质量	隐蔽工程签证
	3. 埋式缆线	(1) 缆线规格；(2) 敷设位置、深度；(3) 缆线的防护设施的设置质量；(4) 回土夯实质量	
	4. 通道缆线	(1) 缆线规格；(2) 安装位置，路由；(3) 土建设计符合工艺要求	
	5. 其他	(1) 通信线路与其他设施的间距；(2) 进线室设施安装、施工质量	随工检验或隐蔽工程签证

续表

阶　　段	验 收 项 目	验 收 内 容	验 收 方 式
缆线终接	1. 8位模块式通用插座	符合工艺要求	随工检验
	2. 光缆连接器件	符合工艺要求	
	3. 各类跳线	符合工艺要求	
	4. 配线模块	符合工艺要求	
系统测试	1. 工程电气性能测试	(1) 连接图；(2) 长度；(3) 衰减；(4) 近端串音；(5) 近端串音功率和；(6) 衰减串音比；(7) 衰减串音比功率和；(8) 等电平远端串音；(9) 等电平远端串音功率和；(10) 回波损耗；(11) 传播时延；(12) 传播时延偏差；(13) 插入损耗；(14) 直流环路电阻；(15) 设计中特殊规定的测试内容；(16) 屏蔽层的导通	竣工检验
	2. 光缆特性测试	(1) 衰减；(2) 长度	
管理系统	1. 管理系统级别	符合设计要求	竣工检验
	2. 标识符与标签设置	(1) 专用标识符类型及组成；(2) 标签设置；(3) 标签材质及色标	
	3. 记录和报告	(1) 记录信息；(2) 报告；(3) 工程图纸	
工程总验收	1. 竣工技术文件 2. 工程验收评价	清点、交接技术文件 考核工程质量，确认验收结果	

（1）系统工程安装质量检查，各项指标符合设计要求，则被检项目检查结果为合格；被检项目的合格率为100%，则工程安装质量判为合格。

（2）系统性能检测中，对绞电缆布线链路、光缆信道应全部检测，竣工验收需要抽验时，抽样比例不低于10%，抽样点应包括最远布线点。

（3）系统性能检测单项合格判定。

① 如果一个被测项目的技术参数测试结果不合格，则该项目判为不合格。如果某一被测项目的检测结果与相应规定的差值在仪表准确度范围内，则该被测项目应判为合格。

② 按本规范的指标要求，采用4对对绞电缆作为水平电缆或主干电缆，所组成的链路或信道有一项指标测试结果不合格，则该水平链路、信道或主干链路判为不合格。

③ 主干布线大对数电缆中按4对对绞线对测试，指标有一项不合格，则判为不合格。

④ 如果光缆信道测试结果不满足本规范的指标要求，则该光纤信道判为不合格。

⑤ 未通过检测的链路、信道的电缆线对或光缆信道可在修复后复检。

（4）竣工检测综合合格判定。

① 对绞电缆布线全部检测时，无法修复的链路、信道或不合格线对数量有一项超过被测总数的1%，则判为不合格。

光缆布线检测时，如果系统中有一条光缆信道无法修复，则判为不合格。

② 对绞电缆布线抽样检测时，被抽样检测点（线对）不合格比例不大于被测总数的

1%，则视为抽样检测通过，不合格点（线对）应予以修复并复检。被抽样检测点（线对）不合格比例如果大于1%，则视为一次抽样检测未通过，应进行加倍抽样，加倍抽样不合格比例不大于1%，则视为抽样检测通过。若不合格比例仍大于1%，则视为抽样检测不通过，应进行全部检测，并按全部检测要求进行判定。

③ 全部检测或抽样检测的结论为合格，则竣工检测的最后结论为合格；全部检测的结论为不合格，则竣工检测的最后结论为不合格。

（5）综合布线管理系统检测，标签和标识按10%抽检，系统软件功能全部检测。检测结果符合设计要求，则判为合格。

参 考 文 献

[1] 网络综合布线系统工程技术实训教程. 西安：西安开元电子实业有限公司，2008.

[2] 赵启升. 网络综合布线与组网工程. 北京：科学出版社，2008.

[3] 邓文达. 网络工程与综合布线. 北京：清华大学出版社，2007.

[4] 王磊. 网络综合布线实训教程. 北京：中国铁道出版社，2009.

[5] 刘天华. 网络系统集成与综合布线. 北京：人民邮电出版社，2008.

[6] 李京宁. 网络综合布线. 北京：机械工业出版社，2004.

[7] 裴有柱. 网络综合布线案例教程. 北京：机械工业出版社，2008.

[8] 袁家政. 计算机网络（第二版）. 西安：西安电子科技大学出版社，2004.

[9] 于鹏. 综合布线技术. 西安：西安电子科技大学出版社，2004.

[10] 黎连业. 网络综合布线系统与施工技术（第三版）. 北京：机械工业出版社，2007.

[11] 孙卫佳. 网络系统集成技术与实训. 北京：电子工业出版社，2005.

[12] 张海涛. 综合布线实用指南. 北京：机械工业出版社，2006.

[13] 胡金良. 综合布线系统施工. 北京：电子工业出版社，2006.

[14] 吴达金. 综合布线系统工程安装施工手册. 北京：中国电力出版社，2007.

[15] 中华人民共和国信息产业部. 综合布线系统工程设计规范. 北京：中国计划出版社，2007.

[16] 中华人民共和国信息产业部. 综合布线系统工程验收规范. 北京：中国计划出版社，2007.

[17] 付捷. 局域网布线工作导向教程. 北京：机械工业出版社，2008.

[18] 吴柏钦. 综合布线. 北京：人民邮电出版社，2006.

[19] 胡云. 综合布线教程. 北京：中国水利水电出版社，2009.

[20] 胡云. 综合布线系统的设计施工、测试、验收与维护. 北京：人民邮电出版社，2010.